新编21世纪高等职业教育精品教材

装备制造类

公差配合与测量技术

主　审◎李振明

主　编◎董征莲　王　真　吴明清

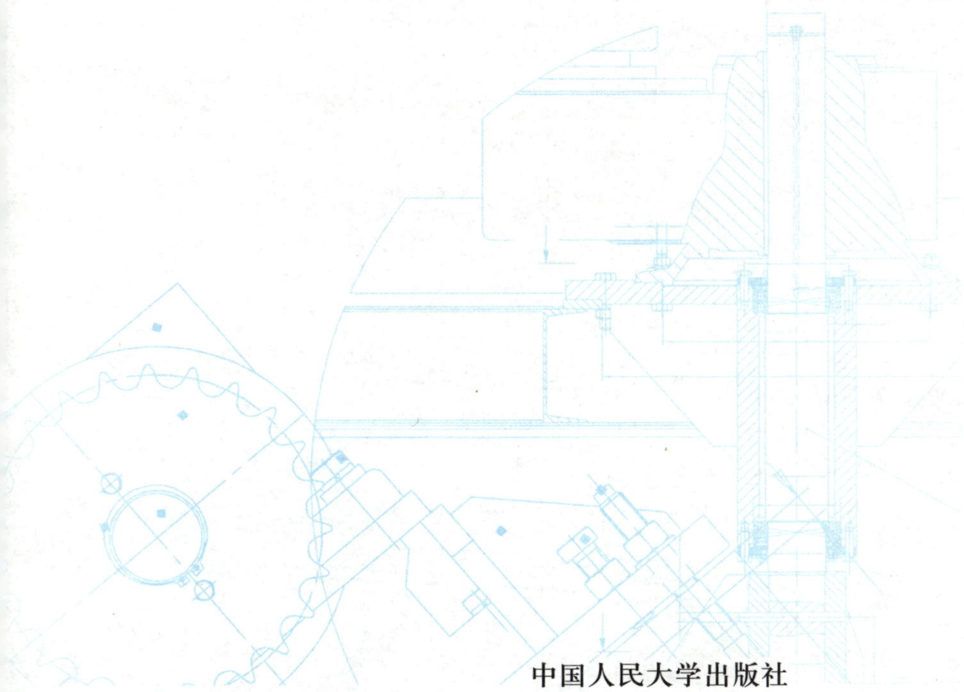

中国人民大学出版社

·北京·

前　言

本书体现了工学结合的教学理念，在系统地介绍机械零件几何量精度设计的同时，偏重对实际零件的检测。本书以企业中的实际生产零件为载体，以任务的形式组织教学，将基础知识的讲授融合到具体工件的检测中，适合在“理实一体化”课堂上使用，注重理论联系实际和对应用能力的培养，把几何参数的检测方法与生产实践紧密联系在一起。

本书的特色如下。

（1）项目化教学实施。注重工程素质教育，以企业真实项目为载体，以任务为导向，每个任务配有可量化考核的任务单。

（2）内容设置合理。按照“由简到难，由浅入深”的原则，遵循职业院校学生认知特点，让学生逐步了解工卡量具、零件的尺寸公差检测、零件的配合性质检测、零件的形位公差检测、零件表面粗糙度检测、特殊零件的检测等，侧重培养和提高学生的专业理论水平，为以后的就业奠定良好的基础。

（3）校企合作。本书是职业院校与潍柴动力股份有限公司、歌尔股份有限公司联合开发的教材，现场经验丰富的工程师参与编写。

本书配有教学 PPT、教案、教学日历、课程学习指导等。

本书由山东交通职业学院董征莲（双师型教师，有多年企业工作经历）、王真（副教授，有多年企业工作经历）、吴明清（教授，教育部新时代职业学校名师）、许永平、赵剑波，潍坊职业学院李海庆，山东科技职业学院赵国强，喀什职业技术学院徐英，潍柴动力股份有限公司李振明（高级工程师），山东豪迈机械科技股份有限公司韩桂强（高级工程师），歌尔声学股份有限公司刘永等编写完成。本书由山东交通职业学院董征莲、王真、吴明清主编，由董征莲统稿、李振明主审。

本书可作为职业院校机械相关专业的教学用书，也可作为企业及社会从业人员的培训教材和参考书。

编者

目　录

绪 论

火星气候探测者号是美国国家航空航天局于 1998 年发射的一个空间探测器，用于研究火星的大气层、气候以及表层变化。发射后的第 286 天，火星气候探测者号在进入火星轨道时失去通信。导航故障使火箭过于靠近火星大气层，从而导致火星气候探测者号燃烧并解体。据估计，损失达 1.25 亿美元。

绪论

故障原因：人为失误。火星气候探测者号上的飞行系统软件使用公制单位牛顿计算推进器动力，而地面人员输入的方向校正量和推进器参数使用的是英制单位磅力。

在工业生产中，机械产品的质量和性能至关重要。而公差配合与测量技术作为机械制造领域的关键技术之一，对于确保产品的精度、可靠性和互换性起着决定性的作用。

当前，科学技术与生产力的发展对产品与零件的性能要求越来越高，而这些性能要求往往通过技术要求表达在零件图与装配图中。

为了适应我国改革开放的大好形势和现代科学技术的发展，有利于我国同世界各国的技术交流、技术协作和贸易往来，我国已对影响产品与零件性能的各种几何参数颁布了相应的公差配合标准，并逐步与国际标准（ISO 标准）接轨，这些公差配合标准将直接出现在机械图中。

机械图是表达产品与零件制造的技术语言，作为现代工程技术人员和工人，要能看懂机械图所表达的结构，更重要的是能识别机械图所表达的各种技术要求，并能初步掌握对这些技术要求的检测方法，从而正确判断产品与零件的加工质量。

任务 1 互换性的意义和作用

一、市场竞争机制的发展

随着我国科学技术的发展和社会需求的日趋多样化，在市场经济的激烈竞争中，要求企业的产品不断更新换代，这就必然促使企业增加产品的品种，减小产品生产的批量。目前，我国能进行多品种、中小批量生产的企业越来越多，据不完全统计，已达到 80%左右，并呈上升的趋势。

二、现代机械产品的基本要求——互换性

1. 互换性

互换性是指零件所具有的不经过任何挑选或修配便能在同一规格范围内互相替换的特性。

2. 互换性的意义

互换性生产对机械工业的生产发展具有非常重要的意义。现代化的机械工业，首先要求机器的零件具有互换性，才有可能将一台机器中的成千上万个零件分散到不同的车间、工厂，进行高效率的专业化生产，然后又集中到一个工厂进行装配。因此，零件的互换性为生产的专业化创造了条件，不仅促进了自动化生产的发展，还有利于降低生产成本、提高产品质量。

3. 互换性的种类

互换性按其互换程度，可分为完全互换和不完全互换两种。

完全互换指零部件在装配时，不需要挑选和辅助加工便能装配且满足其使用性能要求。一般用于厂际之间的协作。

不完全互换指零件在加工完后，通过测量将零件按实际尺寸大小分为若干组，使各组内零件间实际尺寸的差别减小，装配时按对应组进行。这样，既可保证装配精度、满足使用要求，又能解决加工上的困难、降低成本。不完全互换中，仅组内零件可以互换，组与组之间不能互换零件。不完全互换适用于部件或构件在同一厂的制造和装配。

4. 互换性的作用

在设计方面，由于零部件具有互换性，可以最大限度地采用标准件、通用件和标准部件，简化绘图和计算工作，缩短设计周期，有利于计算机辅助设计和产品品种的多样化。

在制造方面，互换性有利于组织专业化生产、采用先进工艺和专用设备、采用计算机辅助制造，实现加工过程和装配过程的机械化和自动化，从而提高劳动生产率和产品质量，降低成本。

在维修方面，具有互换性的零部件在磨损、损坏后可以及时更换，减少了机器的维修时间和费用，可保证机器连续运转，从而提高机器的使用价值。

互换性给产品的设计、制造和使用维修带来了便利。

任务 2 标准化与优先数

一、标准化的意义与分类

1. 标准的定义

要使具有互换性的产品的几何参数完全一致，既是不可能的，也是不必要的。若要使

同种产品具有互换性，只需使其几何参数、功能参数充分近似，近似程度可按产品质量要求的不同而不同。现代化生产的特点是品种多、规模大、分工细和协作多，为使社会生产有序地进行，必须通过制定一定的标准，使产品规格、品种简化，使分散的、局部的生产环节相互协调和统一。

标准是指对需要协调统一的重复性事物（如产品、零部件）和概念（如术语、规则、方法、代号、量值）所做的统一规定。标准是以科学技术和实践经验的综合成果为基础，经协商一致，制定并由公认的机构批准，以特定形式发布，共同使用和重复使用的一种规范性文件。标准以促进共同效益为目的，体现科技与生产的先进性及相关方面的协调一致性。

标准的范围非常广，种类繁多，涉及人类生活的各个方面。标准按性质可分为技术标准和管理标准，按标准化对象的特性可分为基础标准、产品标准、安全标准和环境保护标准。本书中的公差标准、检测器具标准和方法标准，大多属于基础标准。标准按作用范围，可分为国际标准、区域标准、国家标准、行业标准、地方标准和企业标准。

2. 标准的分类

按照标准的适用领域、有效作用范围和发布权力不同，一般分为：国际标准，如ISO、IEC分别为国际标准化组织和国际电工委员会制定的标准；区域标准（或地区标准），如EN、ANSI、DIN分别为欧共体、美国、德国制定的标准；我国的标准，分为国家标准、行业标准、地方标准和企业标准4级。国家标准，如GB；行业标准（或协会、学会标准），如JB、YB分别为原机械部标准和原冶金部标准；地方标准和企业（或公司）标准。按法律属性不同，国家及行业标准又分为强制性标准和推荐性（非强制性）标准。代号为“GB”的标准属于强制性国家标准，颁布后严格强制执行；代号为“GB/T”“GB/Z”的标准分别为推荐性和指导性标准，均为非强制性国家标准。已有国家标准或行业标准的行业，国家鼓励企业制定严于国家或行业标准的标准，并在企业内部执行。没有国家标准和行业标准的行业，企业应制定企业标准，并报有关部门备案。

3. 标准化的定义

标准化是为了在一定范围内获得最佳秩序，对现实问题或潜在的问题制定共同使用和重复使用的条款的活动。该定义中的活动，包括编制、发布和实施标准的过程。

标准化的主要作用在于：它是现代化大生产的必要条件；是科学及现代化管理的基础；是提高产品质量、调整产品结构、保障安全性的依据。标准化的概念是动态及相对的，要求不断地修订完善，提高优化，即标准化没有最终成果。标准的发布与实施是不断提高和变化的。

4. 标准化的意义

标准化是组织现代化大生产的重要手段，是实行科学管理的基础，也是对产品设计的基本要求之一。通过标准化的实施，以获得最佳的社会经济成效。标准化是以制定标准和贯彻标准为主要内容的全部活动过程，标准化程度的高低是评定产品的指标之一，标准化是我国一项重要的技术政策。

标准与标准化的关系：标准是标准化的产物，没有标准的实施就不可能有标准化。

二、优先数和优先数系

在产品设计、生产中，为了满足不同要求，同一品种的某一参数，从大到小取不同值（形成不同规格的产品系列）时，应该采用的一种科学的数值分级制度或称谓，称为优先数或优先数系。这是人们总结的一种科学的、统一的数值标准。例如，机床主轴转速的分级间距、钻头直径尺寸的分类均符合某一优先数系。优先数系中的任一个数值均称为优先数。

优先数系是国际上统一的数值分级制度，无量纲，适用于各种量值的分级。在确定产品的参数或参数系列时，应最大限度地采用优先数和优先数系。产品（或零件）的主要参数（或主要尺寸）按优先数形成系列，可使产品（或零件）系列化，便于分析参数间的关系，可减轻设计时计算的工作量。优先数系由一些十进制等比数列构成，其代号为 Rr（R 是优先数系创始人 Renard 名字的第一个字母，r 代表 5、10、20、40 等项数）。等比数列的公比为 $q_r=\sqrt[r]{10}$，其含义是在同一个等比数列中，每隔 r 项的后项与前项的比值增大 10 倍。例如 R5，设首项为 a，其后依次各项为 aq_5、$a(q_5)^2$、$a(q_5)^3$、$a(q_5)^4$、$a(q_5)^5$，则 $a(q_5)^5/a=10$，故 $q_5=\sqrt[5]{10}\approx1.6$。

各系列的公比为：$q_{10}=\sqrt[10]{10}\approx1.25$，$q_{20}=\sqrt[20]{10}\approx1.12$，$q_{40}=\sqrt[40]{10}\approx1.06$，补充系列的公比 $q_{80}=\sqrt[80]{10}\approx1.03$。优先数系的基本系列如表 1-1 所示。

表 1-1　优先数系的基本系列（GB/T 321—2005）

基本系列（常用值）				计算值
R5	R10	R20	R40	
1.00	1.00	1.00	1.00	1.000 0
			1.06	1.059 3
		1.12	1.12	1.122 0
			1.18	1.188 5
	1.25	1.25	1.25	1.258 9
			1.32	1.333 5
		1.40	1.40	1.412 5
			1.50	1.496 2
1.60	1.60	1.60	1.60	1.584 9
			1.70	1.678 8
		1.80	1.80	1.778 3
			1.90	1.883 6
	2.00	2.00	2.00	1.995 3
			2.12	2.113 5
		2.24	2.24	2.238 7
			2.36	2.371 4
2.50	2.50	2.50	2.50	2.511 9
			2.65	2.660 7
		2.80	2.80	2.818 4
			3.00	2.985 4
	3.15	3.15	3.15	3.162 3
			3.35	3.349 7
		3.55	3.55	3.548 1
			3.75	3.758 1

续表

<table>
<tr><th colspan="4">基本系列（常用值）</th><th rowspan="2">计算值</th></tr>
<tr><th>R5</th><th>R10</th><th>R20</th><th>R40</th></tr>
<tr><td rowspan="8">4.00</td><td rowspan="4">4.00</td><td rowspan="2">4.00</td><td>4.00</td><td>3.981 1</td></tr>
<tr><td>4.25</td><td>4.217 0</td></tr>
<tr><td rowspan="2">4.50</td><td>4.50</td><td>4.466 8</td></tr>
<tr><td>4.75</td><td>4.731 5</td></tr>
<tr><td rowspan="4">5.00</td><td rowspan="2">5.00</td><td>5.00</td><td>5.011 9</td></tr>
<tr><td>5.30</td><td>5.308 8</td></tr>
<tr><td rowspan="2">5.60</td><td>5.60</td><td>5.623 4</td></tr>
<tr><td>6.00</td><td>5.956 6</td></tr>
<tr><td rowspan="8">6.30</td><td rowspan="4">6.30</td><td rowspan="2">6.30</td><td>6.30</td><td>6.309 6</td></tr>
<tr><td>6.70</td><td>6.683 4</td></tr>
<tr><td rowspan="2">7.10</td><td>7.10</td><td>7.079 5</td></tr>
<tr><td>7.50</td><td>7.498 0</td></tr>
<tr><td rowspan="4">8.00</td><td rowspan="2">8.00</td><td>8.00</td><td>7.943 3</td></tr>
<tr><td>8.50</td><td>8.414 0</td></tr>
<tr><td rowspan="2">9.00</td><td>9.00</td><td>8.912 5</td></tr>
<tr><td>9.50</td><td>9.440 5</td></tr>
<tr><td>10.00</td><td>10.00</td><td>10.00</td><td>10.00</td><td>10.000 0</td></tr>
</table>

优先数系的主要优点是相邻两项的相对差均匀，疏密适中，运算方便，简单易记。在同一系列中，优先数的积、商、乘方仍为优先数。因此，优先数系得到了广泛的应用。

任务 3　公差配合与测量技术的重要性

一、保证产品质量

通过公差配合的合理设计，可以在制造过程中控制零件的尺寸偏差和形状误差，确保产品的功能和性能符合要求。

运用精确的测量技术能够对产品进行检测和监控，及时发现质量问题，为产品质量提供有力保障。

二、实现互换性生产

“互换性”是“公差配合与测量技术”中的重要概念，互换的基础在于标准的制定和标准化的应用。只有严格按照标准来生产制造，才能实现大批量流水线作业生产；才能有效降低生产成本、降低产品价格；才能便于产品后续的安装、使用和维修。

互换性是现代工业生产的基本原则之一。通过规定合理的公差范围，使得不同厂家生产的零件能够相互替换，提高生产效率，降低生产成本。

公差配合与测量技术为实现互换性生产提供了技术支持，确保零件在装配过程中顺利配合。

三、促进技术创新

随着科技的不断进步，市场对机械产品的精度和性能要求越来越高。公差配合与测量技术的不断发展，为新产品的研发和创新提供了更多可能。

先进的测量技术可以为设计和制造提供准确的数据，帮助工程师优化产品结构和工艺，提高产品的竞争力。

公差配合与测量技术是机械制造领域的重要基础技术，对于保证产品质量、实现互换性生产和促进技术创新具有不可替代的作用。随着科技的不断进步，公差配合与测量技术也在不断发展和创新，向着高精度、自动化、智能化和绿色制造的方向前进。在未来的工业生产中，我们需要不断学习和掌握先进的公差配合与测量技术，为提高我国机械制造水平做出贡献。

知识巩固

1-1：什么叫互换性？互换性在机械制造中有何重要意义？是否只适用于大批量生产？

1-2：完全互换与不完全互换有何区别？各适用于何种场合？

1-3：什么是标准和标准化？

1-4：公差、检测、标准化与互换性有什么关系？

1-5：按标准颁发的级别分，我国标准有哪几种？

1-6：什么是优先数和优先数系？

项目 1

常用检测工具

项目描述

本项目首先让读者了解零件的加工误差与公差，理解检测工作的重要性，掌握测量的基本概念，理解长度基准与量值传递过程，理解测量器具与检测方法的分类，掌握测量器具的常用技术性能指标，学会使用常用的检测工具。这些常用的检测工具各有其特点和适用范围，为人们在科学研究、工程建设、生产制造等方面提供了准确的数据支持。

常用检测工具

教学目标

1. 知识目标

- 了解零件加工误差形成的原因。
- 掌握测量器具的常用技术性能指标。
- 熟悉检测的分类和程序。
- 熟悉检测计划的内容及制订流程。

2. 能力目标

- 能够理解零件的加工误差与公差，理解检测工作的重要性。
- 能够掌握测量的基本概念，理解计量器具和检测方法的分类。
- 能够理解测量器具的常用技术性能指标。
- 能够使用常用的测量器具对实际工件进行检测。

素养提升

产品质量是企业的生命，安全重于泰山。在机械制造领域，丝毫的差错就可能导致机毁人亡的严重事故。例如，在某机型的研制中，操作人员在加工一件大型钛合金框时把 ϕ11.5 的铣刀错拿成了 ϕ12 的铣刀，加工完检验的时候才发现侧壁铣小了，导致价值几百万元的零部件报废；又如，因尺寸问题，导致某机型的操纵杆方向装反，导致在试飞的过程中机毁人亡。

检测是质量的保证。国庆阅兵典礼上，天上的飞机、地上的坦克、新式的雷达、引人注目的系列导弹，这些产品的零部件，都是经过了大量的检测才能出席如此重要的场合。那么，我们常用的检测工具有哪些呢？

任务 1 检测规程

任务目标

了解互换性的概念与分类，熟悉加工误差与公差的区别与联系。熟悉检测的操作规程，了解检测计划的制订步骤。熟悉测量器具和测量方法的分类，了解常用测量器具的技术性能指标。学会使用常用的测量器具对实际工件进行检测。

知识学习

一、加工误差与公差

1. 加工误差

任何加工和测量都不可避免误差的存在，所谓的精度较高，只是代表误差较小。加工误差是指零件加工后的实际几何参数（尺寸、几何形状和相对位置）与理想几何参数之间的偏差。加工误差的大小反映了加工精度的高低，生产中加工精度的高低是用加工误差的大小来表示的。

零件的机械加工是在由机床、刀具、夹具和工件组成的工艺系统内完成的。因此，工艺系统的各种误差就会以不同的程度和方式反映为零件的加工误差。

从错综复杂的生产流程中逐项分析产生加工误差的各项因素及其物理、力学本质，找出影响某项精度的主要因素，以便进一步采取措施解决，这种方法称为加工精度的单因素分析法。在生产实际中，有时很难用单因素分析法来分析计算每一工序的加工误差，因为加工精度的影响因素比较复杂，是综合性很强的工艺问题，影响加工精度的原始误差很多，这些原始误差往往是综合地交错在一起对加工精度产生综合影响的，且其中不少原始误差的影响带有随机性。对于一个受多个随机原始误差影响的工艺系统，一般用概率统计的方法来进行综合分析，才能得出正确的、符合实际的结果。

加工误差的产生是由于在加工前和加工过程中，工艺系统存在很多误差因素，统称为原始误差。原始误差主要包括以下内容。

（1）原理误差：采用近似的加工运动或近似的刀具轮廓而产生的误差。如用成形铣刀加工锥齿轮、用车削方法加工多边形工件等。

（2）装夹误差：工件在装夹过程中产生的误差称为装夹误差。装夹误差包括定位误差和夹紧误差。

（3）测量误差：测量误差是与量具、量仪的测量原理、制造精度、测量条件（温度、湿度、振动、测量力、清洁度等）以及测量技术水平等有关的误差。

（4）调整误差：调整的作用主要是使刀具与工件之间达到正确的相对位置。试切法加工时的调整误差主要取决于测量误差、机床的进给误差和工艺系统的受力变形。用调整法加工时的调整误差，除上述因素外，还与调整方法有关。采用定程机构调整时，调整误差与行程挡块、靠模、凸轮等元件或机构的制造误差、安装误差、磨损以及电、液、气控制元件的工作性能有关。采用样板、样件、对刀块、导套等调整时，调整误差则与它们的制造误差、安装误差、磨损以及调整时的测量误差有关。

（5）夹具的制造误差、安装误差与磨损：机床夹具上定位元件、导向元件、对刀元件、分度机构、夹具体等的加工与装配误差以及它们的耐磨损性能，对零件的加工精度有直接影响。夹具的精度要求应根据工件的加工精度要求确定。

（6）刀具的制造误差与磨损：刀具对加工精度的影响，随刀具种类的不同而不同。

（7）工件误差：加工前，工件或毛坯上待加工的表面本身有形状误差或与其有关表面有位置误差，都会造成加工后该表面本身及与其有关表面的加工误差。

（8）机床误差：机床的制造误差、安装误差以及长期使用后的磨损是造成加工误差的主要原始误差因素。机床误差主要由主轴回转误差、导轨导向误差、内传动链的传动误差及主轴、导轨等的位置关系误差构成。

（9）工艺系统受力变形产生的误差：工艺系统在切削力、传动力、重力、惯性力等外力作用下产生变形，破坏了刀具与工件间的正确相对位置，造成加工误差。工艺系统变形的大小与工艺系统的刚度有关。

（10）工艺系统受热变形引起的误差：机械加工中，工艺系统受切削热、摩擦热、环境温度、辐射热等的影响产生变形，使工件和刀具的正确相对位置遭到破坏，引起切削运动、背吃刀量及切削力的变化，造成加工误差。

（11）工件残余应力引起的误差：在没有外力作用或去除外力后，工件内仍存留的力称为残余应力。具有残余应力的零件，其内部组织的平衡状态极不稳定，有恢复到无应力状态的强烈倾向。

2. 加工误差的分类

加工误差主要分为四种类型：尺寸误差、形状误差、位置误差和表面粗糙度误差。

（1）尺寸误差。

尺寸误差是指工件的实际尺寸与设计尺寸之间的差异。这种误差可能是由于测量工具的精度不足、加工过程中的材料变形、刀具磨损等原因造成的。

（2）形状误差。

形状误差是指工件的几何形状与理想形状之间的差异。例如，工件可能呈现出不规则的轮廓或表面，这可能是由于机床的导轨误差、刀具的运动轨迹不准确、材料的不均匀性等原因造成的。

（3）位置误差。

位置误差是指工件各部分之间的相对位置与设计要求不符。这可能是由于工件的装夹不准确、机床的定位系统故障、加工过程中的外力干扰等原因造成的。

（4）表面粗糙度误差。

表面粗糙度误差是指工件表面的微观不平整度。这可能是由于切削工具的磨损、切削参数设置不当、材料本身的性质造成的。

3. 公差

公差指工件所允许的差异，即最大极限尺寸与最小极限尺寸之差。公差是绝对值，没有正负号。它包含：

（1）单向公差。

单向公差又称“同侧公差”，就是将基本尺寸在同侧相加或相减一个变量所得的公差。即设计尺寸在一个方向，正向或负向给的公差。换句话说，单向公差只能比基本尺寸大而不能小，或只能比基本尺寸小而不能大。单向公差除适用于轴孔配合外，也常用于表示齿轮轴距等。

（2）双向公差。

双向公差又称“两侧公差”，就是将基本尺寸在两侧同时相加或相减一个变量所得的公差，即设计时在正负两个方向同时给的公差。换句话说，双向公差可以比基本尺寸大，也可以比基本尺寸小。基本尺寸的数值常为两极尺寸的平均值。双向公差适用于两孔中心距离和不需配合的面等。

（3）通用公差。

无论零件配合或非配合，其尺寸都不能达到一个绝对数值，也不允许无限大或无限小。所以，在图纸上标注公称尺寸的数值，在标题栏内或者其附近注明通用公差的数值，说明并非指定用于某尺寸，而是通用于图纸上任何标注的尺寸。

（4）专用公差。

当零件需要精确配合时，对于某一配合部位，必须定出适合其功能的公差数值。该项公差数值是专对某一尺寸所允许的差异，在图纸上应该和该尺寸数值并列。一般通用公差数值大，允许的变化量大，用普通制造法即可轻易完成。而专用公差数值较小，允许的变化量小，必须用精密制造的方法才可完成。一般来说，为节省成本，很少用专用公差。

4. 测量技术

测量技术是指对零件的尺寸、形状、位置等几何参数进行测量的方法和手段。

测量技术包括量具的选择、测量方法的确定、测量数据的处理等方面，其精度直接影响产品的质量和公差控制。

二、检测的工作内容与意义

1. 测量与检验

零部件的实际几何参数是否在规定的公差范围内，要通过测量和检验手段来判断。测量是将被测几何量与作为计量单位的标准量进行比较，以确定被测几何量的具体数值的过程；检验是指用工具、仪器或其他分析方法检查各种原材料、半成品、成品是否符合特定的技术标准、规格的工作过程。

零件的检验不仅包括几何量的检测，还包括其物理、化学性质的检验，本书仅讨论机械零件的几何量的检测，不包括其理化性质的检验。

2. 检测的工作内容

检测包含测量与检验两个方面，在机械加工中零件检测的研究对象主要是零件几何尺寸的互换性；通过对产品的各种尺寸参数进行测量，确定零件的几何参数，通过对比规定的极限范围，做出零件合格与否的判断。

从事检测工作的技术人员，必须熟悉所检测的零部件的图纸及技术要求，并且掌握质量检测理论、检测技术和抽样检测标准等相关知识，熟练使用各种测量和试验设备，熟悉产品的型号、规格、结构原理、整机性能、技术标准、检验规程等相关的技术、工艺文件。

3. 检测工作的意义

零件检测工作是实现零件互换性、提高产品质量和劳动生产率的可靠技术保证。机械生产的目的是为人们提供满足要求的产品，只有用合格的零件才能生产出合格的产品，只有通过对零件进行检测，才能判断零件是否合格。通过对零件进行尺寸检测，还可以从检测结果中分析零件不合格的原因，便于及时调整生产工艺，防止废品的产生。

三、检测的工作规程

1. 检测的分类

机械零件的检测方法很多，分类方式也不相同。合理选择检测方式，既能保证产品质量，又能减少检测工作量，同时可以提高检测效率，节省检测费用。在实际生产过程中最常用的是按照生产流程顺序对检测进行分类。

按生产流程顺序，检测可以分成以下三类。

（1）进厂检测：在外购原材料、外购零部件、辅助件进厂时对其进行的检测。进厂检测主要包括首件（批）检测和成批进货检测，其主要目的是防止不合格的原材料、外购件、辅助件在产品上使用。

（2）工序检测：在产品生产和加工过程中，针对某道工序或某批零件进行的检测。工序检测分为首件检测、巡回检测和完工检测三种，其目的主要是防止废品的产生，预防不合格品流入下一道工序。

（3）成品检验：在产品入库前进行的一次全面的最终检验。成品检验一般包括对成品的质量精度、性能参数、外观和安全性等的检验，其目的是检验成品是否符合质量要求。

2. 检测的工作流程

对零件的尺寸、形状、表面粗糙度等几何量进行的检测，通常按照以下工作流程进行。

(1) 测量方法的选择。
(2) 测量器具的选择。
(3) 测量基准面的选择。
(4) 定位方式的选择。
(5) 测量条件的控制。
(6) 测量结果的处理。
(7) 测量报告的编写。

任务 2　检测的基本概念

任务目标

了解测量技术的基本概念，区分常用的测量方法。

知识学习

一、测量技术的基本概念

1. 测量及测量要素

测量是指为了确定被测几何量的量值而进行的实验过程，其实质是将被测几何量 L 与作为计量单位的标准量 E 进行比较，从而获得两者的比值 q 的过程，即

$$q=L/E$$

由上式可知，任何一个测量过程都必须有明确的被测对象和确定的计量单位，此外还有两者是如何比较的和比较结果的精确度如何的问题，即测量方法和测量精度的问题。所以，一个完整的测量过程应包括测量对象、计量单位、测量方法和测量精度四个要素。

(1) 测量对象。

本书研究的测量对象是几何量，即长度、角度、形状、相对位置、表面粗糙度以及螺纹、齿轮等零件的几何参数。

(2) 计量单位。

测量中采用我国法定计量单位。长度的计量单位为米（m），角度的计量单位为弧度(rad)、度（°）、分（′）、秒（″）。

在机械制造的一般测量中，常用的长度计量单位是毫米（mm）；在精密测量中，常用的长度计量单位是微米（μm）；在超精密测量中，常用的长度计量单位是纳米（nm）。$1\text{mm}=10^{-3}\text{m}$，$1\,\mu\text{m}=10^{-3}\text{mm}$，$1\text{nm}=10^{-3}\,\mu\text{m}$。常用的角度计量单位是弧度、微弧度(μrad)、度、分、秒。$1\,\mu\text{rad}=10^{-6}\text{rad}$，$1°=60'$，$1'=60''$。

(3) 测量方法。

测量方法是指测量时所采用的测量原理、测量器具和测量条件的总和。在测量过程

中，采用的测量方法是否合适，对测量结果有很大的影响。

（4）测量精度。

测量精度是指测量结果与测量对象真实值的一致程度。

在测量过程中，还可以将测量进一步分为测量和检验。测量的特点是测量结果为具体数值，可以从得数上判断测量对象是否合格。检验的特点是只能确定测量对象是否在规定的极限范围内，即是否合格，而不能得出测量对象的具体数值。

测量技术的基本要求：在测量过程中，应保证计量单位的统一和量值准确；应将测量误差控制在允许的范围内，以保证测量结果的精度；应当正确并经济合理地选择计量器具和测量方法，保证一定的测量条件。

2. 长度基准

为了保证长度测量的精度，首先需要确定一个国际统一的、标准的长度基准。在 1983 年第 17 届国际计量大会上，通过了作为长度基准的米的新定义："米是光在真空中在 1/299 792 458 秒的时间间隔内所行进的路程"。由于激光稳频技术的发展，采用激光波长作为长度基准具有很好的稳定性和复现性。我国采用碘吸收稳定的 0.633 μm 氦氖激光辐射作为波长标准来复现"米"的定义。

3. 尺寸传递

为了把光波波长作为长度基准应用到实践中，必须建立长度量值传递系统。目前在实际应用中，主要使用两种实体基准：线纹尺和量块。先将光波波长准确地传递到基准线纹尺和 1 等量块，然后再由它们逐次传递到生产中所应用的各种计量器具和被测工件上，长度量值传递系统如图 2－1 所示。

4. 角度基准与量值传递

角度是重要的几何量，一个圆周定义为 360°。角度不需要像长度那样建立自然基准，但在计量部门，仍采用多面棱体（棱形块）作为角度量值的基准。机械制造中的角度标准一般是角度量块、测角仪、分度头等。

二、量块的基本知识

量块旧称块规，它是无刻度的标准端面量具。量块除作为标准器具进行长度量值的传递之外，还可以作为标准器具来调整仪器、机床，或直接检测零件。

1. 量块的材料、形状和尺寸

量块通常用线膨胀系数小、性能稳定、耐磨、不易变形的材料制成，如铬、锰、钢等。量块的形状通常为长方体或圆柱体，量块绝大多数是长方体的，如图 2－2 所示。量块上有两个相互平行、非常光洁的工作面，亦称测量面。量块的工作尺寸是指中心长度 l_n，即从一个测量面上的中点至与该量块另一测量面相研合的辅助体表面之间的距离。

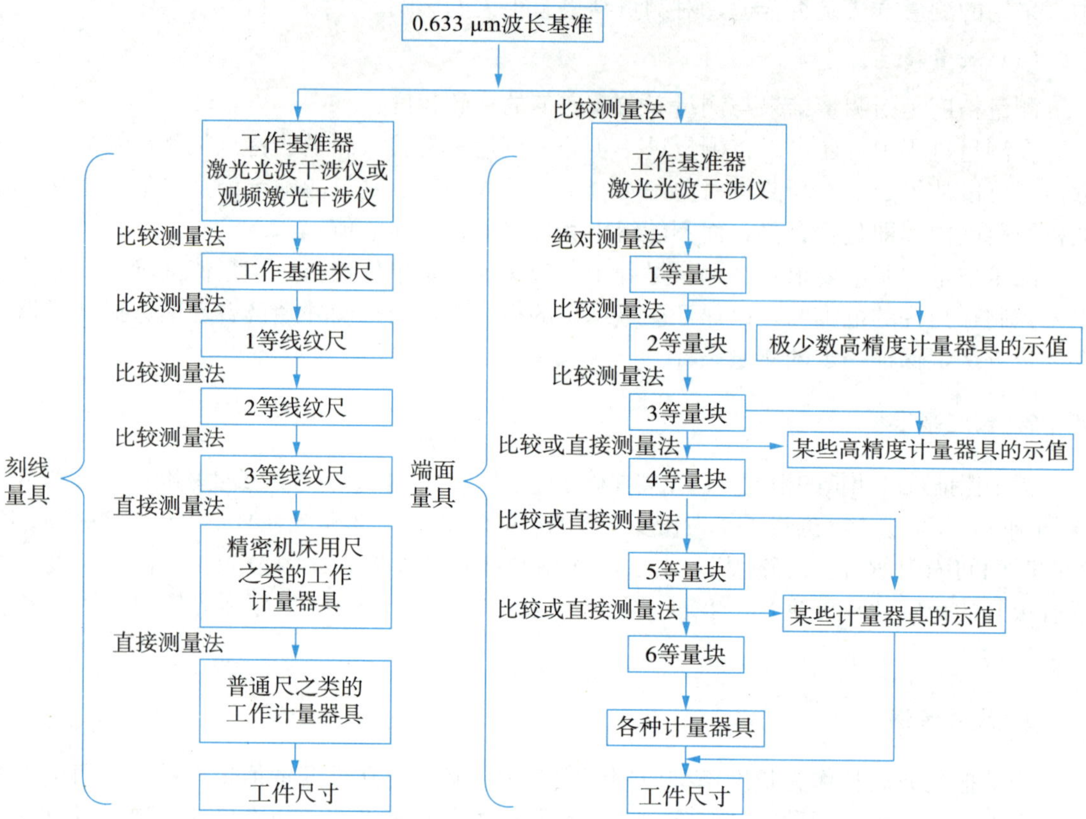

图 2-1　长度量值传递系统

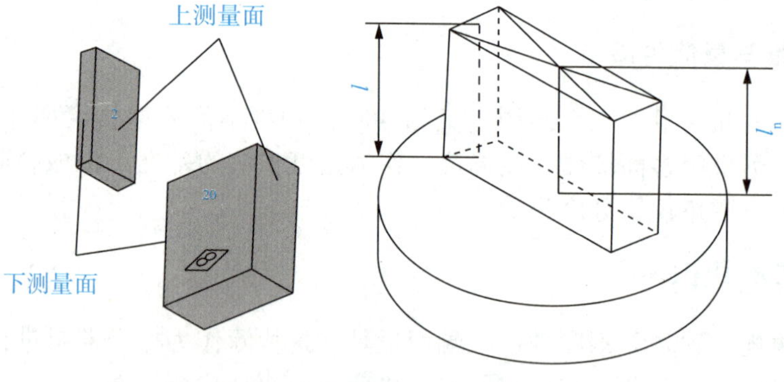

图 2-2　量块及相研合的辅助体

2. 量块的精度等级

GB/T 6093—2001 规定，量块按制造精度（即量块长度的极限偏差和长度变动量允许值）分为 5 级：K 级（校准级）和 0、1、2、3 级（准确度级）。其中，0 级精度最高，3 级精度最低。

量块长度的极限偏差是指量块中心长度与标称长度之间允许的最大偏差。在计量部门，量块按 JJG 146—2011 检定精度（即中心长度测量极限误差和平面平行性允许偏差）

分为 5 等，即 1 等、2 等、3 等、4 等、5 等。其中，1 等精度最高，5 等精度最低。

值得注意的是，由于量块平面平行性和研合性的要求，一定的级只能检定出一定的等，量块按“级”使用时，应把量块的标称长度作为工作尺寸，该尺寸包含量块的制造误差。量块按“等”使用时，应把检定后所给出的量块中心长度的实际尺寸作为工作尺寸，该尺寸排除了量块制造误差的影响，仅包含较小的测量误差。因此，量块按“等”使用时比按“级”使用时的测量精度高。例如，标称长度为 30mm 的 0 级量块，其长度的极限偏差为±0.000 20mm，若按“级”使用，不管该量块的实际尺寸如何，均按 30mm 计，则引起的测量误差为±0.000 20mm。但是，若该量块经过检定后，确定为 3 等，其实际尺寸为 30.000 12mm，测量极限误差为+0.000 15mm。显然，按“等”使用，即按尺寸为 30.000 12mm 使用时的测量极限误差为±0.000 15mm，比按“级”使用时的测量精度高。

3. 量块的特性和应用

量块的基本特性除稳定性、耐磨性和准确性之外，还有一个重要特性——研合性。所谓研合性，是指两个量块的测量面相互接触，并在不大的压力下通过一些切向的相对滑动就能贴附在一起的性质。利用这一特性，把量块研合在一起，便可以组成所需要的各种尺寸。我国生产的成套量块有 91 块、83 块、46 块、38 块等规格。在使用组合量块时，为了减小量块组合的累积误差，应尽量减少使用的块数，一般不超过 4 块。应根据所需尺寸的最后一位数字选择量块，每选一块至少减少所需尺寸的一位小数。例如，从 83 块一套的量块中选取尺寸为 28.785mm 的量块组，则可分别选用 1.005mm、1.28mm、6.5mm 和 20mm 共 4 块量块。91 块一套的量块使用方便。

4. 成套量块的组合尺寸

量块是成套供应的，按一定的尺寸组成一盒。成套量块的组合尺寸见表 2-1。

表 2-1　成套量块的组合尺寸（摘自 GB/T 6093—2001）

套别	总块数	级别	尺寸系列/mm	间隔/mm	块数
1	91	0，1	0.5	—	1
			1	—	1
			1.001，1.002，…，1.009	0.001	9
			1.01，1.02，…，1.49	0.01	49
			1.5，1.6，…，1.9	0.1	5
			2.0，2.5，…，9.5	0.5	16
			10，20，…，100	10	10
2	83	0，1，2	0.5		1
			1		1
			1.005		1

续表

套别	总块数	级别	尺寸系列/mm	间隔/mm	块数
2	83	0，1，2	1.01，1.02，…，1.49	0.01	49
			1.5，1.6，…，1.9	0.1	5
			2.0，2.5，…，9.5	0.5	16
			10，20，…，100	10	10
3	46	0，1，2			1
			1.001，1.002，…，1.009	0.001	9
			1.01，1.02，…，1.09	0.001	9
			1.1，1.2，…，1.9	0.1	9
			2，3，…，9	1	8
			10，20，…，100	10	10
4	38	0，1，2			1
			1.005		1
			1.01，1.02，…，1.09	0.01	9
			1.1，1.2，…，1.9	0.1	9
			2，3，…，9	1	8
			10，20，…，100	10	10
5	10	1	0.991，0.992，…，1	0.001	10
6	10	1	1，1.001，…，1.009	0.001	10
7	10	0，1	1.991，1.992，…，2	0.001	10
8	10	0，1	2，2.001，2.002，…，2.009	0.001	10

任务 3　测量器具

任务目标

了解常用机械测量器具的标准、参数和分类。

知识学习

一、计量器具的分类

计量器具可按用途、结构和工作原理分类。

1. 按用途分类

(1) 标准计量器具。

标准计量器具指测量时体现标准量的测量器具。标准计量器具通常用来校对和调整其他计量器具，或作为标准量与被测几何量进行比较，如线纹尺、量块、多面棱体等。

(2) 通用计量器具。

通用计量器具指通用性大、可用来测量某一范围内的各种尺寸（或其他几何量），并能获得具体读数值的计量器具，如千分尺、千分表、测长仪等。

(3) 专用计量器具。

专用计量器具指用于专门测量某种或某个特定几何量的计量器具，如量规、圆度仪、基节仪等。

2. 按结构和工作原理分类

(1) 机械式计量器具。

机械式计量器具指通过机械结构实现对被测量的感应、传递和放大的计量器具，如机械式比较仪、百分表和扭簧比较仪等。

(2) 光学式计量器具。

光学式计量器具指用光学方法实现对被测量的转换和放大的计量器具，如光学比较仪、投影仪、自准直仪和工具显微镜等。

(3) 气动式计量器具。

气动式计量器具指靠压缩空气通过气动系统时的状态（流量或压力）变化来实现对被测量的转换的计量器具，如水柱式气动量仪和浮标式气动量仪等。

(4) 电动式计量器具。

电动式计量器具指将被测量通过传感器转换为电量，再经变换而获得读数的计量器具，如电动轮廓仪和电感测微仪等。

(5) 光电式计量器具。

光电式计量器具指利用光学方法放大或瞄准，通过光电元件转换为电量进行检测，以实现几何量的测量的计量器具，如光电显微镜、光电测长仪等。

二、测量器具与辅助设备分类

测量器具是可以单独或与辅助设备一起，用来确定被测对象量值的器具或装置。测量器具按测量原理与结构特点可分为量具、测量仪器和测量装置三大类。

1. 量具

量具是一种具有固定形态、用以复现或提供一个或多个已知量值的器具。按用途的不同，量具可分为以下 4 类。

（1）单值量具。只能体现单一量值的量具。单值量具可用来校对和调整其他测量器具或作为标准量，与被测量直接进行比较，如量块、角度量块等。

（2）多值量具。可体现一组同类量值的量具。多值量具能校对和调整其他测量器具或作为标准量，与被测量直接进行比较，如线纹尺、90°角尺等。

（3）专用量具。专门用来检验某种特定参数的量具。常见的有检验光滑圆柱孔或轴的光滑极限量规，判断内螺纹或外螺纹合格性的螺纹量规，判断复杂形状的表面轮廓合格性的检验样板，用模拟装配通过性来检验装配精度的功能量规，等等。

（4）通用量具。在我国，习惯上将结构比较简单的测量仪器称为通用量具，如游标卡尺、外径千分尺、百分表等。

2. 测量仪器

测量仪器是能将被测量转换成可直接观察的示值或等效信息的测量器具，如立式光学比较仪、卧式测长仪、万能工具显微镜等。

3. 测量装置

测量装置是为确定被测量值所必需的一台或若干台测量仪器（或量具），连同有关的辅助设备构成的系统，如国家长度基准复现装置、产品自动分检装置等。

三、测量器具的基本测量参数

度量指标是选择和使用计量器具、研究和判断测量方法正确性的依据，也是表征计量器具的性能和功能的指标。基本度量指标主要有以下 11 项。

1. 刻线间距 c

计量器具标尺或刻度盘上两相邻刻线中心线间的距离称为刻线间距。通常刻线是等间距的。为了适于人眼观察和读数，刻线间距一般为 0.75～2.5mm。

2. 分度值（刻度值）i

计量器具标尺上每一刻线间距所代表的量值为分度值。一般长度量仪中的分度值有 0.1mm、0.01mm、0.001mm、0.000 5mm 等。图 2－3 所示的计量器具，$i=1\ \mu m$。

3. 测量范围

计量器具所能测量的被测量最小值到最大值的范围称为测量范围。图 2－3 所示计量器具的测量范围为 0～180mm。测量范围的最大值、最小值分别称为测量范围的“上限值”和“下限值”。

4. 示值范围

示值范围是计量器具所显示或指示的最小值到最大值的范围。图 2－3 所示的示值范围为±100 μm。

5. 灵敏度 S

灵敏度是计量器具反映被测几何量微小变化的能力。如果被测参数的变化量为 ΔL，引起计量器具的示值变化量为 Δx，则灵敏度 S

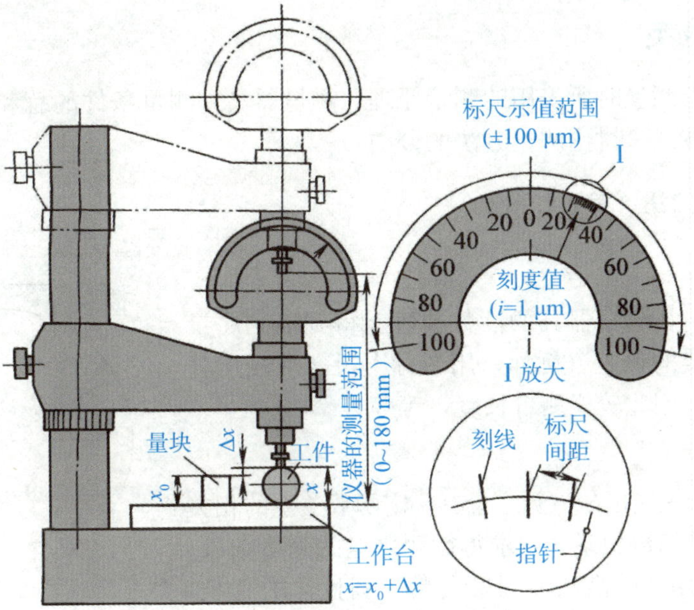

图 2-3　计量器具的基本度量指标

$$S=\Delta x/\Delta L \quad (式\ 2-1)$$

6. 示值误差

计量器具显示的数值与被测量的真值之差为示值误差。

7. 校正值（修正值）

为消除计量器具的系统测量误差，用代数法加到测量结果上的值称为校正值。它与计量器具的系统测量误差的绝对值相等而符号相反。

8. 回程误差

在相同的测量条件下，当被测量不变时，计量器具沿正、反行程在同一点上测量结果之差的绝对值，称为回程误差。

9. 重复精度

在相同的测量条件下，对同一被测参数进行多次重复测量时，其结果的最大差异称为重复精度。差异越小，重复性就越好，计量器具的精度也就越高。

10. 测量力

测量力是在接触式测量过程中，计量器具测头与被测工件之间的接触压力。测量力太小影响接触的可靠性，测量力太大会引起弹性变形，从而影响测量精度。

11. 稳定度

在规定工作条件下，计量器具保持其计量特性恒定不变的程度称为稳定度。

四、测量方法分类

测量方法是指测量时所采用的测量原理、测量器具和测量条件的总和。下面我们就按获得测量结果的方式来讨论测量方法的分类。

1. 按所测得的量（参数）分类

（1）直接测量。

直接测量是指从测量器具的读数装置上得到欲测之量的数值或对标准值的偏差。例如，用游标卡尺、外径千分尺测量外圆直径，用比较仪测量长度，等等。

（2）间接测量。

间接测量是指先测出与欲测之量有一定函数关系的相关量，然后按相应的函数关系式，求得欲测之量的测量结果。如图 2－4 所示，用“弦高法”测量大尺寸圆柱体的直径，由弦长 L 与弦高 H 的测量结果，可求得直径 D 的实际值。

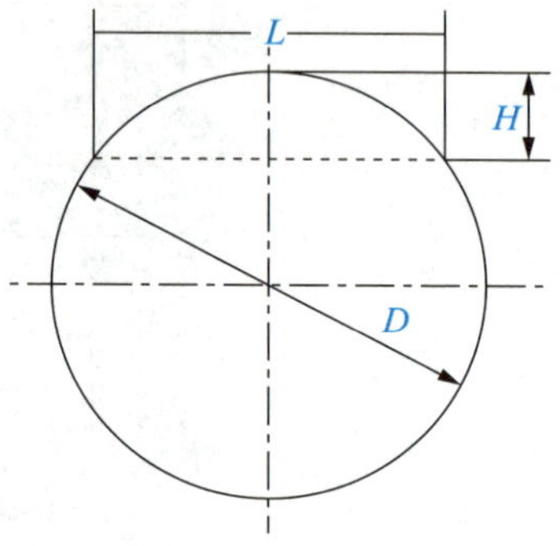

图 2－4　间接测量示意图

2. 按测量结果的读数值不同分类

（1）绝对测量。

绝对测量是指从测量器具上直接得到被测参数的整个量值的测量。例如，用游标卡尺测量零件的轴径。

（2）相对测量。

相对测量是指将被测量和与其量值只有微小差别的同一种已知量（一般为测量标准量）相比较，得到被测量与已知量的相对偏差。例如，比较仪用量块调零后，测量轴的直径，比较仪的示值就是量块与轴径的量值之差。

相对测量时，对仪器示值范围的要求比较小，因而能提高仪器的测量精度。采用相对测量时，若已知量（标准量）与被测量的材质相同，偏离标准温度（20℃）及测量力对测量结果的影响，要比采用绝对测量时小得多。

3. 按被测件表面与测量器具测头是否有机械接触分类

（1）接触测量。

测量器具的测头与零件被测表面接触后有机械作用力的测量为接触测量。例如，用外径千分尺、游标卡尺测量零件等。为了保证接触的可靠性，测量力是必要的，但它可能使测量器具及被测件发生变形而产生测量误差，还可能造成零件被测表面质量的损伤。

（2）非接触测量。

非接触测量时，测量器具的感应元件与被测零件表面不直接接触，因而不存在机械作用的测量力。属于非接触测量的仪器主要是利用光、气、电、磁等作为感应元件，与被测件表面产生联系，例如干涉显微镜、磁力测厚仪、气动量仪等。

4. 按测量在工艺过程中所起的作用分类

（1）主动测量。

主动测量是指在加工过程中进行的测量。其测量结果直接用来控制零件的加工过程，决定是否继续加工或判断工艺过程是否正常、是否需要进行调整，因而能及时防止废品的产生，所以又称为积极测量。

（2）被动测量。

被动测量是指加工完成后进行的测量。其结果仅用于发现并剔除废品，所以被动测量又称为消极测量。

5. 按零件上同时被测参数的多少分类

（1）单项测量。

单独且彼此没有联系地测量零件的单项参数称为单项测量。例如，分别测量齿轮的齿厚、齿形、齿距等。这种方法一般用于量规的检定、工序间的测量，或为了工艺分析、调整机床等目的而进行的测量。

（2）综合测量。

综合测量用于检测零件的几个相关参数的综合效应或综合参数，从而综合判断零件的合格性。例如，齿轮运动误差的综合测量、用螺纹量规检验螺纹的作用中径等。综合测量一般用于终结检验，其测量效率高，能有效保证互换性，在大批量生产中应用广泛。

6. 按被测工件在测量时所处的状态分类

（1）静态测量。

静态测量时被测件表面与测量器具测头处于静止状态。例如，用外径千分尺测量轴径、用齿距仪测量齿轮齿距等。

（2）动态测量。

动态测量时被测零件表面与测量器具测头处于相对运动状态，或测量过程是模拟零件在工作或加工时的运动状态，动态测量能反映生产过程中被测参数的变化过程。例如，用激光比长仪测量精密线纹尺、用电动轮廓仪测量表面粗糙度等。

7. 按测量中测量因素是否变化分类

（1）等精度测量。

在测量过程中，决定测量精度的全部因素及条件不变。例如，由同一个人，用同一台仪器，在同样的环境中，以同样的方法，同样仔细地测量同一个量。在一般情况下，为了简化测量结果的处理，大多采用等精度测量。实际上，绝对的等精度测量是做不到的。

（2）不等精度测量。

在测量过程中，决定测量精度的全部因素或条件可能完全改变或部分改变。由于不等精度测量的数据处理比较麻烦，因此它一般用于重要的科研实验中的高精度测量。

以上测量方法的分类是从不同角度考虑的。对于具体的测量过程，可能兼有几种测量方法的特征。例如，在内圆磨床上用两点式测头加工零件的过程中进行的检测，属于主动测量、动态测量、直接测量、接触测量和相对测量等。测量方法的选择应考虑零件的结构特点、精度要求、生产批量、技术条件及经济效果等。

任务 4　游标式量仪

任务目标

了解游标式量仪的组成，熟悉游标式量仪的检测范围，掌握游标式量仪的使用方法。

知识学习

一、认识游标卡尺

1. 游标卡尺的分类

游标卡尺（见图 2－5）是利用游标读数原理制成的一种常用量具，在机械加工中主要用于测量工件的内外尺寸、宽度、厚度、深度以及孔距等。游标卡尺具有结构简单、使用方便、测量范围广等特点，有普通游标卡尺、高度游标卡尺、扁头内沟槽游标卡尺、齿厚游标卡尺等多种类型，在机械加工中应用较广。

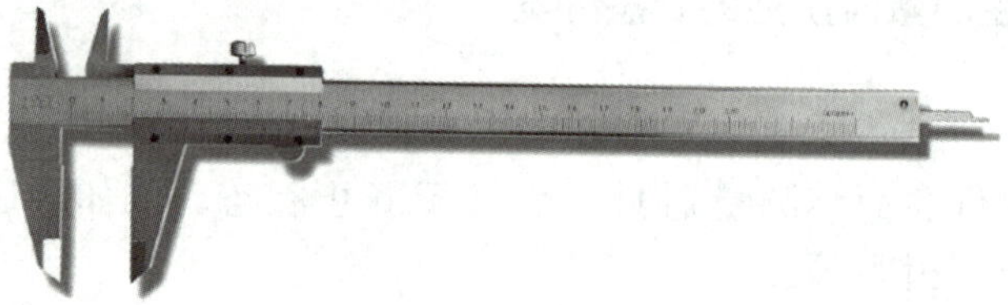

图 2－5　游标卡尺

2. 普通游标卡尺的组成

游标卡尺由主尺和附在主尺上且能滑动的游标两部分构成（见图 2－6）。主尺一般以毫米为单位，而游标上则有 10、20 或 50 个分格，根据分格的不同，游标卡尺可分为十分度游标卡尺、二十分度游标卡尺、五十分度游标卡尺等。游标卡尺的主尺和游标上有两副活动量爪，分别是内测量爪和外测量爪，利用内测量爪可以测量槽的宽度和管的内径，利用外测量爪可以测量零件的厚度和管的外径。深度尺与游标尺连在一起，可以测量槽和筒的深度。游标上部有一紧固螺钉，可将游标固定在尺身上的任意位置。

3. 游标卡尺的刻度

尺身和游标尺上都有刻度。以精度为 0.1mm 的游标卡尺为例，尺身上的最小分度是 1mm，游标尺上有 10 个小的等分刻度，总长 9mm，每一分度为 0.9mm，与主尺上的最

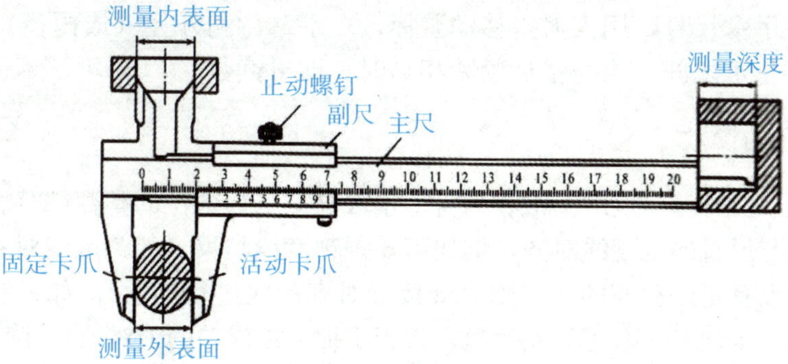

图 2-6　普通游标卡尺

小分度相差 0.1mm。量爪并拢时尺身和游标的零刻度线对齐，它们的第一条刻度线相差 0.1mm，第二条刻度线相差 0.2mm，……，第 10 条刻度线相差 1mm，即游标的第 10 条刻度线恰好与主尺的 9mm 刻度线对齐。

当量爪间所量物体的线度为 0.1mm 时，游标尺应向右移动 0.1mm。这时它的第 1 条刻度线恰好与尺身的 1mm 刻度线对齐。同理，当游标的第 5 条刻度线跟尺身的 5mm 刻度线对齐时，说明两量爪之间有 0.5mm 的宽度，……，以此类推。

在测量大于 1 毫米的长度时，测量结果的整数部分要从游标“0”线与尺身相对的刻度线读出。

二、深度游标卡尺

深度游标卡尺（见图 2-7）用于测量凹槽或孔的深度、梯形工件的梯层高度、长度等，常被简称为“深度尺”。如测量内孔深度时应把基座的端面紧靠在被测孔的端面上，使尺身与被测孔的中心线平行，伸入尺身，则尺身端面至基座端面之间的距离就是被测零件的深度。深度游标卡尺的读数方法和普通游标卡尺完全一样。

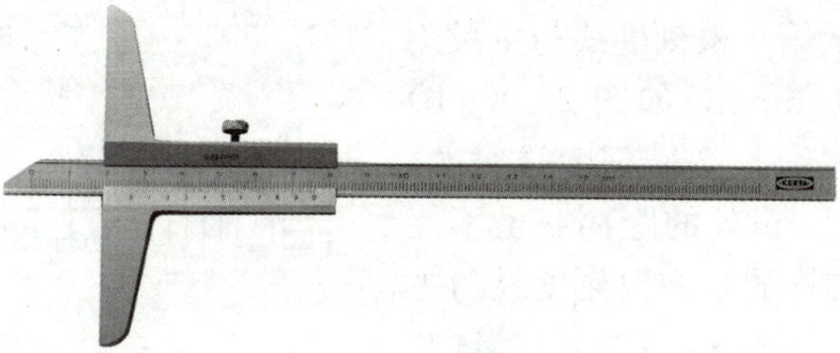

图 2-7　深度游标卡尺

深度游标卡尺的使用

三、使用普通游标卡尺

1. 游标卡尺的使用

用软布将量爪擦干净，使其并拢，查看游标和主尺尺身的零刻度线是否对齐。如果对齐就可以进行测量，如果没有对齐则要记取零误差。游标的零刻度线在尺身零刻度线右侧的叫正零误差，在尺身零刻度线左侧的叫负零误差（这种规定方法与数轴的规定一致，原点以右为正，原点以左为负）。

测量时，右手拿尺身，用大拇指移动游标，左手拿待测外径（或内径）的物体，使待测物体位于外测量爪之间，当与量爪紧紧相贴时，即可读数。

2. 游标卡尺的读数

读数时首先以游标零刻度线为准在尺身上读取以毫米为单位的整数部分。然后看游标上的第几条刻度线与尺身的刻度线对齐，例如第 6 条刻度线与尺身的刻度线对齐，则小数部分为 0.6 毫米（若没有正好对齐的线，则取最接近对齐的线进行读数）。如果有零误差，则一律用上述结果减去零误差（若零误差为负，相当于加上零误差的绝对值），读数结果为：

L＝整数部分＋小数部分－零误差　（式 2－2）

判断游标上哪条刻度线与尺身刻度线对准的方法：选定相邻的三条线，如果左侧的线在尺身对应线之右，右侧的线在尺身对应线之左，中间那条线便可以认为是对准了。

L＝对准前刻度＋n(游标上第 n 条刻度线与尺身的刻度线对齐)×分度值　（式 2－3）

当尺框向右移动到某一位置时，固定卡爪与活动卡爪之间的距离就是零件的测量尺寸。此时零件尺寸的整数部分，可从游标零刻度线左边的主尺刻度线上读出，而小数部分可借助游标读数机构读出。现以游标读数值为 0.1mm 的游标卡尺为例，说明其读数原理和读数方法。如图 2－8（a）所示，主尺刻度线间距（每格）为 1mm，当游标零线与主尺零线对准（两爪合并）时，游标上的第 10 条刻度线正好对准主尺上的 9mm，而游标上的其他刻度线都不会与主尺上的任何一条刻度线对准。

游标每格间距＝9mm/10＝0.9mm

主尺每格间距与游标每格间距相差＝1mm－0.9mm＝0.1mm

0.1mm 即为此游标卡尺上从游标读出的最小数值，再也不能读出比 0.1mm 小的数值。当游标向右移动 0.1mm 时，游标零刻度线后的第 1 根刻度线与主尺刻度线对准。若游标向右移动 0.5mm，如图 2－8（b）所示，则游标上的第 5 根刻度线与主尺刻度线对准。由此可知，游标向右移动不足 1mm 的距离，虽不能直接从主尺读出，但可以由游标的某一根刻度线与主尺刻度线对准时，该游标刻度线的次序数乘以其读数值，读出其小数值。

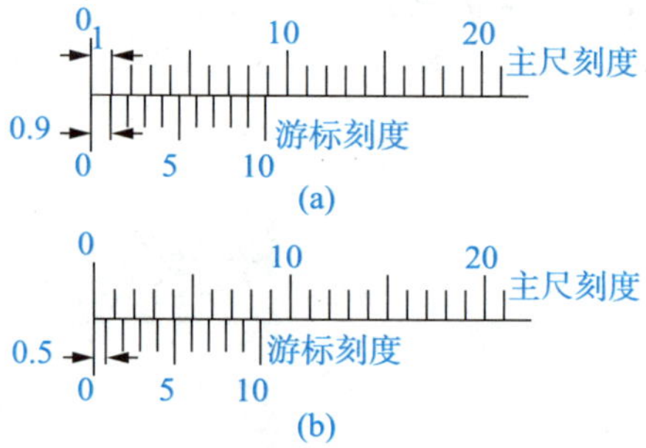

图 2－8　游标卡尺的读数方法

例如，图 2－8（b）的尺寸为：5×0.1＝0.5（mm）。

3. 游标卡尺的保管

当游标卡尺使用完毕，应该用棉纱擦拭干净。长期不用时应在游标卡尺上擦黄油或机油，将两量爪合拢并拧紧紧固螺钉，放入游标卡尺盒内并盖好。

4. 游标卡尺使用注意事项

（1）游标卡尺是比较精密的测量工具，要轻拿轻放，不得碰撞或掉落。使用时不要用游标卡尺测量粗糙的物体，以免损坏量爪。避免与刀具放在一起，以免刀具划伤游标卡尺的表面。不使用游标卡尺时应置于干燥的地方，远离酸性、碱性物质，防止锈蚀。

（2）测量时，应先拧松紧固螺钉，移动游标时不能用力过猛。两量爪与待测物体的接触不宜过紧。不能在量爪内移动被夹紧的物体。

（3）读数时，视线应与尺面垂直。如需固定读数，可用紧固螺钉将游标固定在尺身上，防止滑动。

（4）实际测量时，对同一长度应多测几次，取平均值来减少偶然误差。

（5）应定期校验游标卡尺的精度和灵敏度。

任务实施

使用游标卡尺测量轴类零件。

一、工件名称

齿轮油泵定位销轴。

二、检测图纸

齿轮油泵定位销轴图纸如图 2－9 所示。

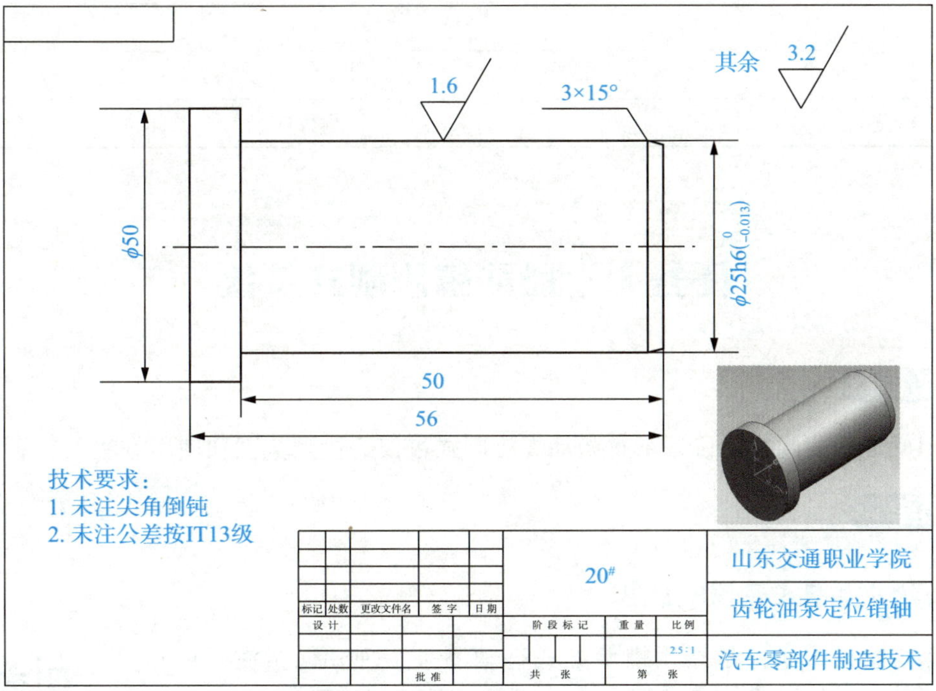

图 2－9　齿轮油泵定位销轴图纸

三、任务描述

分析定位销轴零件图（见图 2－9）的尺寸要求，针对以下检测项目制定检测方案，选择量具、量仪，编制检验计划。

（1）长度尺寸：50、56。

（2）外径尺寸：$\phi32$、$\phi25$。

根据检验计划，利用不同精度的游标卡尺对上述尺寸分别进行不少于 6 次的测量，记录测量数据，并得出各尺寸的测量结果。

四、数据记录

定位销轴的尺寸检测（游标卡尺）							
1. 测量要素							
测量对象				计量单位			
测量方法				测量器具			
2. 游标卡尺							
刻度线间距				分度值			
示值范围				测量范围			
3. 测量数据（单位：　）							测量结果
50							
56							
$\phi32$							
$\phi25$							
检测人				检测日期			

任务 5　微动螺旋副式量仪

任务目标

认识微动螺旋副式量仪，了解微动螺旋副式量仪的检测范围和使用方法。

知识学习

一、微动螺旋副式量仪的认识

微动螺旋副式量仪是指用螺旋方式移动测头实现几何量测量的量具，如内径千分尺、外径千分尺、深度千分尺等。微动螺旋副式量仪是比游标卡尺更精密的测量长度的仪器，它采用硬质合金测量面，耐磨性好。由于微动螺旋副式量仪具有测力装置，当测量面与被测工件接触时可以保持恒定的测量力，并且具有千分螺丝锁紧装置，使读数更精准。

微动螺旋量仪的使用

改变微动螺旋副式量仪的测量面形状和尺架等，就可以制成不同用途的测量仪器，例如用于测量外径、内径、螺纹中径的千分尺，测量齿轮公法线、深度的千分尺，等等。根据不同用途，微动螺旋副式量仪可分为外径千分尺、公法线千分尺、深度千分尺等。最常用的是外径千分尺，数显式外径千分尺如图 2－10 所示。

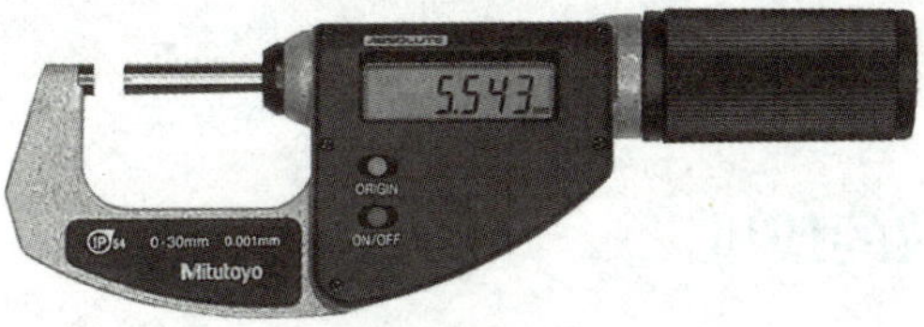

图 2－10　数显式外径千分尺

图 2－11　外径千分尺的组成

外径千分尺的组成如图 2－11 所示，图 2－11 中 A 为测杆，A 的一部分加工成螺距为 0.5mm 的螺纹，当 A 在固定套管 B 的螺套中转动时，将前进或后退，活动套管 C 和螺杆连成一体，其周边等分成 50 个分格。螺杆转动的整圈数通过固定套管上间隔 0.5mm 的刻度线来测量，不足一圈的部分由活动套管周边的刻度线来测量。所以用外径千分尺测量长度时，读数也分为两步，即：①从活动套管的前沿在固定套管的位置，读出整圈数；②从固定套管上的横线所对活动套管上的分格数，读出不到一圈的小数，二者相加就是测量值。

外径千分尺的尾端有一装置 D，拧动 D 可使测杆移动，当测杆和被测物相接后的压力达到某一数值时，棘轮将滑动并有咔咔的响声，活动套管不再转动，测杆也停止前进，这时就可以读数了。

二、外径千分尺的原理及读数

外径千分尺是根据螺旋放大的原理制成的，即螺杆在螺母中旋转一周，螺杆便沿着旋转轴线方向前进或后退一个螺距的距离。因此，沿轴线方向移动的微小距离，就能用圆周上的读数表示出来。外径千分尺的精密螺纹的螺距是 0.5mm，可动刻度有 50 个等分刻度，可动刻度旋转一周，测微螺杆可前进或后退 0.5mm，因此旋转每一小分度，相当于测微螺杆前进或后退 0.5/50＝0.01mm。因此，可动刻度的每一小分度表示 0.01mm，所以外径千分尺的测量可准确到 0.01mm。由于还能估读一位，即可读到毫米的千分位，故称为千分尺。

使用外径千分尺读数时，先以微分筒的端面为准线，读出固定套管下刻度线的分度值（只读出以毫米为单位的整数部分），再以固定套管上的水平横线作为读数准线，读出可动刻度上的分度值，读数时应估读到最小刻度的十分之一，即 0.001mm。如果微分筒的端面与固定刻度的下刻度线之间无上刻度线，测量结果为下刻度线的数值加可动刻度的值；如果微分筒端面与下刻度线之间有一条上刻度线，测量结果应为下刻度线的数值加 0.5mm，再加可动刻度的值，图 2－12（a）的读数为 8.384mm，图 2－12（b）的读数为 7.923mm。

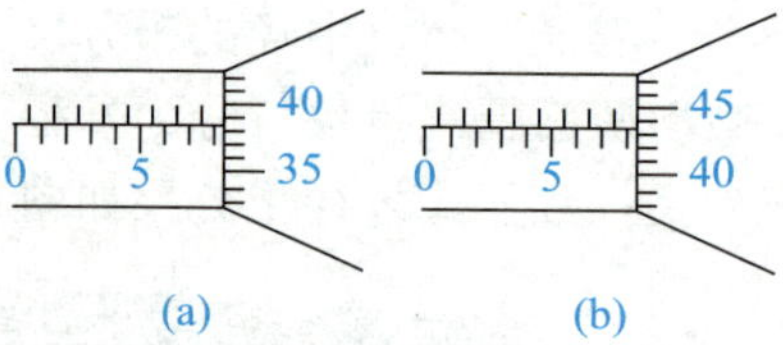

图 2-12　外径千分尺读数方法

三、微动螺旋副式量仪的使用

1. 微动螺旋副式量仪的正确使用与保养

微动螺旋副式量仪是比较精密的测量仪器，对它的使用直接影响测量结果的准确度，所以使用微动螺旋副式量仪时要注意以下事项，使用后要注意对其进行适当保养，延长其使用寿命。

（1）检查零位线是否准确。

（2）测量时需把工件的被测量面擦干净。

（3）工件较大时，应放在 V 形铁或平板上测量。

（4）测量前将测量杆和砧座擦干净。

（5）拧活动套筒时需用棘轮装置。

（6）不要拧松后盖，以免造成零位线改变。

（7）不要在固定套筒和活动套筒间加入普通机油。

（8）使用后擦净上油，放入专用盒内，置于干燥处。

2. 微动螺旋副式量仪的使用注意事项

（1）测量时，在测微螺杆靠近被测物体时应停止使用旋钮，而改用微调旋钮，避免产生过大的压力，既可使测量结果准确，又能保护外径千分尺。

（2）在读数时，要注意固定刻度尺上表示半毫米的刻线是否已经露出。

（3）读数时，千分位有一位估读数字，不能随便忽略，即使固定刻度的零点正好与可动刻度的某一刻度线对齐，千分位上也应读取“0”。

（4）当小砧和测微螺杆并拢时，可动刻度的零点与固定刻度的零点不重合，出现零误差，应加以修正，即在测长度的读数上去掉零误差的数值。

任务实施

使用外径千分尺和内径千分尺测量普通孔轴类零件。

一、工件名称

齿轮油泵从动轴及从动轮。

二、零件图纸

齿轮油泵从动轴、从动轮图纸如图 2-13、图 2-14 所示。

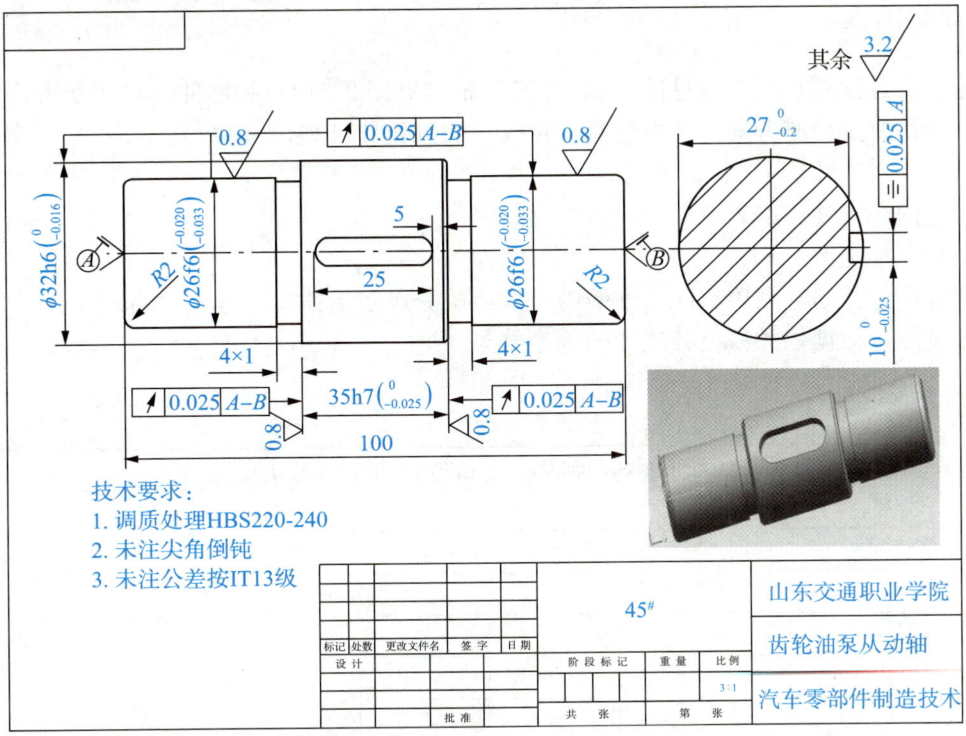

图 2-13　齿轮油泵从动轴图纸

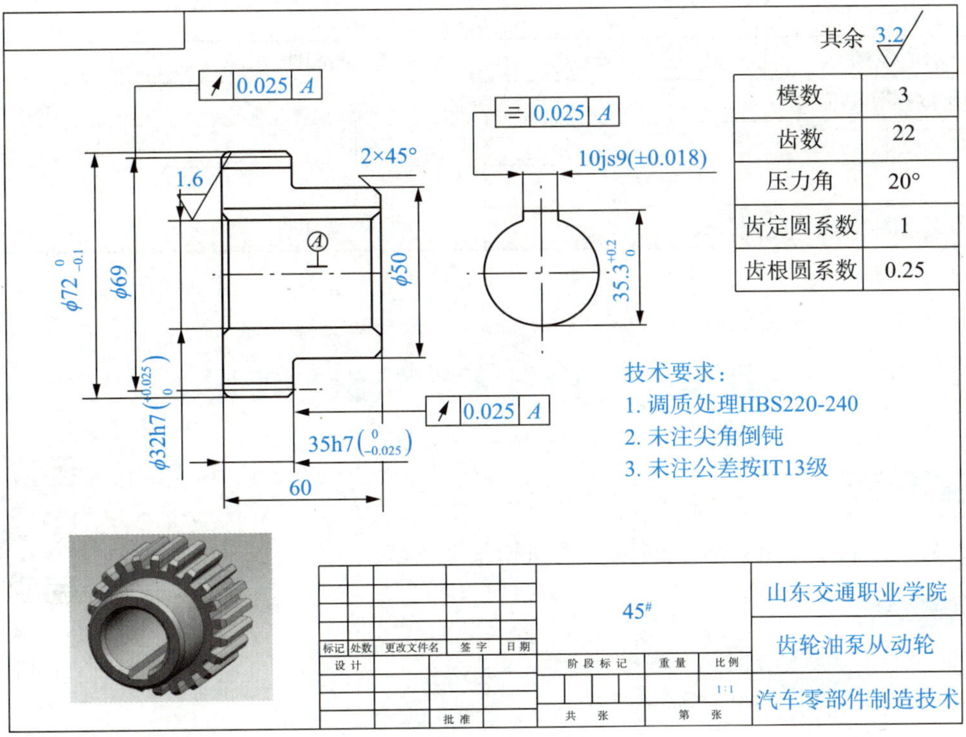

图 2-14　齿轮油泵从动轮图纸

三、任务描述

分析齿轮油泵从动轮（见图 2-14）及其轴（见图 2-13）的零件图尺寸要求，针对以下检测项目制定检测方案，选择量具、量仪，编制检验计划。

（1）外径尺寸：ϕ26、ϕ32、ϕ50。

（2）内径尺寸：ϕ32。

（3）键槽宽度：10。

根据检验计划，利用不同精度的内、外径千分尺对上述尺寸分别进行不少于 6 次的测量，记录测量数据，并得出各尺寸的测量结果。

四、数据记录

<table>
<tr><td colspan="8">齿轮油泵从动轴及从动轮的尺寸检测（千分尺）</td></tr>
<tr><td colspan="8">1. 外径千分尺</td></tr>
<tr><td colspan="2">刻度线间距</td><td colspan="2"></td><td colspan="2">分度值</td><td colspan="2"></td></tr>
<tr><td colspan="2">示值范围</td><td colspan="2"></td><td colspan="2">测量范围</td><td colspan="2"></td></tr>
<tr><td colspan="7">2. 测量数据（单位：　）</td><td>测量结果</td></tr>
<tr><td>ϕ26</td><td></td><td></td><td></td><td></td><td></td><td></td><td></td></tr>
<tr><td>ϕ32</td><td></td><td></td><td></td><td></td><td></td><td></td><td></td></tr>
<tr><td>ϕ50</td><td></td><td></td><td></td><td></td><td></td><td></td><td></td></tr>
<tr><td colspan="8">3. 内径千分尺</td></tr>
<tr><td colspan="2">刻度线间距</td><td colspan="2"></td><td colspan="2">分度值</td><td colspan="2"></td></tr>
<tr><td colspan="2">示值范围</td><td colspan="2"></td><td colspan="2">测量范围</td><td colspan="2"></td></tr>
<tr><td colspan="7">4. 测量数据（单位：　）</td><td>测量结果</td></tr>
<tr><td>ϕ32</td><td></td><td></td><td></td><td></td><td></td><td></td><td></td></tr>
<tr><td>10</td><td></td><td></td><td></td><td></td><td></td><td></td><td></td></tr>
<tr><td colspan="2">检测人</td><td colspan="2"></td><td colspan="2">检测日期</td><td colspan="2"></td></tr>
</table>

任务 6　百分表的认识与使用

任务目标

认识百分表，了解百分表的检测范围和使用方法。

百分表的认识与使用

知识学习

一、百分表的认识

百分表是机械式量仪的代表性测量工具。此类量仪是由杠杆、齿轮、扭簧等机械零件组成的传动部件，将测量杆微小的直线位移传动放大，转变为指针的角位移，由指针在刻度盘上指出示值。机械式量仪的种类很多，主要有百分表、杠杆百分表、内径百分表、杠杆式卡规等，最常用的是百分表。百分表的结构较简单，传动机构是齿轮系，外廓尺寸小、重量轻、传动机构惰性小、传动比较大，百分表可采用圆周刻度，有较大的测量范围，不仅能进行比较测量，也能进行绝对测量。

百分表常用于检测长度尺寸、形位误差、调整设备等，也可用来作为各种检测夹具和专用量具的读数装置。百分表的外部一般由指针、表盘、测量头、测量杆等组成；内部多由齿轮、齿条、测力装置等组成（见图 2－15）。

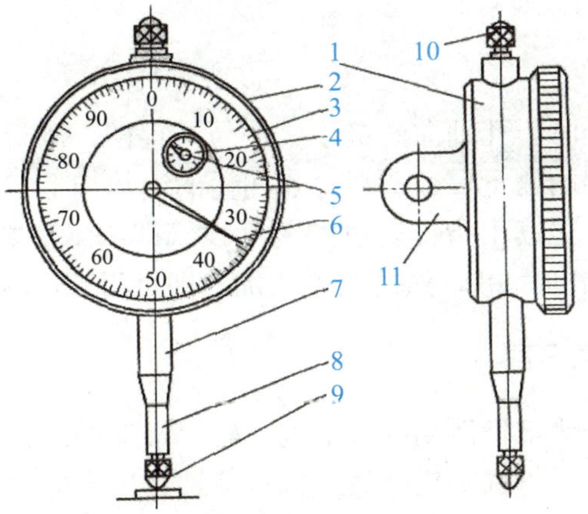

图 2－15　百分表示意图

1—表体；2—表圈；3—表盘；4—转数指示盘；5—转数指针；6—指针；
7—套筒；8—测量杆；9—测量头；10—挡帽；11—耳环

还有适用于测量一般精度的深孔零件的内径百分表，使用时根据不同的被测孔直径可选择具有相应测量范围的内径百分表及可换测量头，通过比其精度高的量具调整零位后进行测量。为使内径百分表的测量轴线通过被测孔的圆心，内径百分表一般设有定心装置，以保证测量的快捷与准确。

内径百分表的分度值为 0.01mm，测量范围有 6～10mm、10～18mm、18～35mm、35～50mm、50～160mm、100～250mm、250～450mm 等。

二、百分表的工作原理

百分表主要由 3 个部件组成：表体部分、传动机构、读数装置。如图 2－16 所示，百分表的测量杆和与之一体的齿条上下移动，使双连齿轮 Z_2 和 Z_3 一起转动，带动中心齿轮 Z_1 和与之相连的指针转动，从而在度盘上指出示值的变化量，其传动比的计算方法：

$$K=\frac{2L}{mZ_1}\cdot\frac{Z_2}{Z_3} \qquad \text{（式 2－4）}$$

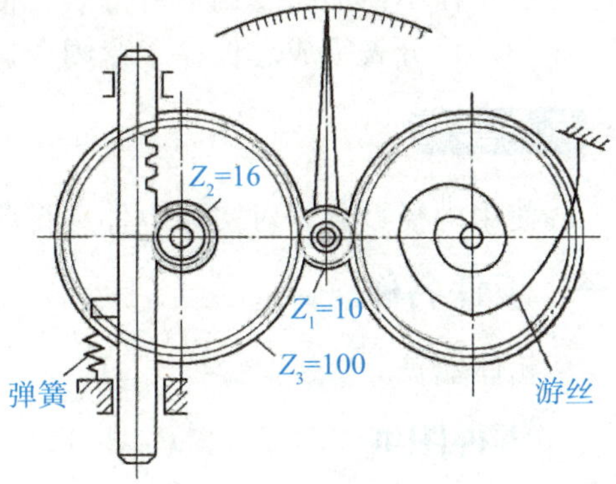

图 2－16　百分表的传动机构

式 2-4 中，L——指针长度；

m——齿轮模数；

Z_1、Z_2、Z_3——齿轮 1、2、3 的齿数。

使用百分表测量时，若 $L=24.5$mm，$m=0.159\ 15$mm，$Z_1=12$，$Z_2=120$，$Z_3=20$，则 $K\approx154$。即当测头移动 0.01mm 时，百分表指针尖端处转动约 1.54mm。这样就能非常方便地读取 0.01mm 变化量，并可估读到 0.001mm。测量范围为 0～3mm、0～5mm、0～10mm 等。

三、百分表的使用

1. 百分表的读数

使用百分表测量孔径时，孔轴向的最小尺寸为其直径，测量平面间的尺寸，任意方向平均最小的尺寸为平面间的测量尺寸。百分表测量的读数加上零位尺寸即为测量数据。

百分表的读数方法：先读小指针转过的刻度线（即毫米整数），再读大指针转过的刻度线（即小数部分）并乘以 0.01，然后两者相加，即可得到所测量的数值。

2. 百分表的使用注意事项

（1）使用前，应检查测量杆活动的灵活性。轻轻推动测量杆时，测量杆在套筒内的移动要灵活，没有轧卡现象，每次手松开后，指针能回到原来的刻度位置。

（2）使用时，必须把百分表固定在可靠的夹持架上。不可把百分表随便放在不稳固的地方，否则容易造成百分表测量结果不准确，甚至摔坏百分表。

（3）测量时，不要使测量杆的行程超过它的测量范围，不要让表头突然撞到工件上，也不要用百分表测量表面粗糙度大或表面凹凸不平的工件。

（4）测量平面时，百分表的测量杆要与平面垂直，测量圆柱体工件时，测量杆要与工件的中心线垂直，否则将使测量杆活动不灵活，导致测量结果不准确。

（5）为方便读数，测量前一般让大指针指向刻度盘的零位。

3. 百分表的维护与保养

（1）远离液体，不使冷却液、切削液、水、油与百分表接触。

（2）在不使用时要摘下百分表，使百分表解除所有负荷，让测量杆处于自由状态。

（3）百分表须成套保存于盒内，避免丢失与混用。

任务实施

使用内径百分表对实际工件进行测量。

一、工件名称

箱体端盖。

二、零件图纸

箱体端盖图纸如图 2-17 所示。

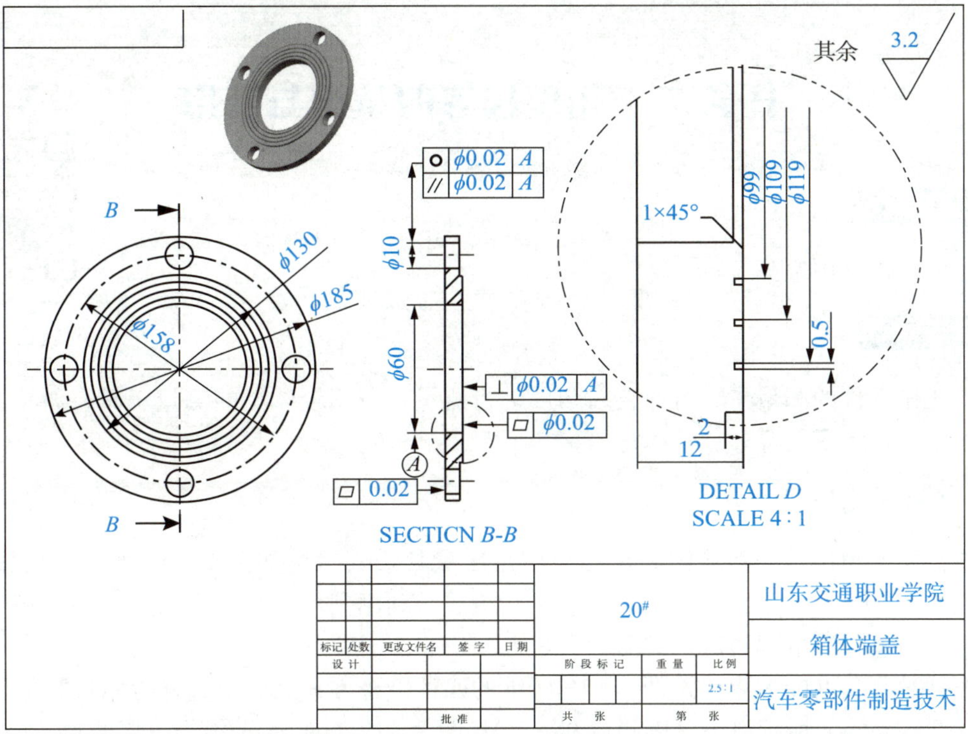

图 2－17　箱体端盖图纸

三、任务描述

分析箱体端盖的零件图（见图 2－17）尺寸要求，针对以下检测项目制定检测方案，选择量具、量仪，编制检验计划。

内径：$\phi50$。

根据检验计划，利用不同精度的百分表对上述尺寸分别进行不少于 6 次的测量，记录测量数据，并得出各尺寸的测量结果。

四、数据记录

箱体端盖的内孔尺寸检测（内径百分表）					
1. 测量要素					
测量对象			计量单位		
测量方法			测量器具		
2. 百分表					
刻度线间距			分度值		
示值范围			测量范围		
3. 测量数据（单位：　）					
4. 测量结果					
	检测人		检测日期		

任务7 角度尺等的认识与使用

角度尺的认识与使用

任务目标

了解其他常用检测工具。

知识学习

在机械零件的测量中，有时会对角度进行测量，应用较广泛的测量工具有游标万能角尺、正弦尺、水平仪等。

一、游标万能角尺

游标万能角尺是一种结构简单的通用角度量具，其结构如图 2－18 所示，由主尺 1、游标尺 2、基尺 3、压板 4、角尺 5、直尺 6 组成。利用基尺、角尺和直尺的不同组合，可以进行 0°～320°的角度测量，如图 2－18 所示。

根据被测角度的大小，按图 2－19 所示的四种组合方式之一调整好游标万能角尺。

图 2－19（a）所示组合可以测量 0°～50°；图 2－19（b）所示组合可以测量 50°～140°；图 2－19（c）所示组合可以测量 140°～230°；图 2－19（d）所示组合可以测量 230°～320°。

二、正弦尺的使用

正弦尺（见图 2－20）是采用间接测量法测量精密测量样板的角度、圆锥体以及其他工具、工件的专用量具，需要和量块、指示表等配合使用。正弦尺由主体和两个圆柱体等组成，两端的圆柱体中心线之间的距离 L 有 100mm 及 200mm 两种规格。按工作台面的宽窄不同，正弦尺可分为宽面正弦尺与窄面正弦尺两种。在宽面正弦尺的台面上有一系列螺纹孔，用来夹紧各种形状的工件。

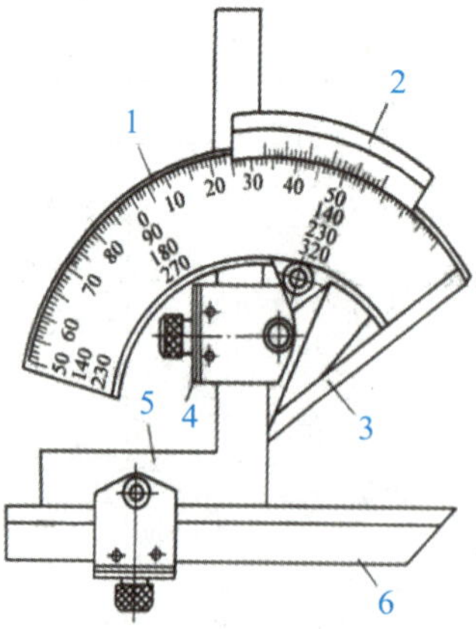

图 2－18 游标万能角尺

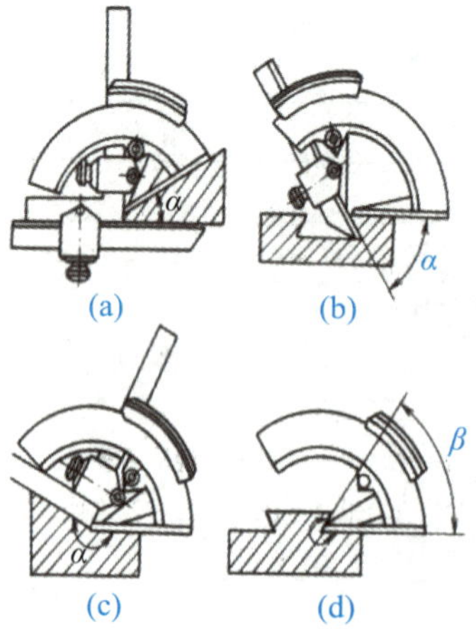

图 2－19 游标万能角尺的测量组合

测量原理：正弦尺是以直角三角形的正弦函数为原理测量角度的。

测量时（见图2-21），根据锥体量规的标号，可从手册中查出相应的锥度 $K=2\tan\alpha$，则可以求出 $\sin\alpha$。根据被测圆锥塞规的公称锥角（2α），可按式2-5计算量块组的高度 h。

$$h=L*\sin 2\alpha \quad （式2-5）$$

式2-5中，L——正弦尺两圆柱体轴心线间的中心距（100mm或200mm）。

图2-20 正弦尺

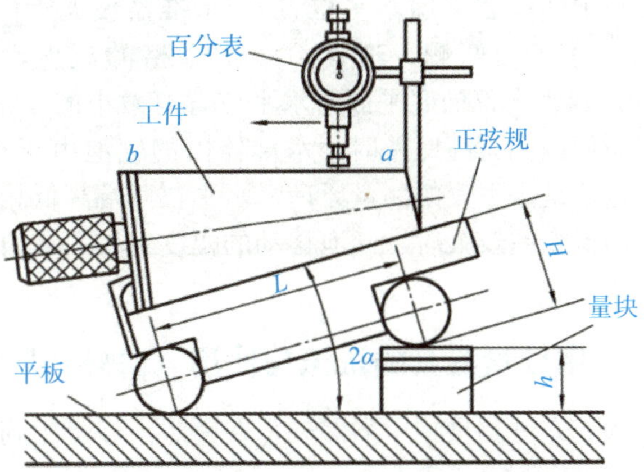

图2-21 正弦尺的测量组合

根据计算结果组合量块，垫在正弦尺的下面，正弦尺的工作面与平板的夹角为 2α。然后，将圆锥塞规放在正弦尺的工作面上，如果被测锥角恰好等于公称锥角，则指示表在 a、b 两点的示值相同，即圆锥塞规的素线与平板平行。如果被测锥角不等于公称锥角，a、b 两点的示值必有一差值 n，这表明存在锥角偏差。

实际上，工件的锥度 K 可通过查表得出，从 $K=2\tan\alpha$ 导出 $\sin 2\alpha=4K/(4+K*K)$，则量块组高度 h 可按式2-6直接计算。

$$h=4LK/(4+K*K) \quad （式2-6）$$

测量时，在锥体母线上选取 a、b 两点，并测出 a、b 两点与基面距离之差 ΔH，则锥度误差 $\Delta(2\alpha)=\Delta H/l$，其中 l 为 a、b 两点间的距离，此测量方法为间接测量法。若实验中，被测锥角 $2\alpha>2a$，则 $a-b=+n$；若 $2\alpha<2a$，则 $a-b=-n$。可知，锥角偏差可按式2-7计算：

$$\Delta(2\alpha)=\tan[\Delta(2\alpha)]=n/l \quad （式2-7）$$

式2-7中，l——a、b 两点间的距离；

N——指示表在 a、b 两点的读数差。

$\Delta(2\alpha)$ 的单位为弧度（1弧度$=180°/\pi$）。

三、水平仪的使用

水平仪一般用于测量水平面或垂直面上的微小角度，在实际工作中，水平仪主要用于测量机床导轨在垂直平面内的直线度、工作台的平面度、零部件间的垂直度和平行度等，是机床装配和修理中最基本的测量仪器之一。常用的水平仪有条式水平仪、框式水平仪和合像水平仪等。

条式水平仪由作为工作平面的V形底平面、与工作平面平行的水准泡（俗称气泡）两部分组成，如图2-22所示。工作平面的平直度、水准器与工作平面的平行度都必须做得很精确。当条式水平仪的底平面放在水平位置时，水准器内的气泡正好在中间位置（即水平位置）。水准器玻璃管内气泡两端的刻线为零线的两侧，刻有不少于8格的刻度，刻线间距为2mm。当水平仪的底平面与水平位置有微小的差别时，即水平仪底平面两端有高低差时，水准器内的气泡由于重力的作用总是往水准器的最高一侧移动，这就是水平仪的测量原理。水平仪两端高低相差不多时，气泡移动也不明显，水平仪两端高低相差较大时，气泡移动的幅度也较大，通过水准器的刻度可读出水平仪两端高低的差值。

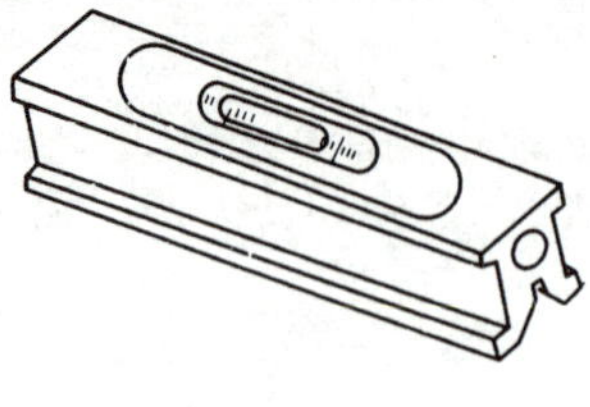

图2-22　条式水平仪

四、精密计量器具的认识与使用（课外拓展调查）

随着先进测量技术的发展，在生产中经常用到精密测量器具，如光学量仪、电动类量仪、三坐标测量机等。

1. 光学量仪

光学量仪是利用光学原理制成的，在长度测量中应用比较广泛的有光学投影仪、测长仪等。此类仪器的工作原理：利用光学透镜将被测零件放大投影在投影屏上，通过投影屏上的指标线瞄准被测零件的轮廓像，由坐标读数系统读出各被测点的坐标值。

光学投影仪（见图2-23）检测效率高，使用方便，特别适用于各类样板、仪表盘等形状复杂的二维零件的尺寸、角度测量，因而被广泛应用于计量室、生产车间，尤其适用于仪器仪表和制表行业。

图2-23　光学投影仪

2. 电动类量仪

电动类量仪是将被测尺寸转换为电信号，实现长度尺寸测量的仪器。电动类量仪一般由测量装置（或传感装置）、电气装置和显示装置三部分组成。常用的电动类量仪有电动测微仪、电动轮廓仪及圆度仪等，如图2-24所示。

3. 三坐标测量机

三坐标测量机（见图2-25）是一种新型的计量仪器。它的出现一方面是由于自动机床、数控机床需要高效率加工，以及越来越多复杂形状的零件加工需要快速可靠的测量设备与之配套；另一方面，电子技术、计算机技术、数字控制技术以及精密加工技术的发展为三坐标测量机的产生提供了技术基础。新型的三坐标测量机能在计算机控制下完成各种复杂测量，可以通过与数控机床交换信息，实现对加工的控制，还可以根据测量数据，实现反求工程。目前三坐标测量机已广泛用于机械制造业、汽车工业、电子工业、航空航天工业和国防工业等，成为当代工业检测和质量控制不可缺少的万能测量设备。

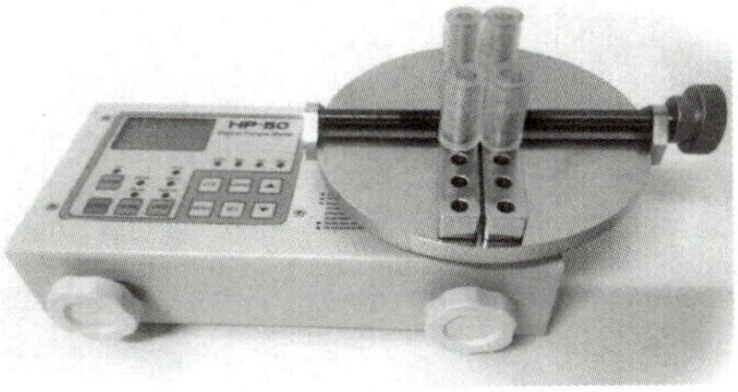

图 2－24　电动类量仪

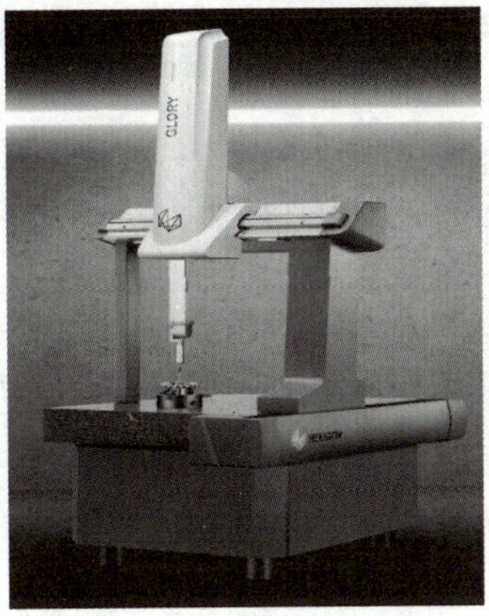

图 2－25　三坐标测量机

(1) 工作原理。

三坐标测量机是指在一个六面体的空间范围内，能够对几何形状、长度及圆周分度等进行测量的仪器，又称为三坐标测量仪或三坐标量床。三坐标测量机又可定义为“一种可在三个方向移动的探测器，可在三个相互垂直的导轨上移动，此探测器以接触或非接触的方式传递信号，三个轴的位移测量系统（如光栅尺）经数据处理器或计算机等计算出工件的各点坐标（x，y，z）”。三坐标测量机的测量功能包括测量尺寸精度、定位精度、几何精度及轮廓精度等。

简单地说，三坐标测量机就是在三个相互垂直的方向上有导向机构、测长元件、数显装置，有能够放置工件的工作台，测头可以以手动或自动的方式轻快地移动到被测点上，由读数装置和数显装置把被测点的坐标值显示出来的一种测量设备。有了这种测量机后，在测量容积时任意一点的坐标值都可通过读数装置和数显装置显示出来。三坐标测量机的采点发信装置是测头，在沿 X、Y、Z 三个轴的方向装有光栅尺和读数头。测量过程是当测头接触工件并发出采点信号时，由控制系统采集当前机床三轴坐标相对于机床原点的坐标值，再由计算机系统对数据进行处理。

(2) 三坐标测量机分类。

三坐标测量机按结构可分为以下 12 类。

1) 移动桥架型。

移动桥架型结构是一种常用的三坐标测量机的结构，主轴在垂直方向移动，厢形架引导主轴沿水平梁所在的方向移动，水平梁垂直轴且被两支柱支撑于两端，梁与支柱形成“桥架”，桥架和两个在水平面上垂直轴的导槽沿轴方向移动。因为梁的两端被支柱支撑，所以可得到最小挠度，桥架型结构比悬臂型结构的精度更高。

2) 床式桥架型。

床式桥架型结构，主轴在垂直方向移动，厢形架引导主轴沿着垂直轴的梁移动，而梁沿着两水平导轨在轴方向移动，导轨位于支柱的上表面，而支柱固定在测量机本体上。床式桥架型结构与移动桥架型结构一样，梁的两端被支撑，因此梁的挠度最小。床式桥架型结构比悬臂型结构的精度高，因为只有梁在轴方向移动，所以惯性比全部桥架移动时小，手动操作该类型结构比移动桥架型结构容易。

3）柱式桥架型。

柱式桥架型结构的桥架是直接固定在地板上的，又称为门型结构，比床式桥架型结构的刚性更好，多用在较大型的三坐标测量机上。各轴都以马达驱动，测量范围很大，操作者可以在桥架内工作。

4）固定桥架型。

固定桥架型结构，主轴在垂直方向移动，厢形架引导主轴沿着垂直轴的水平横梁方向移动。桥架（支柱）被固定在测量机本体上，测量台沿着水平面的导轨作轴方向的移动。轴皆由马达驱动，可确保位置精度，此类型结构不适合手动操作。

5）L 形桥架型。

L 形桥架型结构，这样设计是为了使桥架在轴移动时有最小的惯性。它与移动桥架型结构相比，移动组件的惯性较小，因此操作较容易，但刚性较差。

6）轴移动悬臂型。

轴移动悬臂型结构，主轴在垂直方向移动，厢形架引导主轴沿着垂直轴的水平悬臂梁方向移动，悬臂梁沿着水平面的导槽在轴方向移动。此类型结构为三边开放，容易拆装工件，且工件可以伸出台面，可容纳较大的工件，但悬臂会导致精度不高。

7）单支柱移动型。

单支柱移动型结构，主轴在垂直方向移动，支柱沿着水平面的导槽在轴上移动，轴连接于支柱上。测量台沿着水平面的导槽在轴上移动。此类型测量台、支柱等具有很好的刚性，因此变形小，且各轴的线性刻度尺与测量轴较接近，以符合阿贝定理。

8）单支柱测量台移动型。

单支柱测量台移动型结构，主轴在垂直方向移动，支柱上附有轴导槽，支柱被固定在测量机本体上。测量时，测量台在水平面上沿着轴的方向移动。

9）水平臂测量台移动型。

水平臂测量台移动型结构，厢形架支撑水平臂沿着垂直的支柱在垂直（轴）的方向移动。测头装在水平方向的悬臂上，支柱沿着水平面的导槽在轴方向移动，测量台沿着水平面的导槽在轴方向移动。这是水平悬臂型结构的改良设计，以消除水平臂在轴方向因伸出或缩回所产生的挠度。

10）水平臂测量台固定型。

水平臂测量台固定型结构的构造与测量台移动型结构相似。此类型结构的测量台固定，各轴均在导槽内移动，测量时支柱在轴的导槽移动，而轴滑动台面在垂直轴的方向移动。

11）水平臂移动型。

水平臂移动型结构，悬臂在水平方向移动，支撑水平臂的厢形架沿着支柱在轴方向移动，支柱沿着水平面的导槽在轴方向移动。此类型结构不适合高精度的测量，除非水平臂在伸出或缩回时，对因重力造成的误差有所补偿。此类型结构在大多数情况下应用于车辆检验工作。

12）闭环桥架型。

闭环桥架型结构，由于它的驱动机构在工作台中心，可减少因桥架移动所造成的冲击，是所有三坐标测量机结构类型中最稳定的一种。

（3）使用方法。

三坐标测量机的测量方式通常可分为接触式测量、非接触式测量、接触与非接触并用式测量。其中，接触式测量常用于机加工产品、压制成型产品、金属膜等的测量。为了分析工件的加工数据、为逆向工程提供工件的原始信息，经常需要用三坐标测量机对被测工件的表面进行数据点扫描。

以 FOUNCTION-PRO 型三坐标测量机为例，介绍三坐标测量机的几种常用扫描方法及操作步骤。三坐标测量机的扫描操作：应用 PC DMIS 程序在被测物体表面的特定区域内进行数据点采集，该区域可以是一条线、一个面片、零件的一个截面、零件的曲线、距边缘一定距离的周线等。扫描类型与测量模式、测头类型以及是否有 CAD 文件等有关，控制屏幕上的“扫描”（Scan）选项由状态按钮（手动/DCC）决定。若采用 DCC 方式测量，又有 CAD 文件，则可供选用的扫描方式有“开线”（Open Linear）、“闭线”（Closed Linear）、“面片”（Patch）、“截面”（Section）和“周线”（Perimeter）；若采用 DCC 方式测量，且只有线框型 CAD 文件，则可选用“开线”（Open Linear）、“闭线”（Closed Linear）和“面片”（Patch）扫描方式；若采用手动测量方式，则只能使用基本的“手动触发扫描”（Manul TTP Scan）方式；若采用手动测量方式并使用刚性测头，则可用选项为“固定间隔”（Fixed Delta）、“变化间隔”（Variable Delta）、“时间间隔”（Time Delta）和“主体轴向扫描”（Body Axis Scan）方式。

知识巩固

2-1：判断题

（1）误差是在加工过程中产生的，采用高精度设备认真加工是可以避免的。（　　）

（2）公差是设计人员给定的，因此可以随意规定。（　　）

（3）因为根据测量结果判断合格性，所以测量即是检验。（　　）

（4）具有互换性的产品，几何参数应该完全一致。（　　）

（5）公差可以确定加工精度，因此规定的公差越小越好。（　　）

（6）采用高精度设备认真测量，可以得到零件的真值。（　　）

（7）米的概念是由波长定义的。（　　）

（8）计量器具的示值范围即是测量范围。（　　）

（9）计量器具精度越高越好。（　　）

（10）角度的基准传递与尺寸的基准传递一样，需要用光速进行定义。（　　）

2-2：实现互换性的必要条件是什么？

2-3：公差与误差的区别有哪些？

2-4：一个完整的测量过程包括哪些要素？试举例说明。

2-5：测量技术的基本要求是什么？

2-6：测量与检验的区别有哪些？

项目 2

尺寸公差

项目描述

本项目从最基本的孔和轴的概念出发，首先让学生了解极限、配合等概念，理解零件公差的意义，掌握尺寸公差带的画法。了解国家标准、公差等级的相关规定，学会组织简单的检测工作。能够使用常用测量工具对孔轴类零件的尺寸公差进行检测，并掌握测量数据的处理方法。

尺寸公差与检测

教学目标

1. 知识目标

- 了解尺寸公差与偏差的区别与联系。
- 掌握国家标准、公差等级的相关规定。
- 熟悉检测的工作流程及检测计划的制订。
- 熟悉测量数据的处理方法。

2. 能力目标

- 能够掌握公差与偏差的基本概念，学会绘制尺寸公差带图。
- 能够组织简单的零件检测工作，制订检测计划并执行。
- 能够学会使用常用的测量器具对实际工件进行检测。
- 能够学会对测量所得的数据进行处理，并得出测量结果。

素养提升

2007 年，中国高铁动车组“和谐号”投入运行，时速高达 200km，这是中国高铁建设的里程碑，从此中国铁路进入了高速时代。通过不懈努力，2017 年“复兴号”动车组在京沪高铁运行，“复兴号”高铁技术为我国自主知识产权。中国高铁取得巨大成就的背后是中国标准，“复兴号”动车组采用了中国国家标准，同时还采用了行业标准和国际标准等。中国高铁能迅速崛起，是因为在开发拥有自主知识产权的动车组时采用了严格的标准，这反映了标准的重要性和自主开发的重要性。作为大学生，应当立科技报国之志，从实际出发学好技术技能、学好本领，勇担时代之使命。

任务 1　公差与偏差

任务目标

了解偏差与公差的概念与分类，熟悉实际尺寸与极限尺寸的区别与联系。进一步熟悉检测的操作规程，能够制订简单的检测计划。进一步掌握常用测量器具的使用，学会对测量数据进行分析、处理，并得出测量结果。

知识学习

一、有关孔与轴的术语

1. 孔

孔通常指工件的圆柱形内表面，也包括非圆柱形的内表面（由两个平行平面或切面形成的包容面），是内表面中由单一尺寸确定的部分。见图 3-1 中的 D_1～D_6。

2. 轴

轴是指工件的圆柱形外表面，也包括非圆柱形的外表面（由两个平行平面或切面形成的被包容面），是外表面中由单一尺寸确定的部分。见图 3-1 中的 d_1～d_4。

这里孔和轴的含义是广义的。通常孔是指内表面，即包容面，尺寸之间无材料，在加工过程中，尺寸随加工进程逐渐增大；通常轴是指外表面，即被包容面，尺寸之间有材料，尺寸随加工进程逐渐减小。

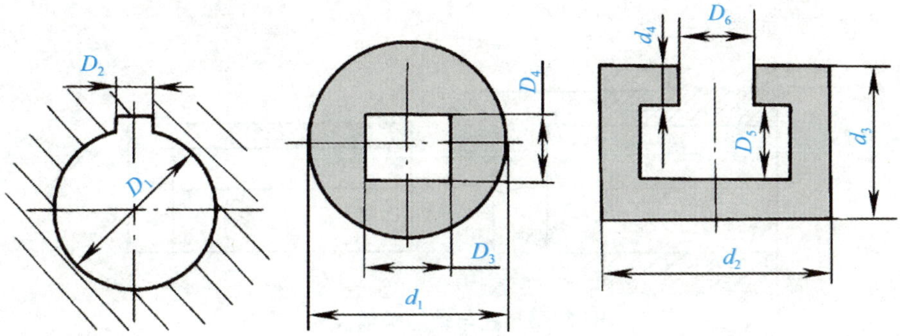

图 3-1　孔与轴的示意图

二、有关尺寸的术语

1. 尺寸

尺寸常用来表示长度的大小，它由数字和长度单位组成。长度包括直径、半径、宽度、深度、高度和中心距等。在机械设计中长度通常以 mm 为单位。

2. 基本尺寸（D、d）

基本尺寸是设计给定的尺寸，是一种理想尺寸。设计时，根据使用要求，一般通过强度和刚度计算或根据机械结构等方面的考量给定尺寸。基本尺寸一般按照标准尺寸系列选取。常用 D 表示孔的基本尺寸，用 d 表示轴的基本尺寸。

3. 实际尺寸（D_a、d_a）

实际尺寸是指通过测量所得的尺寸。由于加工误差的存在，按同一图纸要求加工的各个零件，其实际尺寸往往各不相同。即使是同一工件，其不同位置、不同方向的实际尺寸也不一定相同，如图 3－2 所示。

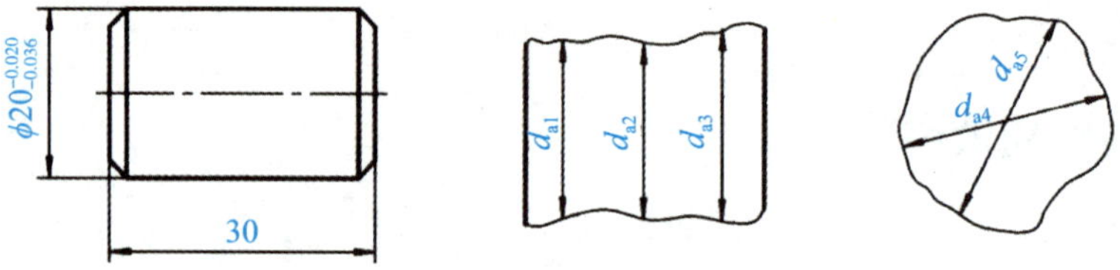

(a) 零件的尺寸要求　(b) 零件的轴截面　(c) 零件的正截面

图 3－2　几何形状误差

由于测量误差的存在，实际尺寸是零件上某一位置的测量值，并非零件尺寸的真值。常用 D_a 表示孔的实际尺寸，用 d_a 表示轴的实际尺寸。

4. 极限尺寸

极限尺寸是指允许尺寸变化的两个界限值。孔或轴允许的最大尺寸称为最大极限尺寸，孔或轴允许的最小尺寸称为最小极限尺寸。

孔的最大和最小极限尺寸分别用 D_{max} 和 D_{min} 表示，轴的最大和最小极限尺寸分别用 d_{max} 和 d_{min} 表示，如图 3－3 所示。

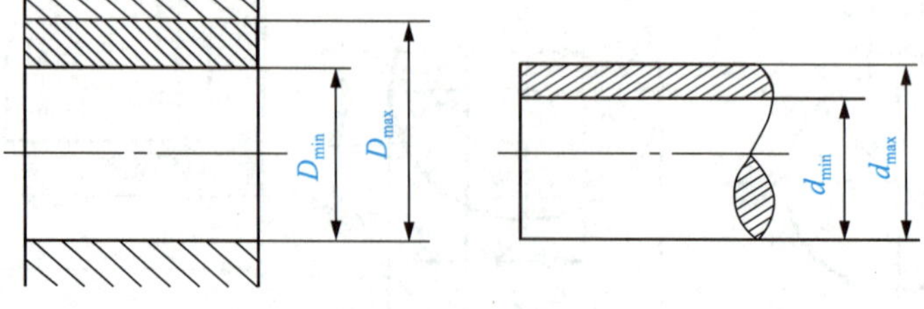

图 3－3　孔与轴的极限尺寸

极限尺寸是根据设计要求确定的，其目的是限制加工零件的尺寸变动范围。当加工完成后，零件任一位置的实际尺寸都在此范围内，即实际尺寸小于或等于最大极限尺寸且大于或等于最小极限尺寸时，该零件为合格件，否则为不合格件。

5. 最大实体状态和最大实体尺寸

最大实体状态是指孔或轴在尺寸公差范围内，允许占有材料最多时的状态。最大实体尺寸是孔或轴在最大实体状态下的极限尺寸，分别为孔的最小极限尺寸（D_{min}）和轴的最大极限尺寸（d_{max}）。

6. 最小实体状态和最小实体尺寸

最小实体状态是指孔或轴在尺寸公差范围内，允许占有材料最少时的状态。最小实体尺寸是孔或轴在最小实体状态下的极限尺寸，分别为孔的最大极限尺寸（D_{max}）和轴的最小极限尺寸（d_{min}）。

三、有关偏差和公差的术语

1. 尺寸偏差

某一尺寸减去其基本尺寸所得的代数差称为尺寸偏差（简称偏差）。偏差可能为正或负，也可能为零，在书写或计算时必须带上正号或负号。

尺寸偏差有实际偏差、极限偏差之分。

2. 实际偏差

实际尺寸减去其基本尺寸所得的代数差称为实际偏差。孔用 E_a 表示，轴用 e_a 表示。

由于实际尺寸有可能大于、小于或等于基本尺寸，因此实际偏差也可能为正、负或零。

3. 极限偏差

极限尺寸减去其基本尺寸所得的代数差称为极限偏差。

最大极限尺寸减去其基本尺寸所得的代数差称为上偏差（ES、es）；最小极限尺寸减去其基本尺寸所得的代数差称为下偏差（EI、ei），用公式表示如下。

孔：$ES=D_{max}-D$，$EI=D_{min}-D$

轴：$es=d_{max}-d$，$ei=d_{min}-d$

上、下偏差可能为正、负或零。因为最大极限尺寸总是大于最小极限尺寸，所以，上偏差总是大于下偏差。

通常极限偏差是零部件合格与否的判断依据，实际偏差在极限偏差范围内时，可以判定被检尺寸合格。

4. 尺寸公差

尺寸公差是指允许的尺寸变动量，简称公差，是最大极限尺寸与最小极限尺寸之差，或上偏差与下偏差之差，如图 3－4 所示。

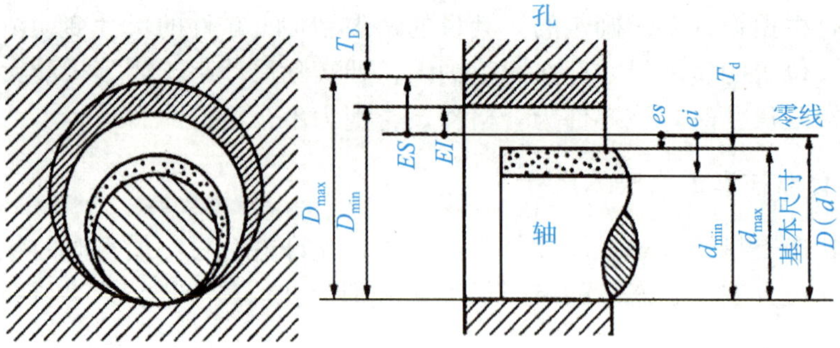

图 3-4　尺寸、偏差与公差

公差、极限尺寸、极限偏差的关系如下。

孔：$T_D = D_{max} - D_{min} = ES - EI$

轴：$T_d = d_{max} - d_{min} = es - ei$

公差与偏差是两个不同的概念。公差表示制造精度的要求，反映加工的难易程度；而偏差表示与基本尺寸的偏离程度，它表示公差带的位置，影响配合的松紧程度。

5. 尺寸公差带

公差带表示零件的尺寸相对其基本尺寸允许变动的范围。用图表示的公差带，称为公差带图，如图 3-5 所示。

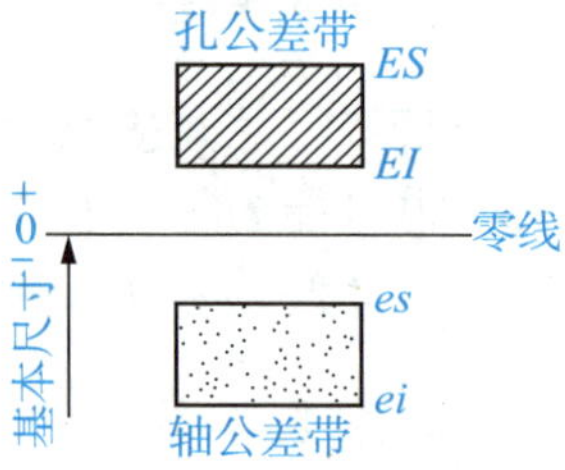

图 3-5　尺寸公差带图

基本尺寸与公差值的大小悬殊，不便于用同一比例在图上表示，因此一般情况下不必画出孔和轴的全部，而采用简单的公差带图表示，用尺寸公差带的高度和相互位置表示公差大小和配合性质，公差带图由零线和公差带组成。

（1）零线：在公差带图中，零线是确定极限偏差的一条基准线，极限偏差位于零线上方，表示偏差为正，极限偏差位于零线下方，表示偏差为负，当极限偏差与零线重合时，表示偏差为零。

（2）公差带：上、下偏差之间的宽度表示公差带的大小，即公差值。公差带沿零线方向的长度可适当选取。公差带图中，尺寸单位为毫米（mm），偏差及公差的单位可以用微米（μm）表示，单位省略不写。

例题 3-1　已知孔、轴的基本尺寸为 ϕ20mm，$D_{max} = \phi 20.021$mm，$D_{min} = \phi 20.000$mm，$d_{max} = \phi 19.980$mm，$d_{min} = \phi 19.967$mm。求孔与轴的极限偏差和公差，并画出公差带图。

解： 孔的上偏差 $ES = D_{max} - D = 20.021 - 20 = +0.021$mm

孔的下偏差 $EI = D_{min} - D = 20 - 20 = 0$mm

轴的上偏差 $es = d_{max} - d = 19.980 - 20 = -0.02$mm

轴的下偏差 $ei = d_{min} - d = 19.967 - 20 = -0.033$mm

孔的公差：

$$T_D = |D_{max} - D_{min}| = |20.021 - 20| = 0.021\text{mm}$$

轴的公差：

$$T_d = |d_{max} - d_{min}| = |19.980 - 19.967| = 0.013\text{mm}$$

例题 3 - 1 的公差带图如图 3 - 6 所示。

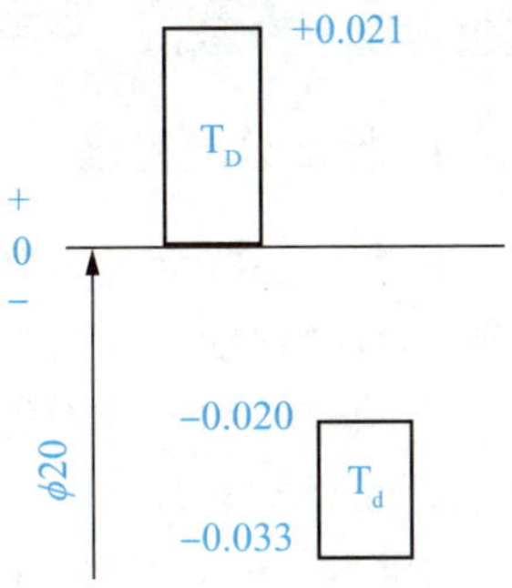

图 3 - 6 公差带图（例题 3 - 1）

例题 3 - 2 已知基本尺寸 $D=d=60$mm，孔的极限尺寸 $D_{max}=60.025$mm，$D_{min}=60$mm；轴的极限尺寸 $d_{max}=59.950$mm，$d_{min}=59.934$mm。现测得孔、轴的实际尺寸分别为 $D_a=60.010$mm，$d_a=59.946$mm。求孔、轴的极限偏差、实际偏差及公差。

解： 孔的极限偏差：

$$ES=D_{max}-D=60.025-60=+0.025\text{mm}$$
$$EI=D_{min}-D=60-60=0\text{mm}$$

轴的极限偏差：

$$es=d_{max}-d=59.950-60=-0.050\text{mm}$$
$$es=d_{min}-d=59.934-60=-0.066\text{mm}$$

孔的实际偏差：

$$E_a=D_a-D=60.010-60=+0.010\text{mm}$$

轴的实际偏差：$e_a=d_a-d=59.946-60=-0.054$mm

孔的公差：$T_D=|D_{max}-D_{min}|=ES-EI=0.025$mm

轴的公差：$T_d=|d_{max}-d_{min}|=es-ei=0.016$mm

例题 3 - 2 的公差带图如图 3 - 7 所示。

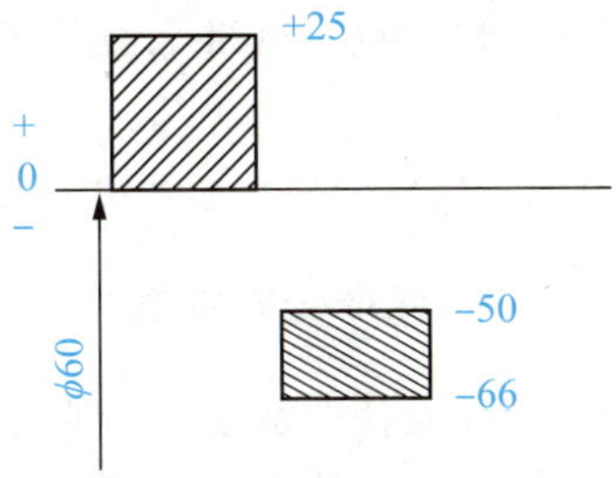

图 3 - 7 公差带图(例题 3 - 2)

任务 2 公差等级的国家标准

任务目标

极限与配合标准是机械工程领域重要的基础标准。目前执行的主要是 GB/T 1800.1—2020《产品几何技术规范（GPS）线性尺寸公差 ISO 代号体系 第 1 部分：公差、偏差和配合的基础》、GB/T 1800.2—2020《产品几何技术规范（GPS）线性尺寸公差 ISO 代号体系 第 2 部分：标准公差带代号和孔、轴的极限偏差表》、GB/T 1803—2003《极限与配合 尺寸至 18mm 孔、轴公差带》、GB/T 5371—2004《极限与配合 过盈配合的计算和选用》、QB/T 2266—2012《计时仪器用极限与配合 尺寸至 1mm 孔、轴公差带与配合》、QB/T 2267—2015《计时仪器用极限与配合 公称尺寸至 18mm 插入中间公差等级的标准公差数值》等标准。这些标准的内容包括基础、选择、配合与计算、测量与检验、应用等方面。标准公差系列及基本偏差系列是极限与配合国家标准的重要基础。

知识学习

一、标准公差系列

标准公差系列是根据国家标准制定的一系列标准公差数值，用来确定公差带的大小，它包含以下内容。

1. 标准公差等级

标准公差等级是指确定尺寸精确程度的等级。同一公差等级对基本尺寸的一组公差具有同等精确程度。

不同零件和零件上的不同部位，对精确程度的要求往往不同，为了满足生产的需要，国家标准 GB/T 1800.1—2020 设置了 20 个公差等级，各级标准公差的代号为 IT01、IT0、IT1、IT2、…、IT18。IT01 的精度最高，其他依次降低，标准公差值依次增大。

当公差等级与代表基本偏差的字母一起组成公差带时，省略字母 IT，如 H8。

2. 尺寸分段

为了减少标准公差的数量、统一公差值、简化公差表格、便于实际应用，国家标准 GB/T 1800.2—2020 对基本尺寸进行了分段，对于同一尺寸段内所有的基本尺寸，在相同公差等级的情况下，规定相同的标准公差。

3. 标准公差数值

标准公差数值是指在基本尺寸和公差等级确定的情况下，按国家标准规定的标准公差计算公式计算并经过圆整后得到的相应数值。在基本尺寸≤500mm 的常用尺寸范围内，标准公差数值见表 3-1。实际工作中，标准公差可用查表法确定。

二、基本偏差系列

基本偏差是用来确定公差带相对零线位置的参数，通常指零件公差带靠近零线位置的上偏差或下偏差。当公差带的位置在零线以上时，其基本偏差为下偏差；当公差带的位置在零线以下时，其基本偏差为上偏差。

设置基本偏差是为了将公差带相对零线的位置标准化，基本偏差的数量将决定配合种类的数量，将基本偏差标准化后，可以在标准框架下满足不同配合种类的要求。

1. 基本偏差代号

为了满足机械生产中不同性质和不同松紧程度的配合要求，国家标准 GB/T 1800.2—2020 对孔和轴分别规定了 28 个公差带位置，分别由 28 个基本偏差代号表示。

基本偏差代号用拉丁字母表示，小写字母代表轴，大写字母代表孔。以轴为例，其排列顺序从 a 依次到 z，在拉丁字母中，除去与其他代号易混淆的 5 个字母 i、l、o、q、w，增加了 7 个双字母代号 cd、ef、fg、js、za、zb、zc，共组成 28 个基本偏差代号，其排列顺序如图 3-8 所示。孔的 28 个基本偏差代号，与轴完全相同，用大写字母表示。

图 3-8 显示了基本尺寸相同的 28 种轴、孔的基本偏差相对零线的位置。图 3-8 中有基本偏差是“开口”的公差带，这是因为基本偏差表示公差带的位置，而不表示公差带的大小，其另一端开口的位置由公差等级决定。因此任何一个公差带都可以用基本偏差和公差等级表示，如孔的公差带为 H8，轴的公差带为 g7、n6，等等。

表 3-1 标准公差数值（摘自 GB/T 1800.2—2020）

公称尺寸 mm		标准公差等级																			
		IT01	IT0	IT1	IT2	IT3	IT4	IT5	IT6	IT7	IT8	IT9	IT10	IT11	IT12	IT13	IT14	IT15	IT16	IT17	IT18
大于	至	标准公差值																			
		μm													mm						
—	3	0.3	0.5	0.8	1.2	2	3	4	6	10	14	25	40	60	0.1	0.14	0.25	0.4	0.6	1	1.4
3	6	0.4	0.6	1	1.5	2.5	4	5	8	12	18	30	48	75	0.12	0.18	0.3	0.48	0.75	1.2	1.8
6	10	0.4	0.6	1	1.5	2.5	4	6	9	15	22	36	58	90	0.15	0.22	0.36	0.58	0.9	1.5	2.2
10	18	0.5	0.8	1.2	2	3	5	8	11	18	27	43	70	110	0.18	0.27	0.43	0.7	1.1	1.8	2.7
18	30	0.6	1	1.5	2.5	4	6	9	13	21	33	52	84	130	0.21	0.33	0.52	0.84	1.3	2.1	3.3
30	50	0.6	1	1.5	2.5	4	7	11	16	25	39	62	100	160	0.25	0.39	0.62	1	1.6	2.5	3.9
50	80	0.8	1.2	2	3	5	8	13	19	30	46	74	120	190	0.3	0.46	0.74	1.2	1.9	3	4.6
80	120	1	1.5	2.5	4	6	10	15	22	35	54	87	140	220	0.35	0.54	0.87	1.4	2.2	3.5	5.4
120	180	1.2	2	3.5	5	8	12	18	25	40	63	100	160	250	0.4	0.63	1	1.6	2.5	4	6.3
180	250	2	3	4.5	7	10	14	20	29	46	72	115	185	290	0.46	0.72	1.15	1.85	2.9	4.6	7.2
250	315	2.5	4	6	8	12	16	23	32	52	81	130	210	320	0.52	0.81	1.3	2.1	3.2	5.2	8.1
315	400	3	5	7	9	13	18	25	36	57	89	140	230	360	0.57	0.89	1.4	2.3	3.6	5.7	8.9
400	500	4	6	8	10	15	20	27	40	63	97	155	250	400	0.63	0.97	1.55	2.5	4	6.3	9.7
500	630			9	11	16	22	32	44	70	110	175	280	440	0.7	1.1	1.75	2.8	4.4	7	11
630	800			10	13	18	25	36	50	80	125	200	320	500	0.8	1.25	2	3.2	5	8	12.5
800	1 000			11	15	21	28	40	56	90	140	230	360	560	0.9	1.4	2.3	3.6	5.6	9	14
1 000	1 250			13	18	24	33	47	66	105	165	260	420	660	1.05	1.65	2.6	4.2	6.6	10.5	16.5
1 250	1 600			15	21	29	39	55	78	125	195	310	500	780	1.25	1.95	3.1	5	7.8	12.5	19.5

续表

公称尺寸 mm		标准公差等级																			
		IT01	IT0	IT1	IT2	IT3	IT4	IT5	IT6	IT7	IT8	IT9	IT10	IT11	IT12	IT13	IT14	IT15	IT16	IT17	IT18
大于	至	标准公差值																			
		μm													mm						
1 600	2 000			18	25	35	46	65	92	150	230	370	600	920	1.5	2.3	3.7	6	9.2	15	23
2 000	2 500			22	30	41	55	78	110	175	280	440	700	1 100	1.75	2.8	4.4	7	11	17.5	28
2 500	3 150			26	36	50	68	96	135	210	330	540	860	1 350	2.1	3.3	5.4	8.6	13.5	21	33

注：①表中数据来源于 GB/T 1800.1—2020。

②基本尺寸小于 1mm 时，无 IT14～IT18。

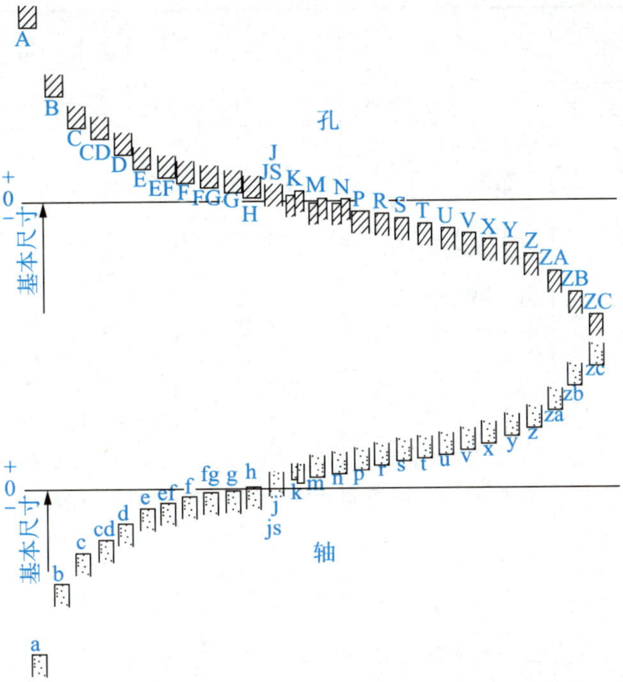

图 3-8 基本偏差代号的排列顺序

2. 基本偏差数值

轴的基本偏差数值是以基准孔配合为基础，按照各种配合要求，根据生产实践经验、理论计算以及统计分析结果，通过一系列经验公式计算，最终圆整而得出。

孔的基本偏差是由同名的轴的基本偏差换算得到的，换算原则为同名配合的配合性质不变，即基孔制配合（ϕ45H8/f7）转换为同名基轴制配合（ϕ45F8/h7）时，其配合性质不变，孔的极限偏差如图 3-9 所示。

国家标准按基本偏差计算公式计算列出了孔和轴的基本偏差数值，在实际使用时可查表 3-2、表 3-3。

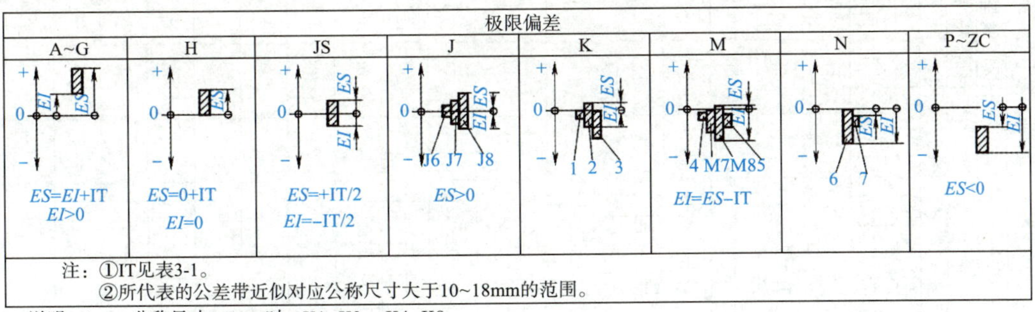

说明：1——公称尺寸≤3mm时，K1~K3，K4~K8；
2——3mm<公称尺寸≤500mm时，K4~K8；
3——K9~K18；公称尺寸>500mm时，K4~K8；
4——M1~M6；
5——M9~K18；公称尺寸>500mm时，M7~M8；
6——1mm<公称尺寸≤3mm或公称尺寸>500mm时，N1~N8，N9~N18；
7——3mm<公称尺寸≤500mm时，N9~N18。

图 3-9 孔的极限偏差

表 3-2 孔的基本偏差数值

公称尺寸/mm		基本偏差																				
		下极限偏差 EI																				
		所有标准公差等级												IT6	IT7	IT8	≤IT8	>IT8	≤IT8	>IT8	≤IT8	>IT8
大于	至	A	B	C	CD	D	E	EF	F	FG	G	H	JS	J			K		M		N	
—	3	+270	+140	+60	+34	+20	+14	+10	+6	+4	+2	0	偏差=±ITn/2，式中ITn是IT数值	+2	+4	+6	0	0	−2	−2	−4	−4
3	6	+270	+140	+70	+46	+30	+20	+14	+10	+6	+4	0		+5	+6	+10	−1+Δ		−4+Δ	−4	−8+Δ	0
6	10	+280	+150	+80	+56	+40	+25	+18	+13	+8	+5	0		+5	+8	+12	−1+Δ		−6+Δ	−6	−10+Δ	0
10	14	+290	+150	+95		+50	+32		+16		+6	0		+6	+10	+15	−1+Δ		−7+Δ	−7	−12+Δ	0
14	18											0										
18	24	+300	+160	+110		+65	+40		+20		+7	0		+8	+12	+20	−2+Δ		−8+Δ	−8	−15+Δ	0
24	30											0										
30	40	+310	+170	+120		+80	+50		+25		+9	0		+8	+14	+24	−2+Δ		−9+Δ	−9	−17+Δ	0
40	50	+320	+180	+130								0										
50	65	+340	+190	+140		+100	+60		+30		+10	0		+10	+18	+28	−2+Δ		−11+Δ	−11	−20+Δ	0
65	80	+360	+200	+150								0										
80	100	+380	+220	+170		+120	+72		+36		+12	0		+13	+22	+34	−3+Δ		−13+Δ	−13	−23+Δ	0
100	120	+410	+240	+180								0										
120	140	+460	+260	+200		+145	+85		+43		+14	0		+16	+26	+41	−3+Δ		−15+Δ	−15	−27+Δ	0
140	160	+520	+280	+210								0										
160	180	+580	+310	+230								0										
180	200	+660	+340	+240		+170	+100		+50		+15	0		+18	+30	+47	−4+Δ		−17+Δ	−17	−31+Δ	0
200	225	+740	+380	+260								0										
225	250	+820	+420	+280								0										
250	280	+920	+480	+300		+190	+110		+56		+17	0		+22	+36	+55	−4+Δ		−20+Δ	−20	−34+Δ	0
280	315	+1 050	+540	+330								0										
315	355	+1 200	+600	+360		+210	+125		+62		+18	0		+25	+39	+60	−4+Δ		−21+Δ	−21	−37+Δ	0
355	400	+1 350	+680	+400								0										
400	450	+1 500	+760	+440		+230	+135		+68		+20	0		+29	+43	+66	−5+Δ		−23+Δ	−23	−40+Δ	0
450	500	+1 650	+840	+480								0										
500	560					+260	+145		+76		+22	0		+33			0		−26		−44	
560	630											0										
630	710					+290	+160		+80		+24	0					0		−30		−50	
710	800											0										
800	900					+320	+170		+86		+26	0					0		−34		−56	
900	1 000											0										
1 000	1 120					+350	+195		+98		+28	0					0		−40		−66	
1 120	1 250											0										
1 250	1 400					+390	+220		+110		+30	0					0		−48		−78	
1 400	1 600											0										
1 600	1 800					+430	+240		+120		+32	0					0		−58		−92	
1 800	2 000											0										
2 000	2 240					+480	+260		+130		+34	0					0		−68		−110	
2 240	2 500											0										
2 500	2 800					+520	+290		+145		+38	0					0		−76		−135	
2 800	3 150											0										

续表

数值													Δ值					
上极限偏差 ES																		
≤IT7	标准公差等级大于 IT7												标准公差等级					
P 至 ZC	P	R	S	T	U	V	X	Y	Z	ZA	ZB	ZC	IT3	IT4	IT5	IT6	IT7	IT8
在大于 IT7 的相应数值上增加一个 Δ 值	−6	−10	−14		−18		−20		−26	−32	−40	−60	0	0	0	0	0	0
	−12	−15	−19		−23		−28		−35	−42	−50	−80	1	1.5	1	3	4	6
	−15	−19	−23		−28		−34		−42	−52	−67	−97	1	1.5	2	3	6	7
	−18	−23	−28		−33		−40		−50	−64	−90	−130	1	2	3	3	7	9
						−39	−45		−60	−77	−108	−150						
	−22	−28	−35		−41	−47	−54	−63	−73	−98	−136	−188	1.5	2	3	4	8	12
				−41	−48	−55	−64	−75	−88	−118	−160	−218						
	−26	−34	−43	−48	−60	−68	−80	−94	−112	−148	−200	−274	1.5	3	4	5	9	14
				−54	−70	−81	−97	−114	−136	−180	−242	−325						
	−32	−41	−53	−66	−87	−102	−122	−144	−172	−226	−300	−405	2	3	5	6	11	16
		−43	−59	−75	−102	−120	−146	−174	−210	−274	−360	−480						
	−37	−51	−71	−91	−124	−146	−178	−214	−258	−335	−445	−585	2	4	5	7	13	19
		−54	−79	−104	−144	−172	−210	−254	−310	−400	−525	−690						
	−43	−63	−92	−122	−170	−202	−248	−300	−365	−470	−620	−800	3	4	6	7	15	23
		−65	−100	−134	−190	−228	−280	−340	−415	−535	−700	−900						
		−68	−108	−146	−210	−252	−310	−380	−465	−600	−780	−1 000						
	−50	−77	−122	−166	−236	−284	−350	−425	−520	−670	−880	−1 150	3	4	6	9	17	26
		−80	−130	−180	−258	−310	−385	−470	−575	−740	−960	−1 250						
		−84	−140	−196	−284	−340	−425	−520	−640	−820	−1 050	−1 350						
	−56	−94	−158	−218	−315	−385	−475	−580	−710	−920	−1 200	−1 550	4	4	7	9	20	29
		−98	−170	−240	−350	−425	−525	−650	−790	−1 000	−1 300	−1 700						
	−62	−108	−190	−268	−390	−475	−590	−730	−900	−1 150	−1 500	−1 900	4	5	7	11	21	32
		−114	−208	−294	−435	−530	−660	−820	−1 000	−1 300	−1 650	−2 100						
	−68	−126	−232	−330	−490	−595	−740	−920	−1 100	−1 450	−1 850	−2 400	5	5	7	13	23	34
		−132	−252	−360	−540	−660	−820	−1 000	−1 250	−1 600	−2 100	−2 600						
	−78	−150	−280	−400	−600													
		−155	−310	−450	−660													
	−88	−175	−340	−500	−740													
		−185	−380	−560	−840													
	−100	−210	−430	−620	−940													
		−220	−470	−680	−1 050													
	−120	−250	−520	−780	−1 150													
		−260	−580	−840	−1 300													
	−140	−300	−640	−960	−1 450													
		−330	−720	−1 050	−1 600													
	−170	−370	−820	−1 200	−1 850													
		−400	−920	−1 350	−2 000													
	−195	−440	−1 000	−1 500	−2 300													
		−460	−1 100	−1 650	−2 500													
	−240	−550	−1 250	−1 900	−2 900													
		−580	−1 400	−2 100	−3 200													

表 3-3　轴的基本偏差数值

公称尺寸/mm		基本 上极限偏差 es 所有标准公差等级												IT5 和 IT6	IT7	IT8	IT4 至 IT7
大于	至	a	b	c	cd	d	e	ef	f	fg	g	h	js	j			k
—	3	−270	−140	−60	−34	−20	−14	−10	−6	−4	−2	0	偏差=±ITn/2，式中ITn是IT数值	−2	−4	−6	0
3	6	−270	−140	−70	−46	−30	−20	−14	−10	−6	−4	0		−2	−4		+1
6	10	−280	−150	−80	−56	−40	−25	−18	−13	−8	−5	0		−2	−5		+1
10	14	−290	−150	−95		−50	−32		−16		−6	0		−3	−6		+1
14	18																
18	24	−300	−160	−110		−65	−40		−20		−7	0		−4	−8		+2
24	30																
30	40	−310	−170	−120		−80	−50		−25		−9	0		−5	−10		+2
40	50	−320	−180	−130													
50	65	−340	−190	−140		−100	−60		−30		−10	0		−7	−12		+2
65	80	−360	−200	−150													
80	100	−380	−220	−170		−120	−72		−36		−12	0		−9	−15		+3
100	120	−410	−240	−180													
120	140	−460	−260	−200		−145	−85		−43		−14	0		−11	−18		+3
140	160	−520	−280	−210													
160	180	−580	−310	−230								0					
180	200	−660	−340	−240		−170	−100		−50		−15			−13	−21		+4
200	225	−740	−380	−260								0					
225	250	−820	−420	−280													
250	280	−920	−480	−300		−190	−110		−56		−17	0		−16	−26		+4
280	315	−1 050	−540	−330													
315	355	−1 200	−600	−360		−210	−125		−62		−18	0		−18	−28		+4
355	400	−1 350	−680	−400													
400	450	−1 500	−760	−440		−230	−135		−68		−20	0		−20	−32		+5
450	500	−1 650	−840	−480													
500	560					−260	−145		−76		−22	0					0
560	630																
630	710					−290	−160		−80		−24	0					0
710	800																
800	900					−320	−170		−86		−26	0					0
900	1 000																
1 000	1 120					−350	−195		−98		−28	0					0
1 120	1 250																
1 250	1 400					−390	−220		−110		−30	0					0
1 400	1 600																
1 600	1 800					−430	−240		−120		−32	0					0
1 800	2 000																
2 000	2 240					−480	−260		−130		−34	0					0
2 240	2 500																
2 500	2 800					−520	−290		−145		−38	0					0
2 800	3 150																

续表

偏差数值														
	下极限偏差 ei													
≤IT3>IT7	所有标准公差等级													
k	m	n	p	r	s	t	u	v	x	y	z	za	zb	zc
0	+2	+4	+6	+10	+14		+18		+20		+26	+32	+40	+60
0	+4	+8	+12	+15	+19		+23		+28		+35	+42	+50	+80
0	+6	+10	+15	+19	+23		+28		+34		+42	+52	+67	+97
0	+7	+12	+18	+23	+28		+33		+40		+50	+64	+90	+130
								+39	+45		+60	+77	+108	+150
0	+8	+15	+22	+28	+35		+41	+47	+54	+63	+73	+98	+136	+188
						+41	+48	+55	+64	+75	+88	+118	+160	+218
0	+9	+17	+26	+34	+43	+48	+60	+68	+80	+94	+112	+148	+200	+274
						+54	+70	+81	+97	+114	+136	+180	+242	+325
0	+11	+20	+32	+41	+53	+66	+87	+102	+122	+144	+172	+226	+300	+405
				+43	+59	+75	+102	+120	+146	+174	+210	+274	+360	+480
0	+13	+23	+37	+51	+71	+91	+124	+146	+178	+214	+258	+335	+445	+585
				+54	+79	+104	+144	+172	+210	+254	+310	+400	+525	+690
0	+15	+27	+43	+63	+92	+122	+170	+202	+248	+300	+365	+470	+620	+800
				+65	+100	+134	+190	+228	+280	+340	+415	+535	+700	+900
				+68	+108	+146	+210	+252	+310	+380	+465	+600	+780	+1 000
0	+17	+31	+50	+77	+122	+166	+236	+284	+350	+425	+520	+670	+880	+1 150
				+80	+130	+180	+258	+310	+385	+470	+575	+740	+960	+1 250
				+84	+140	+196	+284	+340	+425	+520	+640	+820	+1 050	+1 350
0	+20	+34	+56	+94	+158	+218	+315	+385	+475	+580	+710	+920	+1 200	+1 550
				+98	+170	+240	+350	+425	+525	+650	+790	+1 000	+1 300	+1 700
0	+21	+37	+62	+108	+190	+268	+390	+475	+590	+730	+900	+1 150	+1 500	+1 900
				+114	+208	+294	+435	+530	+660	+820	+1 000	+1 300	+1 650	+2 100
0	+23	+40	+68	+126	+232	+330	+490	+595	+740	+920	+1 100	+1 450	+1 850	+2 400
				+132	+252	+360	+540	+660	+820	+1 000	+1 250	+1 600	+2 100	+2 600
0	+26	+44	+78	+150	+280	+400	+600							
				+155	+310	+450	+660							
0	+30	+50	+88	+175	+340	+500	+740							
				+185	+380	+560	+840							
0	+34	+56	+100	+210	+430	+620	+940							
				+220	+470	+680	+1 050							
0	+40	+66	+120	+250	+520	+780	+1 150							
				+260	+580	+840	+1 300							
0	+48	+78	+140	+300	+640	+930	+1 450							
				+330	+720	+1 050	+1 600							
0	+58	+92	+170	+370	+820	+1 200	+1 850							
				+400	+920	+1 350	+2 000							
0	+68	+110	+195	+440	+1 000	+1 500	+2 300							
				+460	+1 100	+1 650	+2 500							
0	+76	+135	+240	+550	+1 250	+1 900	+2 900							
				+580	+1 400	+2 100	+3 200							

从表 3-2、表 3-3 中可知，代号为 H 的孔的基本偏差为下偏差，它总是等于零，称为基准孔；代号为 h 的轴的基本偏差为上偏差，它总是等于零，称为基准轴。

3. 公差带代号

孔、轴的公差带代号由基本偏差代号和公差等级数字组成，例如 H8、F7、K6、P5 等为孔的公差带代号；h7、f6、r6、p5 等为轴的公差带代号。

三、线性尺寸的一般公差

零件在图纸上表达的要素都有一定的公差要求，其要求等级取决于各要素的功能要求。对于在功能上无特殊要求的要素，可给出一般公差，也称为未注公差。

一般公差是指在普通工艺条件下一般加工设备的加工能力可以保证的公差，是机床设备在正常维护和操作的情况下，能达到的经济加工精度。

国家标准 GB/T 1804—2000 规定了线性尺寸的一般公差的四个公差等级，分别是精密级 f、中等级 m、粗糙级 c、最粗级 v，并且规定了每个公差等级的极限偏差数值。

线性尺寸一般公差全部采用对称分布的公差带，极限偏差数值对称，对适用尺寸也采用了较大的分段，具体数值见表 3-4。

表 3-4　线性尺寸的极限偏差数值（摘自 GB/T 1804—2000）　（单位：mm）

公差等级	尺寸分段							
	0.5～3	>3～6	>6～30	>30～120	>120～400	>400～1 000	>1 000～2 000	>2 000～4 000
f（精密级）	±0.05	±0.05	±0.1	±0.15	±0.2	±0.3	±0.5	—
m（中等级）	±0.1	±0.1	±0.2	±0.3	±0.5	±0.8	±1.2	±2
c（粗糙级）	±0.2	±0.3	±0.5	±0.8	±1.2	±2	±3	±4
v（最粗级）	—	±0.5	±1	±1.5	±2.5	±4	±6	±8

线性尺寸一般公差主要用于较低精度的非配合尺寸。采用一般公差的尺寸，该尺寸后不标注极限偏差。只有当要素的功能允许比一般公差更大的公差，且采用该公差比一般公差更为经济时可采用，其相应的极限偏差要在尺寸后注出。

在规定零件上的要素采用未注公差时，要考虑车间的一般加工精度，选择标准规定的公差等级，由相应的技术文件或标准作出具体规定。

当零件上的要素采用 GB/T 1804—2000 规定的一般公差时，在图纸上不单独注出公差，可以在图纸、技术文件、标准中作出总的说明，用该标准号和公差等级符号表示。

例如，当选用中等级 m 时，可在技术要求中注明：未注公差尺寸按 GB/T 1804—m。

任务 3　孔轴公差的检测方法

任务目标

通过本任务的学习，掌握孔径和轴径的测量方法，能够正确使用测量器具；在测量过程中，了解国家标准的有关测量原则，如阿贝原则、基准统一原则、最短测量链原则和最小变形原则等；了解安全裕度与测量器具精度的关系。

知识学习

一、孔径和轴径的测量方法

孔轴类零件又称为光滑圆柱工件，就结构特征来说，轴径测量属于外尺寸测量，孔径测量属于内尺寸测量。孔径和轴径的测量是长度计量技术的一项重要内容，在机械零件几何尺寸的测量中，轴径和孔径的测量占有很大比例，其测量方法和器具较多。根据生产批量的多少、被测尺寸的大小、测量精度的高低等因素，可选择不同的测量器具和方法。

轴径的常用测量方法见表3-5，孔径的常用测量方法见表3-6。

表3-5 轴径的常用测量方法

序号	方法名称	使用的测量器具
1	卡钳法	卡钳、钢尺
2	通用量具法	游标卡尺、千分尺、杠杆千分尺、量块与量块附件等
3	测微仪法（与量块组合）	机械式测微仪——百分表、千分表、扭簧比较仪等 光电式测微仪——光学比较仪等 电动测微仪——电感、电容测微仪等 气动量仪——与接触式或非接触式触头联用 其他——接触式干涉仪等
4	测长仪法	立式测长仪、立式光栅测长仪、万能测长仪等
5	卧式测长法	卧式测长仪、卧式光学比较仪与量块组合等
6	影像法	大型工具显微镜、万能工具显微镜
7	轴切法	大型工具显微镜、万能工具显微镜及测量刀附件等
8	仪器干涉法	在大型工具显微镜或万能工具显微镜上采用微小孔照片干涉法或斜射照明干涉法
9	平晶干涉法	平面平晶与量块组合
10	光隙法	样板直尺与量块组合

表3-6 孔径的常用测量方法

序号	计量器具名称	测量方法	测量范围/mm	备注
1	游标卡尺	绝对测量	0～125，0～150 0～200，0～300 0～500，0～1 000	用内测量爪
2	内测千分尺	绝对测量	5～30，25～50	测浅孔、盲孔
3	内径千分尺	绝对测量	50～5 000	
4	三爪内径千分尺	绝对测量	6～100	
5	内径百分表	相对测量	6～450	

续表

序号	计量器具名称	测量方法	测量范围/mm	备注
6	内径千分表	相对测量	10～400	
7	气动量仪	相对测量	4～70	用气动塞规
8	万能测长仪	绝对测量	1～20	电眼法
		相对测量	13～200	内测钩法
9	一米测长仪	相对测量	13.5～800	内测钩法
10	万能工具显微镜	绝对测量	≤200	影像法
			13～200	光学测孔器
11	自准式直孔径测量仪	绝对测量	4～70	与量块比较
12	孔径量测仪	绝对测量	0.1～25	光学触测法
		相对测量	1～50	与量块比较
13	内孔比长仪	相对测量	1～100	与量块比较

二、检测中应遵循的重要原则

为了获得正确可靠的测量结果，在测量过程中，要注意应用并遵守国家标准有关的测量原则，其中比较重要的有阿贝原则、基准统一原则、最短测量链原则和最小变形原则等。

1. 阿贝原则

要求在测量过程中被测长度与基准长度安置在同一直线上的原则，如图 3-10 所示，若被测长度与基准长度并排放置，在测量比较过程中由于制造误差的存在、移动方向的偏移，两长度之间出现夹角而容易产生较大的误差。

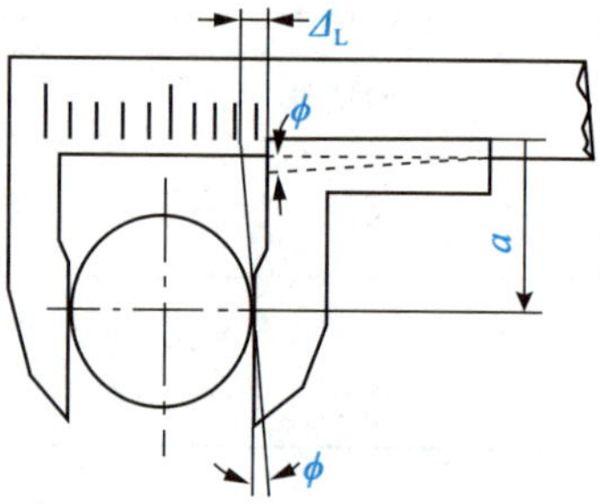

图 3-10 移动方向偏移造成的误差

2. 基准统一原则

测量基准要与加工基准、使用基准统一，即工序测量应以工艺基准作为测量基准，终结测量应以设计基准作为测量基准。

3. 最短测量链原则

测量链是由测量信号从输入到输出量值通道的各个环节所构成的，其环节越多，测量误差越大。应尽可能减少测量链的环节数，以保证测量精度。间接测量比直接测量的环节要多、测量链要长、测量误差要大。因此，只有在不可能采用直接测量，或直接测量的精度不能保证时，才采用间接测量。以最少数量的量块组成所需尺寸的量块组，就是最短测量链原则的一种实际应用。

4. 最小变形原则

测量器具与被测零件都会因实际温度偏离标准温度和受力（重力和测量力）而发生变形，产生测量误差。

三、安全裕度

采用通用测量器具或采用极限量规对工件进行检测时，都有测量误差存在，其影响如图 3-11 所示。根据 GB/T 3177—2009《产品几何技术规范（GPS）光滑工件尺寸的检验》，公称尺寸≤500mm 的工件，在车间生产现场用普通计量器具检测（通常只进行一次测量，判断工件合格与否）。由于测量误差对测量结果有影响，当真实尺寸位于极限尺寸附近时，可能引起误收，即把实际尺寸超过极限尺寸范围的工件误认为合格；也可能引起误废，即把实际尺寸在极限尺寸范围内的工件误认为不合格。可见，测量器具的精度越低，容易引起的测量误差就越大，误收和误废的概率就越大。

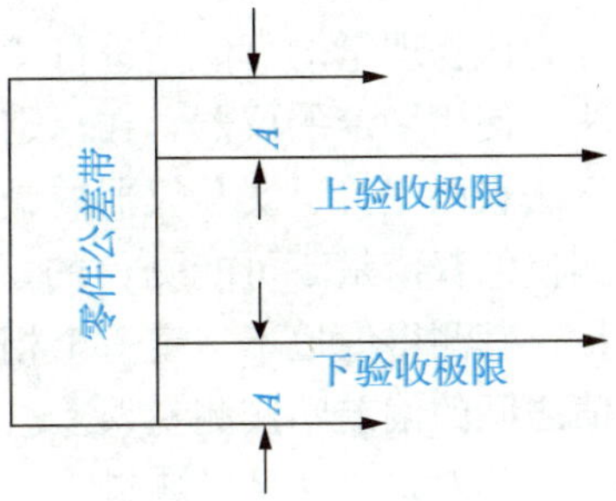

图 3-11 安全裕度

测量器具的精度应该与被测零件的公差等级相匹配，被测零件的公差等级越高，公差值越小，则对选用的测量器具的精度要求越高，反之亦然。不管采用什么样的仪器或量具，都存在测量误差，为了保证验收零件的正确率，验收标准规定：验收极限从规定的极限尺寸向零件公差带内移动一个测量不确定度的允许值 A（安全裕度），如图 3-11 所示。

根据这一原则，建立了在规定尺寸极限基础上内缩的验收规则：

上验收极限＝最大极限尺寸－安全裕度(A)

下验收极限＝最小极限尺寸＋安全裕度(A)

安全裕度 A 的确定，必须从技术和经济两个方面综合考虑。

A 值较大时，可选用精度较低的测量器具进行检验，但减少了生产公差，因而加工经济性差；A 值较小时，要用较精密的测量器具，加工经济性好，但测量仪器费用高。因此，A 值应根据被检工件的公差大小确定，一般为工件公差的 1/10。对于精度要求较低的尺寸（如非配合尺寸、一般公差）、工艺上可以充分保证精度的尺寸，可以用图纸上标注的极限尺寸作为验收极限，此时 $A=0$。国家标准规定的 A 值可通过查表求得。

任务 4 测量数据的处理

任务目标

由于在测量中产生误差不可避免，测量值不可能绝对精确，只能在某种程度上近似于真值。要想获得满足要求的正确的测量结果，必须对一系列测量数据进行科学的整理和分析。分析研究测量误差产生的原因及规律，采取相应的措施，并对测量误差进行定性分析和定量计算，从而得到所需的测量结果及结果的可信度。

知识学习

一、测量误差的概念

物理量是客观存在的，在一定的条件下具有不依人的意志为转移的客观大小，人们将其称为该物理量的真值。进行测量就是想要获得待测量的真值，测量要依据一定的理论及方法，使用一定的仪器，在一定的环境中，由具体的人进行。由于实验理论存在近似性、实验方法难以完善、实验仪器的灵敏度和分辨能力有局限性、周围环境不稳定等因素的影响，待测量的真值是不可能测得的，即使在测量条件相同的情况下对同一物理量进行多次重复测量，其测得值也不一定完全相同，与真值之间仍会存在或多或少的偏差。这种测量值与被测值之间的偏差叫作测量误差。测量误差可以表示为绝对误差和相对误差。

绝对误差 δ 是指被测量的测得值（仪表的指示值）X 与其真值 X_0 之差，用公式表示为：

$$\delta = X - X_0$$

相对误差 ε 是指绝对误差的绝对值 $|\delta|$ 与被测真值 X_0 之比，用公式表示为：

$$\varepsilon = |\delta| / X_0 \times 100\%$$

绝对误差适用于在被测量相同的情况下比较测量精度，相对误差则能更好地说明测量的准确程度。绝对误差的绝对值大小表示了测量结果偏离真值的程度，绝对值越小，说明测量结果越接近于真值，可靠程度越高，但是仅适用于被测量相同的情况。例如，A 同学测量直径为 100mm 的轴，测得值为 100.02mm，绝对误差是 0.02mm。B 同学测量直径为 20mm 的轴，测得值为 19.995mm，绝对误差是 0.005mm。这时很难用绝对误差来判断测量精度的高低，需要用相对误差来判断。

二、测量误差产生的原因

1. 测量器具误差

测量器具误差是指测量器具本身的误差，大多是由测量器具的设计、制造、装配和使用调整的不准确而引起的。

2. 方法误差

方法误差主要是指选择的测量方法不完善引起的误差。同一参数可以用不同的方法测量，由于测量方法不同，测量结果往往不一样，方法误差产生的原因有接触测量时测量力引起的计量器具和零件表面变形误差、间接测量中计算公式的不精确、测量过程中工件安装定位不合理等。特别是采用间接测量时，如果用近似计算的方法得出某一尺寸值，测量误差会更大。

3. 环境误差

环境误差是由于环境因素与要求的标准状态不一致所引起的测量误差。测量的环境条件包括温度、湿度、气压、振动、灰尘等。其中温度对测量结果的影响较大。图纸上标注的各种尺寸、公差和极限偏差都是以标准温度（20℃）为依据的。在测量时，当实际温度偏离标准温度时，温度变化引起的测量误差与被测尺寸呈函数关系。

4. 人员误差

人员误差是指由于操作人员的主观因素引起的测量误差，如测量人员的操作熟练程度、读数习惯、视觉偏差、估读判断等因素引起的测量误差。

在实际的测量过程中，产生误差的原因很多，有些误差是不可避免的，但有些误差是可以避免的。因此测量者应该对一些可能产生测量误差的原因进行分析，掌握其影响规律，设法消除或减少其对测量结果的影响，保证测量精度。

三、测量误差的分类

根据测量误差的不同特征，可以将测量误差分为三类：随机误差（偶然误差）、系统误差、粗大误差。

1. 随机误差

随机误差是指在相同的测量条件下，多次测量重复值时，单个测量值出现的大小、正负都无规律的误差。随机误差是测量过程中许多独立的、微小的、随机的因素引起的综合结果。如计量器具中机构的间隙、运动件间的摩擦力变化、测量力的不稳定以及测量温度、湿度的波动等引起的各种误差，均属于随机误差。从表面上看随机误差毫无规律，故也称为偶然误差。

在任何一次测量中，不管灵敏度如何，都不可避免地会产生随机误差。在同一测量条件下，随机误差的出现或大或小，或正或负，既不能用实验的方法消除，也不能进行修正。

随机误差是由许多暂时未被认识、一时不便控制的微小因素造成的误差，就某一次具体测量而言，它的大小和符号是没有规律的，但是对同一被测量进行连续多次的重复测量时，随机误差出现的规律符合数学上的统计规律。大量的数据表明，随机误差通常服从正态分布规律，具有单峰性、对称性、有界性和补偿性，因此常用概率论和统计的方法进行处理，以便控制并减小它对测量结果的影响。

2. 系统误差

系统误差是指在相同条件下多次测量同一个量时，大小和符号保持不变或按一定规律变化的误差，是一种具有规律性、可以被掌握的误差，分为定值系统误差和变值系统误差两种。

定值系统误差：在测量中对每次测量数据的影响都是相同的。例如游标卡尺的零位误差。

变值系统误差：在测量中对测量结果的影响按一定的规律变化。例如测量中因温度变化引起的误差。

计量器具的性能不完善、测量方法不恰当、测量者对仪器使用不当、环境条件的变化等原因都可能产生系统误差。

为了有效地提高测量精度，应尽力消除系统误差的影响。因此必须对测量结果进行分析。系统误差可以被控制，但有时规律不容易掌握。

3. 粗大误差

粗大误差是由于测量时测量条件的突变、测量人员主观疏忽等因素造成的数值比较大的误差。粗大误差会对测量结果产生明显的歪曲，应从测量数据列中将该测量结果剔除。

在测量中发现粗大误差的最有效的方法是对被测量对象重复测量，看测量结果之间是否相差过大，从而做出判断。

四、测量数据的处理

由于随机误差与系统误差的来源和性质不同，所以处理方法也不同。

1. 随机误差的处理

倘若对某一量值进行足够多次的等精度测量，就会发现偶然误差服从统计规律。因此，随着测量次数的增加，随机误差的算术平均值趋近于零，所以多次测量结果的算术平均值接近于真值。在车间实际测量操作时，应采用多次重复测量后取其算术平均值的方法来处理随机误差。

(1) 实践表明，在绝大多数情况下随机误差符合正态分布规律，它具有对称性、单峰性、补偿性和有界性。

(2) 正态分布曲线的两个基本参数是平均值 $\bar{x}$ 和标准偏差 σ。$\bar{x}$ 决定曲线的位置，σ 决定曲线的形状，它并不是一个具体的偏差，而只表明随机误差的分散程度，σ 越小，曲线越陡，随机误差的分布越集中，测量越精密。

(3) 正态分布随机误差出现的概率可用公式 $\phi(z)=\frac{1}{\sqrt{2\pi}}\int_0^z e^{-\frac{z^2}{2}}dz$ 来计算，表示随机误差在 0～δ 范围内出现的概率$\left(z=\frac{\delta}{\sigma}\right)$，为了方便，可根据 z 的值直接查表得到 $\phi(z)$，而不必计算。

例题 3-3 对某一尺寸进行等精度测量 150 次，测得最大值为 60.06mm，最小值为 60.00mm，假设测量误差符合正态分布，求测得值落在 60.01～60.02mm 的概率是多少？

解： 测得值的分布范围 $6\sigma=60.06-60.00=0.06(\text{mm})$

标准偏差 $\sigma=0.06/6=0.01(\text{mm})$

平均值 $\bar{x}=(60.06+60.00)/2=60.03(\text{mm})$

尺寸为 60.01mm 时，$\delta_1=60.01-60.03=-0.02(\text{mm})$

$z_1=\delta_1/\sigma=-0.02/0.01=-2$

测得值落在 60.01～60.03mm 的概率 $\phi(z_1)=0.4772$

尺寸为 60.02mm 时，$\delta_2=60.02-60.03=-0.01(\text{mm})$

$z_2=\delta_2/\sigma=-0.01/0.01=-1$

测得值落在 60.02～60.03mm 的概率 $\phi(z_2)=0.3413$

所以，测得值落在 60.01～60.02mm 的概率：

$$P=\phi(z_1)-\phi(z_2)=0.4772-0.3413=0.1359$$

概率分布如图 3－12 所示。

(4) 因为服从正态分布的随机误差具有“有界性”，这个界限值称为随机误差的极限值($\delta_{\lim}$)，在几何量的测量中，一般 $\delta_{\lim}=\pm 3\sigma$，因为误差出现在 $\pm 3\sigma$ 之间的概率是 99.73%，即超出该范围的概率只有 0.27%。

(5) 在实际测量中，若只测了一次，测得值为 x_i，且无系统误差，则测量结果可表示为 $x_0=x_i\pm 3\sigma$，此时置信概率为 99.73%。例如，已知标准偏差 $\sigma=0.0016$mm，测得值为 20.007mm，测量结果可以写成 $20.007\pm 3\times 0.0016=20.007\pm 0.005$mm，即被测量的真值有 99.73%的可能性在 20.002～20.012mm。

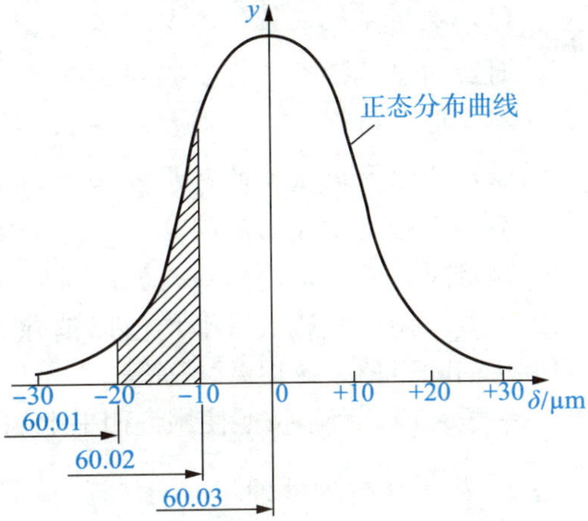

图 3－12　例题 3－3 答案

(6) 理论证明，对同一量重复测量 n 次，其算术平均值 $\bar{x}$ 比单次测量值 x_i 更加接近被测量的真值，但 $\bar{x}$ 也具有分散性，只是它的分散程度比 x_i 的分散程度小。分散程度用 $\sigma_{\bar{x}}$ 表示，称为算术平均值的标准偏差，$\sigma_{\bar{x}}=\dfrac{\sigma}{\sqrt{n}}$。可见，测量次数越多，平均值的分散程度越小。

(7) 对随机误差的处理方法就是多次重复测量，用 $x_0=\bar{x}\pm 3\sigma_{\bar{x}}$ 表示测量结果。

例题 3－4　已知某仪器的测量极限误差 $\delta_{\lim}=\pm 3\sigma=\pm 0.003$mm，用该仪器测量工件（单位均为 mm）：

(1) 如果测量一次，测得值为 20.001mm，写出测量结果。

(2) 如果重复测量 4 次，测得值分别为 20.001mm，20.002mm，20.000mm，19.997mm，写出测量结果。

(3) 要使测量结果的极限误差 $\delta_{\lim(\bar{x})}$ 不超过 ±0.001mm，应重复测量多少次？

解：

(1) 单次测量的结果为 $x\pm 3\sigma=20.001\pm 0.003$

(2) 平均值 $\bar{x}=(20.001+20.002+20.000+19.997)/4=20.000$

平均值的标准偏差 $\sigma_{\bar{x}}=\sigma/\sqrt{n}=(0.003/3)/\sqrt{4}=0.0005$

测量结果为 $\bar{x}\pm 3\sigma_{\bar{x}}=20.000\pm 3\times 0.0005=20.000\pm 0.0015$

(3) 设要使误差不超过 0.001mm 的测量次数为 n 次，

$\because \sigma_{\bar{x}}=\dfrac{\sigma}{\sqrt{n}}=\dfrac{0.003/3}{\sqrt{n}}=0.001/3$

$\therefore n=9$（次）

2. 系统误差的处理

应尽可能在实验前消除导致系统误差的因素，在多次实验中，适当地改变产生系统误差的实验条件（如将条件对称或随机地配置，使结果中的系统误差相互抵消），有可能减少或消除最终结果中的系统误差，应从测量结果中扣除已经判明的系统误差数值。

（1）发现系统误差的主要方法。

对定值系统误差——实验对比法。

对变值系统误差——残差观察法。

（2）消除系统误差的常用方法。

分析产生系统误差的根源，从源头消除。

测量时采取一定的措施，如用对称法以消除线性系统误差，用半波法消除周期变化的系统误差，用两次读数取平均值以消除大小相等（相近）、符号相反的误差，用加修正值的方法消除定值系统误差，等等。

一般来说，严格按照使用说明书上的操作规程进行测量，可认为基本消除了系统误差。

3. 粗大误差的处理

在多次重复测量的结果中，如果有个别数据与其他数据有明显的差异，则其可能是含有粗大误差的数据，应从测量数据中剔除。应该注意的是，不恰当地剔除含有大误差的正常数据，会造成测量重复性偏高的假象。对于确定的粗大误差，如果未加剔除，必然会造成测量重复性偏低的后果，因此对于粗大误差，测量者应该加强工作责任心，保持测量条件稳定，可利用不等精度测量或互相之间进行校验的方式从测量结果中发现和鉴别粗大误差。

4. 掌握直接测量列数据处理方法

在消除了定值系统误差后，测得的一组数据用以下步骤处理。

（1）计算算术平均值 $\bar{x}$，$\bar{x}=\frac{1}{n}\sum_{i=1}^{n}x_i$。

（2）计算残差 v_i，$v_i=x_i-\bar{x}$。

（3）观察残差的变化，若大体正负相间，无明显的变化规律，则说明无变值系统误差。

（4）计算单次测量的标准偏差 σ，$\sigma\approx\sqrt{\frac{\sum_{i=1}^{n}v_i^2}{n-1}}$。

（5）计算单次测量的极限误差 $\delta_{\lim}$，$\delta_{\lim}=\pm3\sigma$。

（6）判断有无粗大误差，若有，剔除此次测量数据（一次只能剔除一个），再重复上面的步骤，直到剔除完为止。

（7）计算算术平均值的标准偏差 $\sigma_{\bar{x}}$，$\sigma_{\bar{x}}=\frac{\sigma}{\sqrt{n}}$。

（8）写出测量结果，$x_0=\bar{x}\pm3\sigma_{\bar{x}}$。

对同一个量进行多次重复测量的方法多用于比较精密的测量，而在生产现场用得较少。

例题 3-5 对某轴径进行 15 次重复测量，测得值列于表 3-7 中，假设数据中无定值系统误差，试求测量结果。

（1）计算算术平均值 $\bar{x}=\frac{\sum_{i=1}^{n}x_i}{n}=\frac{1}{15}\sum_{i=1}^{15}x_i=30.404(\text{mm})$。

（2）计算残差 $\nu_i=x_i-\bar{x}$ 及其平方 ν_i^2，填入表 3-7 中。

（3）根据"残差观察法"判断，测量列中剩余误差大体正负相间，无明显变化规律，所以认为无变值系统误差。

(4) 计算标准偏差 $\sigma=\sqrt{\frac{\sum_{i=1}^{n}\nu_i^2}{n-1}}=\sqrt{\frac{\sum_{i=1}^{15}\nu_i^2}{15-1}}=\sqrt{\frac{14\ 960}{14}}\approx 33(\mu m)$。

(5) 判断粗大误差。

单次测量的极限误差 $\delta_{lim}=\pm 3\sigma=\pm 3\times 33=\pm 99(\mu m)$

根据 3σ 准则，第 8 次测得值的残差 $|\nu_8|=104>99$，含有粗大误差，应剔除；剔除第 8 次的测量数据后，重复步骤 (1)～(5)。

$$\text{重新计算算术平均值 } \bar{x}=\frac{\sum_{i=1}^{n}x_i}{n}=\frac{1}{14}\sum_{i=1}^{14}x_i=30.411(mm)$$

重新计算残差 $\nu_i=x_i-\bar{x}$ 及其平方 ν_i^2，填入表 3-7 中。

$$\text{重新计算标准偏差 } \sigma=\sqrt{\frac{\sum_{i=1}^{n}\nu_i^2}{n-1}}=\sqrt{\frac{\sum_{i=1}^{14}\nu_i^2}{14-1}}=\sqrt{\frac{3\ 374}{13}}\approx 16(\mu m)$$

单次测量的极限误差 $\delta_{lim}=\pm 3\sigma=\pm 3\times 16=\pm 48(\mu m)$

根据 3σ 准则，由表 3-7 可知，残差均小于 3σ，可认为已无粗大误差存在。

(6) 计算算术平均值的标准偏差 $\sigma_{\bar{x}}=\frac{\sigma}{\sqrt{n}}=\frac{16}{\sqrt{14}}=4.3(\mu m)$。

表 3-7　对某轴径进行 15 次重复测量的测得值

序号	测得值 x_i/mm	剔除粗大误差前		剔除粗大误差后	
		残差 $\nu_i/\mu m$	残差的平方 $\nu_i^2/(\mu m)^2$	残差 $\nu_i/\mu m$	残差的平方 $\nu_i^2/(\mu m)^2$
1	30.42	+16	256	+9	81
2	30.43	+26	676	+19	361
3	30.40	−4	16	−11	121
4	30.43	+26	676	+19	361
5	30.42	+16	256	+9	81
6	30.43	+26	676	+19	361
7	30.39	−14	196	−21	441
8	30.30	−104	10 816	—	—
9	30.40	−4	16	−11	121
10	30.43	+26	676	+19	361
11	30.42	+16	256	+9	81
12	30.41	+6	36	−1	1

续表

序号	测得值 x_i/mm	剔除粗大误差前		剔除粗大误差后	
		残差 ν_i/μm	残差的平方 ν_i^2/(μm)^2	残差 ν_i/μm	残差的平方 ν_i^2/(μm)^2
13	30.39	−14	196	−21	441
14	30.39	−14	196	−21	441
15	30.40	−4	16	−11	121
	剔除粗大误差前 $\bar{x}$=30.404 剔除粗大误差后 $\bar{x}$=30.411		$\sum_{i=1}^{15}\nu_i^2 = 14\ 960$		$\sum_{i=1}^{15}\nu_i^2 = 3\ 374$

（7）写出测量结果。$Q=\bar{x}\pm3\sigma_{\bar{x}}=30.411\pm3\times0.004\ 3=30.411\pm0.012\ 9$(mm)，置信概率为 99.73%。

任务实施

齿轮油泵定位销轴的检测

一、工件名称

齿轮油泵定位销轴。

二、零件图纸

齿轮油泵定位销轴图纸如图 3-13 所示。

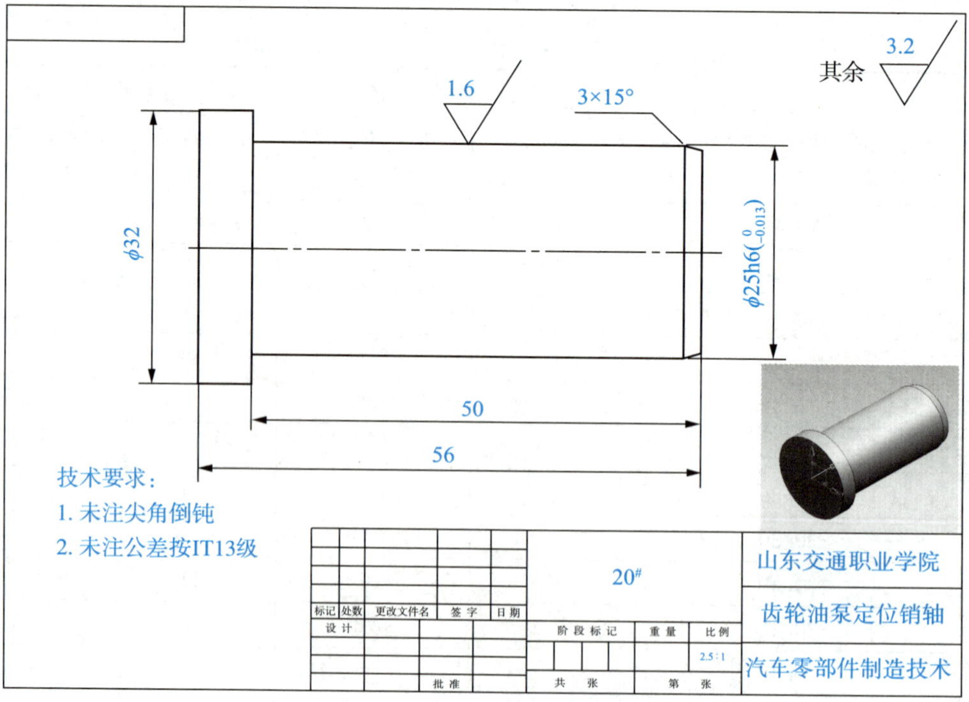

图 3-13 齿轮油泵定位销轴图纸

三、任务描述

分析齿轮油泵定位销轴的零件图尺寸要求，针对以下检测项目制定检测方案，选择量具、量仪，编制检验计划，进行实际检测操作，记录测量数据，并对测量数据进行处理，去除粗大误差，得出检测结果。

长度尺寸：50、56。

外径：$\phi 32$、$\phi 25$。

1. 编制检验计划

编制检验计划时，要设置检验流程图，明确检验程序，并设计检测表格及原始记录单，编制简单的作业指导书，熟悉检验计划的编制流程。

2. 检测准备

根据所做的检验计划准备工具、量具，并对提供的工件进行必要的处理（如除锈等）。根据检测作业指导书的要求，准备相关的检测表格及原始记录单。

3. 实际检测操作

根据检验计划，利用不同精度的量具对上述尺寸分别进行不少于20次的测量，记录测量数据，并得出各尺寸的测量结果。

四、数据记录

<table>
<tr><td colspan="20">齿轮油泵定位销轴的尺寸检测</td></tr>
<tr><td colspan="20">1. 测量要素（　　）</td></tr>
<tr><td colspan="5">测量对象</td><td colspan="5"></td><td colspan="5">计量单位</td><td colspan="5"></td></tr>
<tr><td colspan="5">测量方法</td><td colspan="5"></td><td colspan="5">测量器具</td><td colspan="5"></td></tr>
<tr><td colspan="20">2. 所用量具：（　　）</td></tr>
<tr><td colspan="5">刻度线间距</td><td colspan="5"></td><td colspan="5">分度值</td><td colspan="5"></td></tr>
<tr><td colspan="5">示值范围</td><td colspan="5"></td><td colspan="5">测量范围</td><td colspan="5"></td></tr>
<tr><td colspan="20">3. 测量数据（单位：　）</td></tr>
<tr><td></td><td></td><td></td><td></td><td></td><td></td><td></td><td></td><td></td><td></td><td></td><td></td><td></td><td></td><td></td><td></td><td></td><td></td><td></td><td></td></tr>
<tr><td colspan="20">4. 测量结果</td></tr>
<tr><td colspan="5"></td><td colspan="3">检测人</td><td colspan="4"></td><td colspan="4">检测日期</td><td colspan="4"></td></tr>
</table>

五、数据处理

对所记录的数据进行分析，去除明显的粗大误差，得出检测结果。

六、出具检测结果

查阅资料，编制简单的检测报告，对检测过程及检测结果进行分析。

知识巩固

3-1：判断题

(1) 所有基本尺寸的同一公差等级被认为具有同等精确程度。 ( )

(2) 测量得到的实际尺寸是尺寸的真值。 ( )

(3) 极限尺寸越接近基本尺寸，加工精度越高。 ( )

(4) 偏差可以是零。 ( )

(5) 公差值越小，公差等级越高。 ( )

(6) 公差值是工件尺寸可以允许的最大偏差值。 ( )

(7) 最大实体尺寸是孔、轴最小极限尺寸的统称。 ( )

(8) 越靠近零线，公差值越小，公差等级也就越高。 ( )

(9) 基本偏差最靠近零线，因此是最小的那个偏差。 ( )

(10) 未注公差要求的尺寸表示没有公差要求。 ( )

3-2：计算题

查表确定下列各尺寸的公差带代号。

(1) $\phi 15-0.016-0.027$（轴） (2) $\phi 60+0.046\ 0$（孔）

(3) $\phi 30+0.061+0.055$（轴） (4) $\phi 108+0.066+0.012$（孔）

3-3：试从83块一套的量块中，同时组合尺寸48.98mm、29.875mm、10.56mm。

3-4：已知孔、轴的基本尺寸为$\phi 30$mm，$D_{max}=\phi 30.010$mm，$D_{min}=\phi 29.977$mm，$d_{max}=\phi 30.056$mm，$d_{min}=\phi 30.035$mm。求孔与轴的极限偏差和公差，并画出公差带图。

3-5：已知基本尺寸$D=d=18$mm，孔的极限尺寸$D_{max}=17.996$mm，$D_{min}=17.985$mm；轴的极限尺寸$d_{max}=18$mm，$d_{min}=17.992$mm。现测得孔、轴的实际尺寸分别为$D_a=17.992$mm，$d_a=17.996$mm。求孔、轴的极限偏差、实际偏差及公差，并画出公差带图。

项目3

尺寸极限与配合

项目描述

本项目从配合的概念与基本术语开始，让读者了解不同配合性质的区别，理解国家标准中基准制的术语及相关规定，掌握孔轴尺寸公差及配合代号的标注。掌握不同配合性质的应用范围，能够根据零件的实际工作情况选择合适的配合代号。

尺寸极限
与配合

教学目标

1. 知识目标

- 了解各种配合性质的区别与联系。
- 掌握国家标准关于基准制的相关规定。
- 熟悉各种配合类别的应用场合。
- 熟悉公差配合的选择原则。

2. 能力目标

- 能够理解配合的基本术语和定义。
- 能够叙述基准制的基本术语及相关规定。
- 能够在图纸上正确标注配合要求。
- 能够根据零部件的工作要求选择适当的公差配合。

素养提升

C919——中国国产大飞机型号，C 代表中国，9 寓意天长地久，19 代表最大载客量为 190 座。C919 是按照国际适航标准，由我国科技工作者研制的具有自主知识产权的干线飞机，于 2017 年 5 月 5 日在上海首飞成功。

飞机制造是制造业皇冠上璀璨的明珠，C919 在研制过程中大量采用新方法、新材料、新工艺、新设备，在 10 余年的研制过程中，体现了我国航空人不畏艰难的敬业精神，以及追求卓越、精益求精的工匠精神，大学生应合理利用在校学习时间学好本领，勇于责任担当，立志科技报国。

任务 1　配合性质的认识

任务目标

光滑圆柱体结合是机械制造中应用最多的结合形式之一，作为单一尺寸几何参数的零件，其互换性要求零件的尺寸必须保持在一定范围之内，这个范围既要保证相互结合的尺寸之间形成一定的关系从而满足各种工作条件的要求，又要保证零件在制造上是经济合理的，因此就有了“配合”的概念。

知识学习

一、有关配合的术语

1. 配合

配合是指基本尺寸相同、相互结合的孔与轴公差带之间的关系。在孔与轴的配合中，根据孔与轴公差带之间的关系，配合可分为间隙配合、过盈配合和过渡配合。配合公差是指允许间隙或过盈的变动量，等于最大间隙与最小间隙之代数差的绝对值，也等于相互配合的孔公差带与轴公差之和，用“T_f”表示，见式 4－1。孔和轴配合公差的大小表示孔和轴的配合精度。

$$T_f = |X_{max} - X_{min}| = T_h + T_s \quad \text{（式 4－1）}$$

2. 间隙配合

间隙配合是指具有间隙（包括最小间隙为零）的配合。孔的公差带位于轴的公差带之上，如图 4－1 所示。由于孔和轴的实际尺寸在各自的公差带内变动，因此装配后合格零件所形成的孔、轴间的间隙量也是变动的，每一对已经加工完成并结合到一起的孔轴间所形成的间隙量是一定的，并且在极限间隙的范围内。

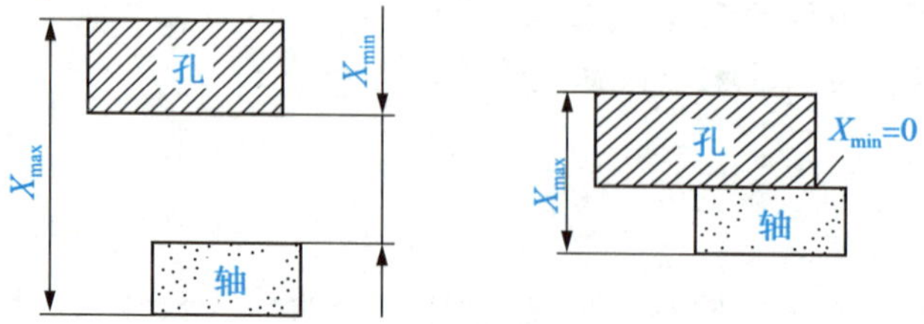

图 4－1　间隙配合

极限间隙、平均间隙及配合公差的公式如下所示。

$$X_{max}=D_{max}-d_{min}=ES-ei \quad \text{（式 4-2）}$$

$$X_{min}=D_{min}-d_{max}=EI-es \quad \text{（式 4-3）}$$

$$X_{av}=(X_{max}+X_{min})/2T_f=|X_{max}-X_{min}|=T_D+T_d \quad \text{（式 4-4）}$$

上式表明配合精度（配合公差）取决于相互配合的孔与轴的尺寸精度（尺寸公差），设计时，可根据配合公差来确定孔与轴的公差。

3. 过盈配合

过盈配合是指具有过盈（包括最小过盈为零）的配合。孔的公差带位于轴的公差带之下，如图 4-2 所示。由于孔和轴的实际尺寸在各自的公差带内变动，因此装配后合格零件孔、轴间的过盈量也是变动的。

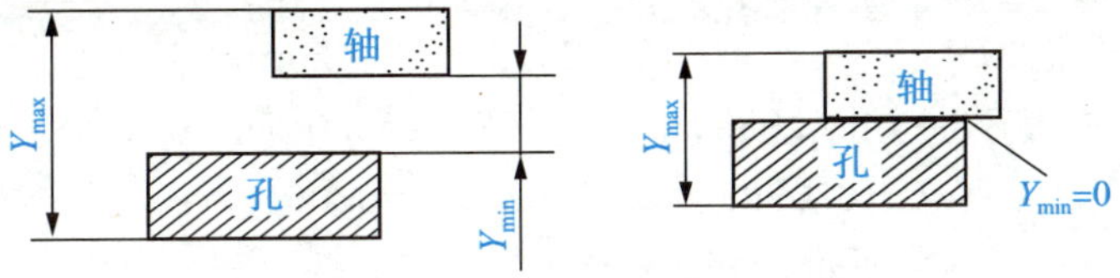

图 4-2　过盈配合

孔的最小极限尺寸减轴的最大极限尺寸所得的代数差称为最大过盈，用 Y_{max} 表示。即

$$Y_{max}=D_{min}-d_{max}=EI-es \quad \text{（式 4-5）}$$

孔的最大极限尺寸减轴的最大极限尺寸所得的代数差称为最小过盈，用 Y_{min} 表示。即

$$Y_{min}=D_{max}-d_{min}=ES-ei \quad \text{（式 4-6）}$$

孔的平均过盈是最大过盈和最小过盈的平均值，用 Y_{av} 表示。即

$$Y_{av}=(Y_{max}+Y_{min})/2 \quad \text{（式 4-7）}$$

配合公差（或过盈公差）是允许过盈的变动量，它等于最小过盈与最大过盈之代数差的绝对值，也等于相互配合的孔公差与轴公差之和。即

$$T_f=|Y_{max}-Y_{min}|=T_D+T_d \quad \text{（式 4-8）}$$

4. 过渡配合

过渡配合是指可能产生间隙或过盈的配合。孔的公差带与轴的公差带相互交叠，如图 4-3 所示。过渡配合中，合格零件结合后的孔轴间隙或过盈是变化的，但一对已经结合到一起的合格孔轴之间形成的间隙量或过盈量是确定的。

极限间隙（或过盈）、平均间隙（或过盈）及配合公差的公式如下所示。

$$Y_{max}=D_{min}-d_{max}=EI-es \quad \text{（式 4-9）}$$

$$X_{av}(Y_{av})=(X_{max}+Y_{max})/2 \quad \text{（式 4-10）}$$

$$T_f=|X_{max}-Y_{max}|=T_D+T_d \quad \text{（式 4-11）}$$

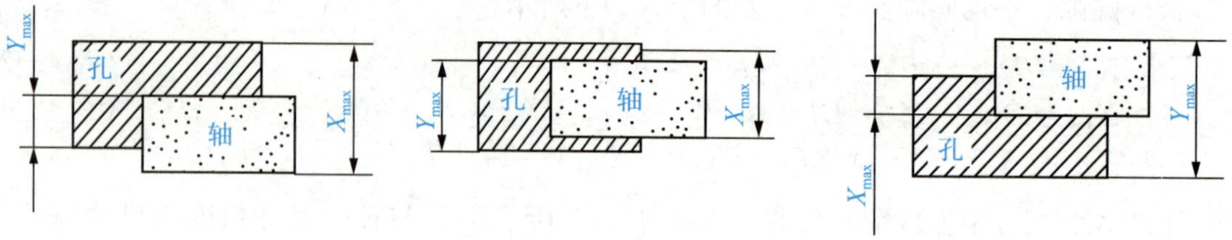

图 4-3 过渡配合

二、有关配合性质的计算

例题 4-1 孔 $\phi60^{+0.039}_{0}$mm 与轴 $\phi60^{-0.025}_{-0.050}$mm 形成间隙配合，试求出其配合后的特征值 X_{max}、X_{min}、X_{av}、T_f，并画出公差带图。

解： $X_{max}=D_{max}-d_{min}=ES-ei=+0.039-(-0.050)=+0.089$mm

$X_{min}=D_{min}-d_{max}=EI-es=0-(-0.025)=+0.025$mm

$X_{av}=(X_{max}+X_{max})/2=(+0.089)+(+0.025)=0.057$mm

$T_f=|X_{max}-X_{max}|=|(+0.089)-(+0.025)|=0.064$mm

公差带图如图 4-4（a）所示。

例题 4-2 孔 $\phi60^{+0.039}_{0}$mm 与轴 $\phi60^{+0.079}_{+0.054}$mm 形成过盈配合，试求出其配合后的特征值 Y_{max}、Y_{min}、Y_{av}、T_f，并画出公差带图。

解： $Y_{max}=EI-es=0-(+0.079)=-0.079$mm

$Y_{min}=D_{max}-d_{min}=ES-ei=+0.039-(+0.054)=-0.015$mm

$Y_{av}=(Y_{max}+Y_{max})/2=[(-0.079)+(-0.015)]/2=-0.047$

$T_f=|Y_{max}-Y_{min}|=|T_h+T_s|=|(-0.015)-(-0.079)|=0.064$mm

公差带图如图 4-4（b）所示。

例题 4-3 孔 $\phi60^{+0.039}_{0}$mm 与轴 $\phi60^{+0.034}_{+0.009}$mm 形成过渡配合，试求出其配合后的特征值 X_{max}、Y_{max}、Y_{av} 及 T_f，并画出公差带图。

解： $X_{max}=ES-ei=+0.039-(+0.009)=+0.030$mm

$Y_{max}=EI-es=0-(+0.034)=-0.034$mm

$Y_{av}=(X_{max}+Y_{max})/2=[(+0.030)+(-0.034)]/2=-0.002$mm

$T_f=|X_{max}-Y_{max}|=|+0.030-(-0.034)|=0.064$mm

尺寸公差带图如图 4-4（c）所示。

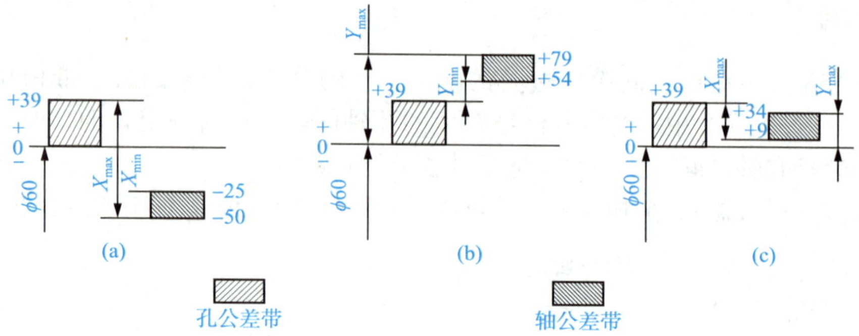

图 4-4 尺寸公差带图（例题 4-1～例题 4-3）

任务 2　基准制与配合代号

任务目标

为了满足科学技术的高速发展和互换性生产的需要，极限与配合必须标准化。极限与配合是机械工程行业重要的基础标准。

在生产实践中，需要各种不同的孔、轴公差带适应各种不同性质的工作条件要求。从配合的公差带图可以看出，变更孔、轴公差带的位置，可以组成不同性质、不同松紧的配合。为了方便设计和制造，只需将孔或轴的公差带位置固定，改变与其配合的轴或孔的公差带位置，可以得到所需要的多种配合，满足不同的使用要求。

知识学习

一、基准制

为适应现代化生产方式，提高技术经济效益，国家标准 GB/T 1800.1　2020 中规定了两种配合制：基孔制和基轴制。

1. 基孔制

基孔制是指基本偏差为一定的孔的公差带，与不同基本偏差轴的公差带形成各种配合的一种制度，如图 4－5 所示。基孔制中的孔为基准孔，其下偏差为零，基准孔的代号为“H”。

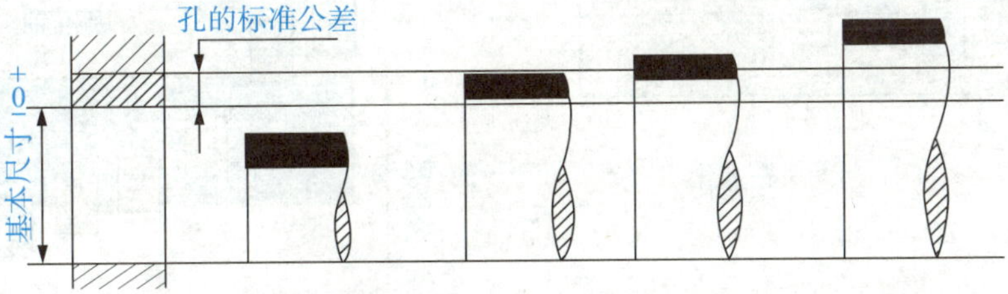

图 4－5　基孔制

2. 基轴制

基轴制是指基本偏差为一定的轴的公差带，与不同基本偏差孔的公差带形成各种配合的一种制度，如图 4－6 所示。基轴制中的轴为基准轴，其上偏差为零，基准轴的代号为“h”。

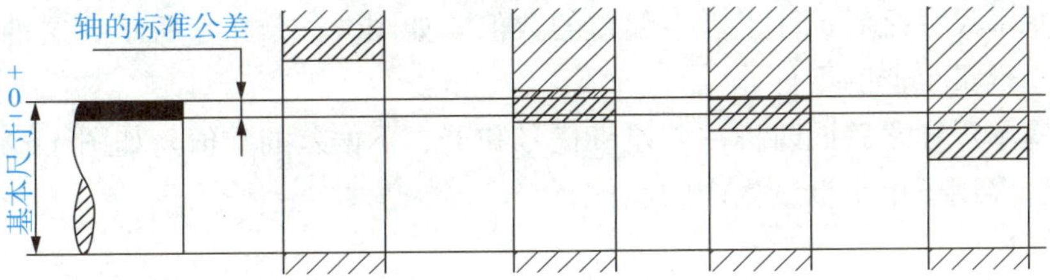

图 4－6　基轴制

3. 配合代号

配合代号用孔、轴公差带的组合表示，写成分数的形式，分子为孔的公差带代号，分母为轴的公差带代号，如$\frac{H7}{p6}$、H8/f7。如果要表示某基本尺寸的配合，则将基本尺寸标在配合代号之前，如$\phi 50\frac{H7}{p6}$、ϕ75H8/f7。

4. 配合的分类

根据孔、轴公差相对位置的不同，两种基准制都可以形成间隙配合、过渡配合和过盈配合。

二、公差与配合在图样上的标注

1. 在零件图上的标注

在零件图上孔、轴公差主要标注基本尺寸和极限偏差的数值，尺寸公差的标注方法有三种，如图 4－7 所示。

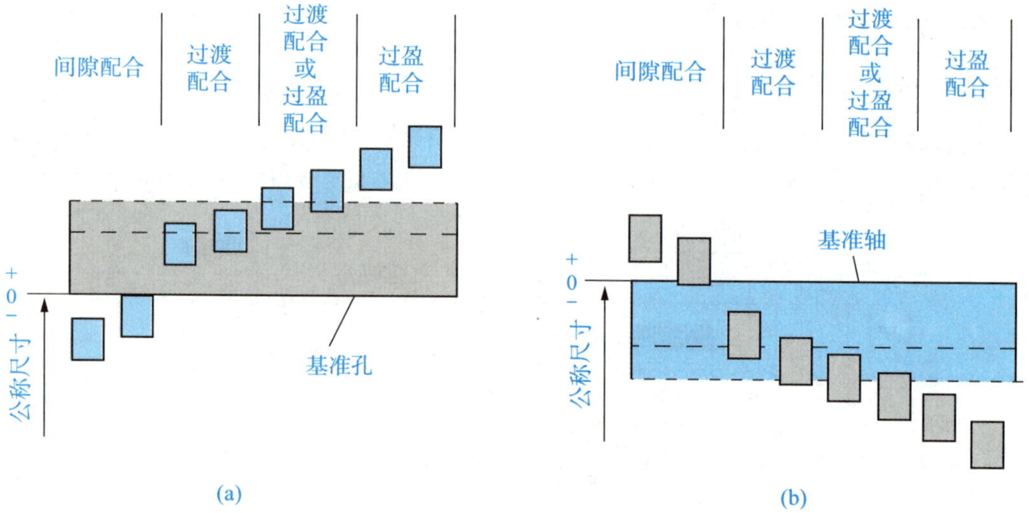

图 4－7　基孔制配合和基轴制配合

(1) 在基本尺寸之后标注公差带代号，如图 4－8 (a) 所示。这种标注方法适用于大批量生产的零件。

(2) 在基本尺寸之后标注上、下偏差的数值，如图 4－8 (b) 所示。这种标注方法多用于单件或小批量生产的零件。

(3) 在基本尺寸之后同时标注公差带代号和上、下偏差的数值，如图 4－8 (c) 所示。这种标注方法多用于中小批量生产的零件。

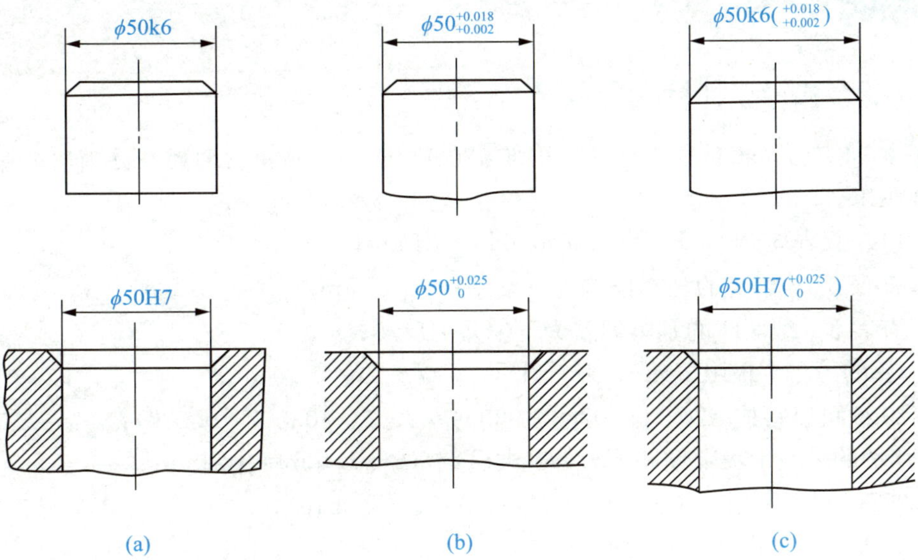

图 4-8　孔、轴的公差带在零件图中的标注

2. 在装配图上的标注

在装配图上，主要标注基本尺寸和配合代号，即标注孔、轴的偏差代号及公差等级代号，如图 4-9 所示，在基本尺寸之后标注配合代号，如 ϕ50H7/k6。

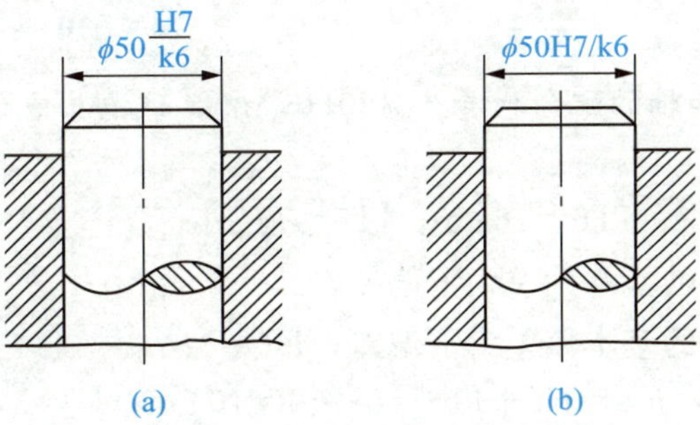

图 4-9　孔、轴的公差带在装配图中的标注

任务 3　孔轴配合性质的判断与计算

任务目标

孔轴配合性质的判断与计算是对零件的图纸进行分析的重要步骤，在零件质量检测中发挥着重要作用，同时也是采用计算法确定零件公差配合的基础。

知识学习

一、已知配合代号，计算配合极限

例题 4-4 已知孔和轴的配合代号为 ϕ20H7/g6，试画出它们的公差带图，并计算它们的配合极限。

解：（1）查表 3-1 得 IT6＝13 μm，IT7＝21 μm；

（2）查表 3-3 得 g 的基本偏差为下偏差 $es=-7$ μm；

（3）查表 3-2 得 H 的基本偏差为下偏差 $EI=0$；

（4）g6 的另一个极限偏差 $ei=es-\mathrm{IT6}=-7-13=-20$ μm；

即 $\phi20\mathrm{g6}$ 可以写成 $\phi20_{-0.020}^{-0.007}$ 或 $\phi20\mathrm{g6}(_{-0.020}^{-0.007})$；

（5）H7 的另一个极限偏差 $ES=EI+\mathrm{IT7}=(0+21)$ μm＝＋21 μm。

即 $\phi20\mathrm{H7}$ 可以写成 $\phi20_{0}^{+0.021}$ 或 $\phi20\mathrm{H7}(_{0}^{+0.021})$；

（6）公差带图如图 4-10 所示。

（7）由于孔的公差带在轴的公差带之上，所以该配合为间隙配合，其极限间隙值为：

$$X_{max}=ES-ei=+21-(-20)=+41\ \mu m$$

$$X_{min}=EI-es=0-(-7)=+7\ \mu m;$$

$$X_{av}=(X_{max}+X_{max})/2=(+41+7)/2$$
$$=+24\ \mu m$$

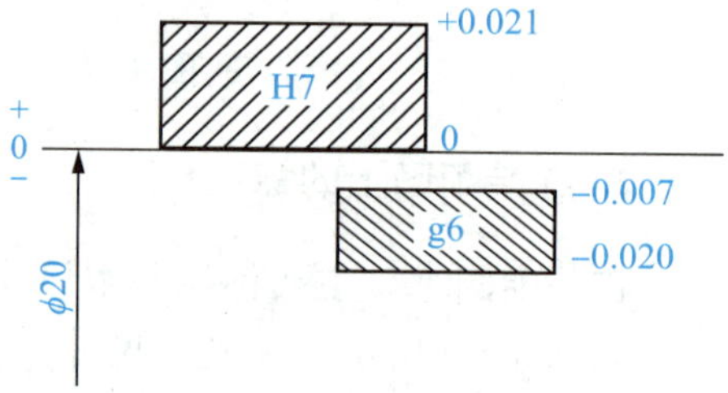

图 4-10 孔、轴公差带图（例题 4-4）

例题 4-5 已知孔和轴的配合代号为 ϕ50H6/m5，试画出它们的公差带图，并计算它们的配合极限。

解：（1）查表 3-1 得：IT6＝16 μm，IT5＝11 μm；

（2）查表 3-3 得 m 的基本偏差为下偏差，$ei=+9$ μm；

（3）查表 3-2 得 H 的基本偏差为下偏差，$EI=0$；

（4）H6 的上偏差为：$ES=EI+\mathrm{IT6}=0+16=16$ μm；

即 $\phi50\mathrm{H6}$ 可以写作 $\phi50_{0}^{+0.016}$。

（5）m5 的上偏差为：

$es=ei+\mathrm{IT5}=+9+11=20$ μm；

即 $\phi50\mathrm{m5}$ 可以写作 $\phi50_{+0.009}^{+0.020}$

（6）公差带如图 4-11 所示。

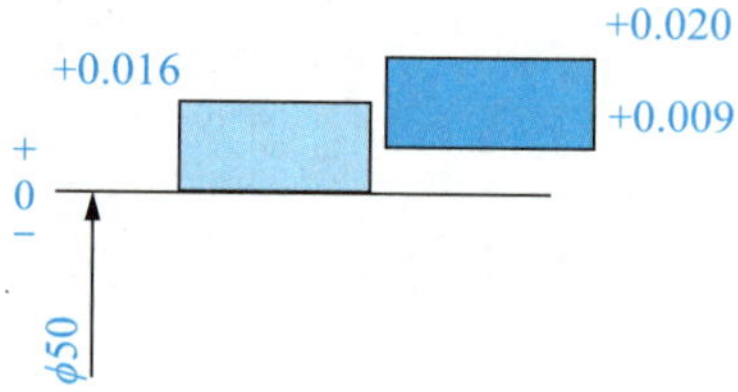

图 4-11 孔、轴公差带图（例题 4-5）

（7）从公差带图上可以看出，该配合为过渡配合。其极限特征值为最大间隙和最大过盈。

最大间隙 $X_{max}=ES-ei=+0.016-(+0.009)=+0.007$mm

最大过盈 $Y_{max}=EI-es==0-(+0.020)=-0.020$mm

二、已知配合极限，确定配合代号

例题 4-6 有一基本尺寸为 ϕ45mm 的孔、轴配合，要求配合间隙在 0.025～0.070mm。

试用计算法确定孔和轴的公差等级和配合种类。

解：(1) 选择基准制：

因为没有特殊要求，基本尺寸≤500mm，优先选择基孔制。

(2) 选择孔、轴的公差等级：

$T_f=X_{max}-X_{min}=+0.070-(+0.025)=+0.045$。

由于 $T_f=T_D+T_d$，即所选的孔、轴公差之和应最接近 T_f。

为了满足使用要求，查表 3-1 可知：IT7=0.025，IT6=0.016。这种公差等级最接近配合性质要求，同时考虑到工艺等价原则，孔应选用 7 级公差 $T_D=0.025$，轴应选用 6 级公差 $T_d=0.016$。

(3) 确定孔、轴公差带代号：

因为是基孔制配合，所以孔的公差带代号为 H7。

$EI=0$，$ES=EI+T_D=+0.025$。

由 $X_{min}=EI-es=+0.025$，可知 $es=EI-X_{min}=-0.025$，对照表 3-3 可知，基本偏差代号为 f 的轴可以满足要求。

所以轴的公差代号为 f6，其下偏差 $ei=-0.041$。

确定配合代号为 ϕ45H7/f6。

公差带图如图 4-12 所示。

(4) 验证设计结果：

所选配合 ϕ45H7/e6 为间隙配合，经计算可知：

$X_{max}=ES-ei=+0.025-(-0.041)=+0.066$，

$X_{min}=EI-es=0-(-0.025)=+0.025$，设计结果满足使用要求。

所以，确定孔、轴的配合代号为 ϕ45H7/e6。

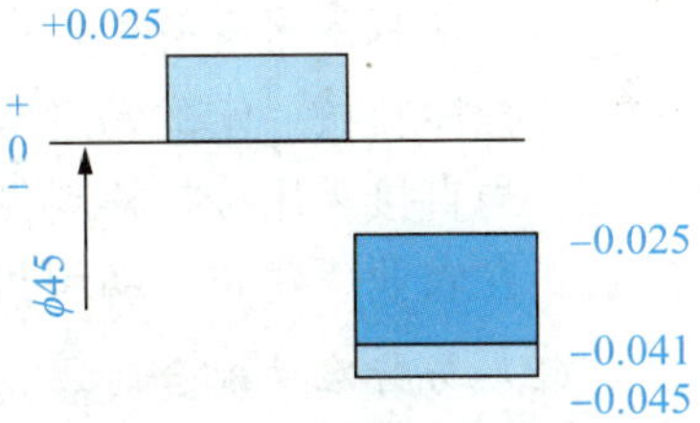

图 4-12　孔、轴公差带图
(例题 4-6)

任务 4　孔轴配合的选择与应用

任务目标

尺寸精度设计是机械设计与制造中的一个重要环节，它的主要任务是公差与配合的选择。在一个零件的基本尺寸已经确定的情况下，尺寸的公差与配合选择是否恰当，对产品的性能、质量、互换性及经济性都有着重要的影响。

知识学习

在选择零件的公差与配合时，采用的方法有三种：计算法、实验法和类比法。在实际工作中类比法应用最为广泛。

公差与配合的选择主要包括基准制、公差等级和配合种类的选择。选择的原则是在满足使用要求的前提下，获得最佳的技术经济效益。

一、基准制的选择

基准制是规定配合系列的基础，国家标准对配合规定了两种基准制度：基孔制和基轴制。设计人员可以利用基孔制或基轴制实现各种配合性质。选用基准制时，应根据零件的结构工艺性、加工经济性等方面综合考虑。

1. 一般情况下优先选用基孔制

同等精度的内孔加工比外圆加工困难、成本高，例如用一把车刀和一个砂轮就可以加工出不同尺寸、不同精度等级的轴，而加工中等尺寸的孔通常要用较贵的定值刀具，如钻头、铰刀、拉刀等。因此采用基孔制可以减少使用定值刀具、量具的数量，所以从经济的角度考虑优先选用基孔制。

2. 特殊场合选用基轴制

在一些情况下，采用基轴制配合更为合理，也更为经济。

（1）直接采用冷拉棒料做轴时。

冷拉棒料按一定的精度等级加工，其尺寸、形位误差和表面粗糙度精度达到了一定的标准，当直接采用冷拉棒料做轴时，其表面不需要再进行切削加工，可以获得明显的经济效益，在农业、建筑、纺织机械中常用。

（2）与标准件配合时。

与标准件相配合的孔或轴类零件，应根据标准件确定基准制配合。例如，当与滚动轴承相配合时，因为滚动轴承是标准件，所以滚动轴承内圈与轴的配合应选用基孔制；而滚动轴承外圈与基座孔的配合应选用基轴制。

（3）同一基本尺寸的轴上要装配几个不同配合的孔类零件时。

一些零件由于结构上的需要，同一基本尺寸的轴上要装配几个不同配合的孔类零件，此时采用基轴制更合理，否则将造成轴加工困难，甚至无法加工。

图 4-13（a）所示为发动机的活塞连杆机构，根据使用要求，活塞销轴与活塞孔采用过渡配合，连杆衬套与活塞销轴采用间隙配合。

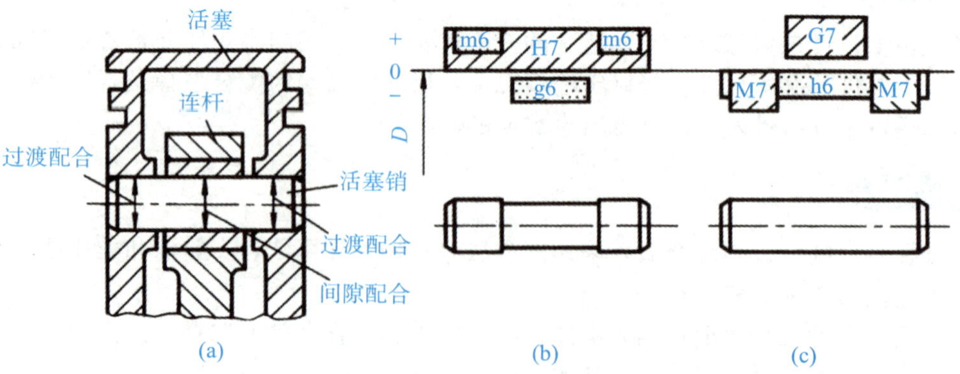

图 4-13 活塞销配合基准制选择示例

如图 4-13（b）所示，活塞销轴被加工成两头大中间小的形状，活塞销两头的直径大于连杆衬套的孔径，装配时要挤进衬套，不仅困难，还可能会刮伤孔壁的表面，这种直径相差很小的阶梯形活塞销比无阶梯的活塞销加工起来要困难得多；若采用基轴制配合，如图 4-13（c）所示，活塞销轴可制成光轴，这种选择不仅可以满足使用要求，还有利于轴的加工，并且能够保证装配质量。

3. 特殊情况下可采用非基准制配合

为了满足某些零件配合的特殊要求，允许采用任意孔、轴公差带组成的配合。例如，图 4-14 所示的轴与轴套处的配合 ϕ55D9/j6、轴承盖与孔的配合 ϕ100G7/e9，均为非基准制配合。

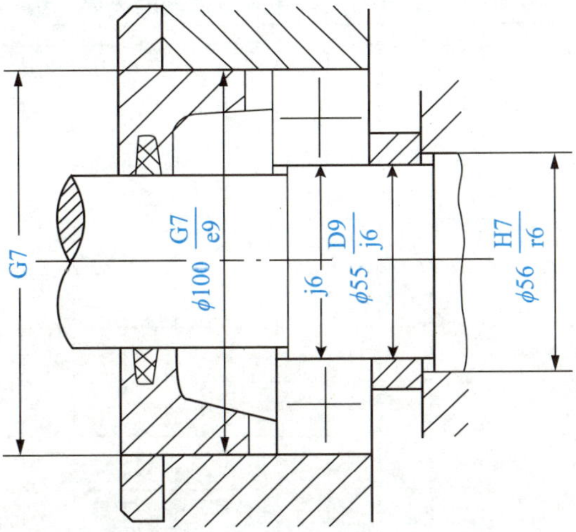

图 4-14 轴承盖、轴套处的配合

轴上的 ϕ55 轴段按与滚动轴承配合的要求选定为 ϕ55j6，而轴套与之配合起轴向定位的作用，要求定心低，为了装配方便选择间隙配合。为了便于加工、降低加工成本，内径公差等级可稍大些，因此选择 ϕ55D9/j6 配合。轴承盖与孔的配合可选用 ϕ100G7/e9。

二、公差等级的选择

公差等级的选择即确定尺寸的制造精度与加工的难易程度。合理选择公差等级是为了化解零部件的使用要求、加工工艺与制造成本之间的矛盾。选择原则是在满足使用要求的前提下，尽可能选择较低的公差等级。

在生产实践中，常用类比法确定零件的公差等级，参考经验资料，进行比较选择。用类比法选择公差等级时，需要事先了解各公差等级的应用范围和采用各种加工方法所能达到的公差等级，还要根据零件的具体结构、加工工艺、配合性质等情况进行确定。表 4-1 为公差等级的应用范围，表 4-2 为常用加工方法所能达到的公差等级，表 4-3 为常用公差等级的应用，用类比法选择公差等级时，可以参考。

表 4-1　公差等级的应用范围

应用＼公差等级	01	0	1	2	3	4	5	6	7	8	9	10	11	12	13	14	15	16	17	18
块规	—	—	—																	
量规			—	—	—	—	—	—	—											
配合尺寸							—	—	—	—	—	—	—	—	—					
特别精密零件				—	—	—	—													
非配合尺寸														—	—	—	—	—	—	—
原材料公差										—	—	—	—	—	—	—				

表 4-2　常用加工方法所能达到的公差等级

加工方法＼公差等级	01	0	1	2	3	4	5	6	7	8	9	10	11	12	13	14	15	16	17	18
研磨	—	—	—	—	—	—	—													
珩磨						—	—	—	—											
圆磨							—	—	—	—										
平磨							—	—	—	—										
金刚石车							—	—	—											
金刚石镗							—	—	—											
拉削							—	—	—	—										
铰孔								—	—	—	—	—								
精车精镗									—	—	—									
粗车												—	—	—						
粗镗												—	—	—						
铣										—	—	—	—							
刨、插												—	—							
钻削												—	—	—	—					
冲压												—	—	—	—	—				
滚压、挤压												—								
锻造																	—	—		
砂型铸造																—	—			
金属型铸造																—	—			
气割																	—	—	—	—

表 4-3 常用公差等级的应用

公差等级	应用
5 级	主要用在配合公差、形状公差要求甚小的地方，它的配合性质稳定，一般在机床、发动机、仪表等重要部位应用。例如，与 P5 级滚动轴承配合的箱体孔，与 P6 级滚动轴承配合的机床主轴，机床尾架与套筒，精密机械及高速机械中的轴径，精密丝杠轴径，等等
6 级	配合性质能达到较高的均匀性。例如，与 P6 级滚动轴承相配合的孔、轴径，与齿轮、蜗轮、联轴器、带轮、凸轮等连接的轴径，机床丝杠轴径，摇臂钻立柱，机床夹具中导向件的外径尺寸，6 级精度齿轮的基准孔，7、8 级精度齿轮的基准轴径
7 级	7 级精度比 6 级精度稍低，其应用条件与 6 级精度基本一致，在一般机械制造中应用较为普遍，例如，联轴器、带轮、凸轮等的孔径，机床夹盘座孔，夹具中的固定钻套，可换钻套，7、8 级齿轮的基准孔，9、10 级齿轮的基准轴
8 级	在机械制造中属于中等精度。例如，轴承座衬套沿宽度方向的尺寸，9～12 级齿轮的基准孔，11、12 级齿轮的基准轴
9、10 级	主要用于机械制造中的轴套外径与孔，操纵件与轴，空轴带轮与轴，单键与花键
11、12 级	配合精度很低，装配后可能产生很大间隙，适用于没有配合要求的场合。例如，机床上的法兰盘与止口，滑块与滑移齿轮，加工中工序间的尺寸，冲压加工的配合件，机床制造中的扳手孔与扳手座的连接

用类比法选择公差等级时，还需要注意以下四个方面的问题。

1. 考虑孔和轴的工艺等价性

孔和轴的工艺等价性是指孔与轴的加工难易程度应基本相同。对于中小尺寸（基本尺寸≤500mm）的零件，公差等级≤IT8 级时，孔的加工比相同尺寸相同等级的轴的加工要困难，加工成本也要高一些，因此推荐孔比轴低一级，如 H8/f7、H7/u6；当公差等级＞IT8 级时多采用同级配合，如 H9/h9、H11/c11。当基本尺寸＞500mm 时多采用同级配合，这样就可以保证孔轴工艺等价。按工艺等价性选择轴的公差等级时，可参考表 4-4。

表 4-4 按工艺等价性选择轴的公差等级

要求配合	条件：孔的公差等级	轴应选用的公差等级	实例
间隙配合、过渡配合	≤IT8 ＞IT8	轴比孔高一级 轴与孔同级	H8/f7、M7/h6 H9/d9、H11/c11
过盈配合	≤IT7 ＞IT7	轴比孔高一级 轴与孔同级	H7/p6、N7/h6 H8/s8、H11/h11

2. 考虑相关件与配合件的精度

例如，齿轮孔与轴的配合，它们的公差等级取决于相关齿轮的精度等级，与滚动轴承相配合的外壳孔和轴径的公差等级取决于相配合的滚动轴承的公差等级，确定时可参阅相关国家标准。

3. 考虑配合精度与成本

在满足使用要求的前提下，为了降低成本，应尽可能选取较低等级。为了保证配合精度，为配合尺寸选择适当的公差是极其重要的，它将决定零件的工作性能、使用寿命及使用可靠性，精度必然影响零件的制造成本和生产效率。公差等级与生产成本的关系如图 4－15 所示，在低精度区，精度略微提高，成本增加不多；但在高精度区，精度略微提高，成本急剧增加，因此应慎用高精度。

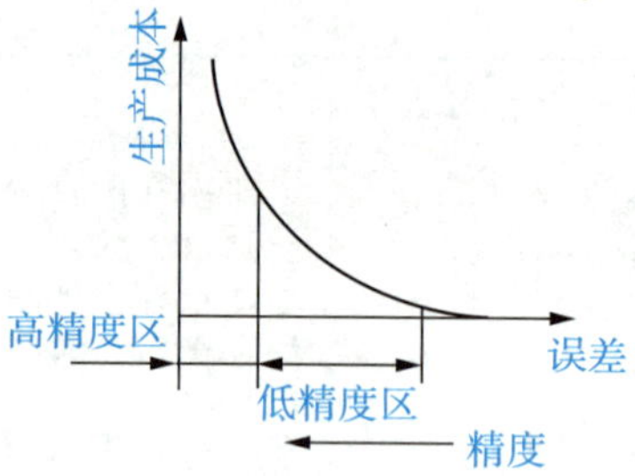

图 4－15　公差等级与生产成本的关系

4. 考虑配合性质

对于间隙配合，间隙小的精度等级应较高，间隙大的精度等级可较低。对于过盈、过渡和较紧的间隙配合，精度等级不能太低，一般孔的公差等级应不低于 IT8 级，轴的公差等级不低于 IT7 级。这是因为公差等级过低，使过盈配合的最大过盈过大，材料容易损坏；使过渡配合不能保证相配的孔、轴既装卸方便又能实现定心的要求；使间隙配合产生较大的间隙，不能满足较紧配合的要求。

在非配合制的配合中，当配合精度要求不高时，为降低成本，允许相配合零件的公差等级相差 2～3 级，例如，图 4－14 所示的轴承盖与箱体孔的配合。

三、配合的选择

国家标准规定了间隙、过渡和过盈三种配合类型，在选择配合时，要了解各种配合的特性，在确定了基准制的基础上，根据零件的使用性能、具体工作条件确定配合。

对孔、轴配合的使用要求，一般有三种情况：当孔、轴装配后有相对运动要求时，选择间隙配合；装配后需要靠过盈传递载荷时，选择过盈配合；装配后有定位精度要求或需要拆卸时，选择过渡配合。

确定配合类型后，对基本偏差的选择应尽可能选用优先配合，其次是常用配合，然后是一般配合；若仍然不能满足使用要求，可以选择任意的配合。

配合代号的选择有计算法、实验法和类比法三种。在实际生产中，大多应用类比法进行选择，即参照同类型机器或机构经过实践验证的配合的使用情况，通过对比分析设计零件的使用功能，选择确定配合。

用类比法选择配合时，要着重掌握各种配合的特征和应用场合，尤其是对国家标准所规定的常用、优先配合的特点要熟悉，不能简单照搬。表 4－5 所示为尺寸≤500mm 时，基孔制、基轴制优先配合的特征及应用，表 4－6 所示为轴的基本偏差选用说明，可供选择配合时参考。选择配合时还应考虑以下方面：工作时结合件是否有相对运动、承受载荷的大小、配合的装拆情况、配合件的长度、装配变形情况、温度变化、润滑条件、生产类型以及材料的理化性能等。根据具体条件的不同，要对结合件配合的间隙或过盈量进行适当的增减，工作情况对过盈或间隙的影响如表 4－7 所示，选择配合时可参考。

表 4-5　优先配合的特征及应用

配合类别	配合特征	配合代号	应用
间隙配合	特大间隙	$\frac{H11}{a11}\ \frac{H11}{b11}\ \frac{H12}{b12}$	用于高温工作或工作时要求大间隙的配合
	很大间隙	$\left(\frac{H11}{c11}\right)\left(\frac{H11}{d11}\right)$	用于工作条件较差、受力变形或为了便于装配而需要大间隙的配合和高温工作的配合
	较大间隙	$\frac{H9}{c9}\ \frac{H10}{c10}\ \frac{H8}{d8}\ \left(\frac{H9}{d9}\right)\ \frac{H10}{d10}\ \frac{H8}{e7}\ \frac{H8}{e8}\ \frac{H9}{e9}$	用于高速重载的滑动轴承或大直径的滑动轴承，也可用于大跨距或多支点支承的配合
	一般间隙	$\frac{H6}{f5}\ \frac{H7}{f6}\ \left(\frac{H8}{f7}\right)\ \frac{H8}{f8}\ \frac{H9}{f9}$	用于一般转速的配合，当温度影响不大时，广泛应用于普通润滑油润滑的支承处
	很小间隙	$\left(\frac{H7}{g6}\right)\ \frac{H8}{g7}$	用于精密滑动零件或缓慢间歇回转零件的配合
	很小间隙和零间隙	$\frac{H6}{g5}\ \frac{H6}{h5}\ \left(\frac{H7}{h6}\right)\ \left(\frac{H8}{h7}\right)\ \frac{H8}{h8}\ \left(\frac{H9}{h9}\right)\ \frac{H10}{h10}\ \left(\frac{H11}{h11}\right)\ \frac{H12}{h12}$	用于不同精度要求的一般定位件的配合和缓慢移动与摆动零件的配合
过渡配合	绝大部分有微小间隙	$\frac{H6}{js5}\ \frac{H7}{js6}\ \frac{H8}{js7}$	用于易装拆的定位配合或加紧固件后可传递一定的静载荷的配合
	大部分有微小间隙	$\frac{H6}{k5}\ \left(\frac{H7}{k6}\right)\ \frac{H8}{k7}$	用于稍有振动的定位配合，加紧固件可传递一定的载荷，装拆方便，可用木锤敲入
	大部分有微小过盈	$\frac{H6}{m5}\ \frac{H7}{m6}\ \frac{H8}{m7}$	用于定位精度较高且能抗振的定位配合。加键可传递较大载荷。可用铜锤敲入或小压力压入
	绝大部分有微小过盈	$\left(\frac{H7}{n6}\right)\ \frac{H8}{n7}$	用于精度定位或紧密组合件的配合。加键能传递大力矩或冲击性载荷，只在大修时拆卸
	绝大部分有较小过盈	$\frac{H8}{p7}$	加键后能传递很大的力矩，且承受振动和冲击的配合。装配后不再拆卸
过盈配合	轻型	$\frac{H6}{n5}\ \frac{H6}{p5}\ \left(\frac{H7}{p6}\right)\ \frac{H6}{r5}\ \frac{H7}{r6}\ \frac{H8}{r7}$	用于精确的定位配合，一般不能靠过盈传递力矩，要传递力矩尚需加紧固件
	中型	$\frac{H6}{s5}\ \left(\frac{H7}{s6}\right)\ \frac{H8}{s7}\ \frac{H6}{t5}\ \frac{H7}{t6}\ \frac{H8}{t7}$	不需加紧固件就可传递较小的力矩和轴向力。加紧固件后可承受较大载荷或动载荷的配合
	重型	$\left(\frac{H7}{u6}\right)\ \frac{H8}{u7}\ \frac{H7}{v6}$	不需加紧固件就可传递和承受大力矩和动载荷的配合。要求零件材料的强度高
	特重型	$\frac{H7}{x6}\ \frac{H7}{y6}\ \frac{H7}{z6}$	能传递与承受很大的力矩和动载荷的配合，须经过试验才可应用

注：①括号内的配合为优先配合。
②国家标准规定的 44 种基轴制配合的应用与本表中的同名配合相同。

表 4-6　轴的基本偏差选用说明

配合	基本偏差	特性及应用
间隙配合	a、b	可得到特别大的间隙，应用很少
	c	可得到很大的间隙，一般适用于缓慢、松弛的动配合，用于工作条件较差（或农业机械）、受力变形或为了便于装配而必须有较大的间隙的场合。也用于热动间隙配合
	d	适用于松的转动配合，如密封、滑轮、空转皮带轮与轴的配合，也适用于大直径滑动轴承配合及重型机械中的滑动支承配合。多用 IT7～IT11 级
	e	适用于要求有明显间隙、易于转动的支承配合，如大跨距支承、多支点支承等配合。高等级的 e 轴适用于大、高速、重载支承。多用 IT7～IT9 级
	f	适用于一般转动配合，广泛用于普通润滑油（或润滑脂）润滑的轴承，如齿轮箱、小电动机、泵等的转轴与滑动支承的配合。多用 IT6～IT8 级
	g	配合间隙很小，制造成本高，除很轻负荷的精密装置外，不推荐用于转动配合。适合不回转的精密滑动配合，也用于插销等定位配合。多用 IT5～IT7 级
	h	广泛用于无相对转动的零件，作为一般的定位配合；若没有温度、变形的影响，也用于精密滑动配合。多用 IT4～IT11 级
过渡配合	js	平均间隙较小，多用于要求间隙比 h 小，并允许略有过盈的定位配合，如联轴节、齿圈、钢制轮毂等，一般可用手或木锤装配。多用 IT4～IT7 级
	k	平均间隙接近于零，推荐用于要求稍有过盈的定位配合，例如为消除振动采用的定位配合。一般可用木锤装配。多用 IT4～IT7 级
	m	平均过盈较小，适用于不允许活动的精密定位配合。一般可用木锤装配。多用 IT4～IT7 级
	n	平均过盈比 m 稍大，很少得到间隙，适用于定位要求较高且不常装拆的配合，用锤或压力机装配。多用 IT4～IT7 级
过盈配合	p	用于小过盈配合。与 H6 或 H7 配合时是过盈配合，而与 H8 配合时为过渡配合。对于非铁类零件，为轻的压入配合；对于钢、铸铁、铜-钢组件的装配，为标准压力配合。多用 IT5～IT7 级
	r	用于传递大扭矩或受冲击载荷需要加键的配合。对于铁类零件，为中等打入配合；对于非铁类零件，为轻的打入配合。多用 IT5～IT7 级
	s	用于钢制和铁制零件的永久性和半永久性结合，可产生相当大的结合力。用压力机或热胀冷缩法装配。多用 IT5～IT7 级
	t～z	过盈量依次增大，除 u 外，一般不推荐

表 4-7　工作情况对过盈或间隙的影响

具体情况	过盈增或减	间隙增或减
材料强度低	减	—
经常拆卸	减	—
有冲击载荷	增	减
工作时孔温高于轴温	增	减

续表

具体情况	过盈增或减	间隙增或减
工作时轴温高于孔温	减	增
配合长度增大	减	增
配合面形状和位置误差增大	减	增
装配时可能歪斜	减	增
旋转速度增高	增	增
有轴向运动	—	增
润滑油黏度增大	—	增
表面趋向粗糙	增	减
单件生产相对于成批生产	减	增

任务 5　公差配合选择应用实例

任务目标

学习公差配合选择的应用实例，了解整个过程。

知识学习

一、用计算法选择孔轴公差配合

例题 4-7　有一孔轴配合，基本尺寸为 ϕ30mm，要求配合极限在−0.025～+0.015mm，试用计算法确定孔轴的公差等级和配合种类。

解：(1) $T_f=0.015-(-0.025)=0.040$

又因为 $T_f=T_D+T_d=0.040$

试选 IT6=0.013IT7=0.021

(2) 因为没有特殊要求，所以优先选用基孔制。

在一般情况下孔比轴低一级，则孔的尺寸定为 ϕ30H7。

(3) 该配合为过渡配合，则其特征数值为 X_{max}、Y_{max}。

由于：$X_{max}=ES-ei$，$Y_{max}=EI-es$

判断出轴的偏差范围为+0.006～0.025mm。

(4) 查表知 m 基本偏差为+0.008，则选取轴为 ϕ30m6。

$es=0.021$，$ei=+0.008$

(5) 则所选取的配合代号为 ϕ30H7/m6。

(6) 公差带图如图 4-16 所示。

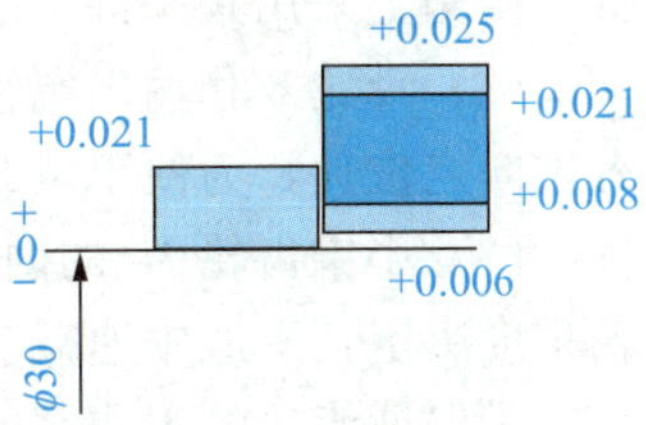

图 4-16　孔、轴公差带图
(例题 4-7)

（7）根据公差带图判断：

$X_{max}=0.013-0.008=0.005mm$

$Y_{max}=0-(0.021)=-0.021mm$

处于所要求的范围内，所以 $\phi30H7/m6$ 满足要求。

二、用类比法选择减速器的公差配合

例题 4－8 锥齿轮减速器如图 4－17 所示，已知传递的功率 $P=100kW$，中速轴转速 $n=750r/min$，稍有冲击，在中小型工厂小批生产。

试选择确定以下四处的公差等级和配合：

（1）联轴器 1 和输入端轴颈 2；

（2）带轮 8 和输出端轴颈；

（3）小锥齿轮 10 和轴颈；

（4）套杯 4 外径和箱体 6 座孔。

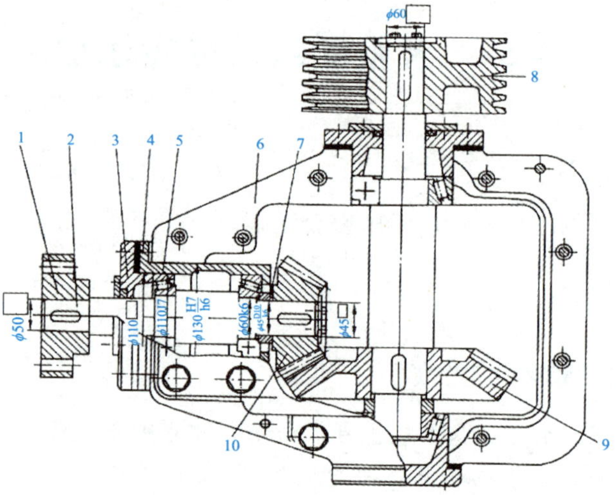

图 4－17 减速器图（例题 4－8）

解： 由于四处配合均无特殊的要求，所以优先采用基孔制。

（1）联轴器 1 是固定式刚性联轴器，用精制螺栓连接，为防止偏斜产生附加载荷，要求有较好的对中性。联轴器是中速轴上的重要配合件，由图 4－17 知无轴向附加定位装置，结构上采用紧固件，故此处选用过渡配合 $\phi50H7/m6$。

（2）带轮 8 和输出端轴颈配合，因是挠性件传动，定心精度要求相对较低，并且设计有轴向定位件，为便于装卸可选用 $\phi60H8/h8$。

（3）小锥齿轮 10 的内孔和轴颈配合是影响齿轮传动的重要配合，内孔公差等级由齿轮精度决定，一般中速减速器齿轮精度为 8 级，因此确定基准孔为 IT7。

为保证齿轮的工作精度和啮合性能，传递负载的齿轮和轴的配合要求准确对中，一般情况下选用过渡配合加紧固件，可供选用的配合有 H7/js6、H7/k6、H7/m6、H7/n6、H7/p6 等，选择时主要考虑具体工作条件，如装卸要求、载荷大小、有无冲击振动、转速高低等。本题为中速、中载、稍有冲击、小批量生产，故选用 ϕ45H7/k6。

(4) 套杯 4 外径和箱体孔的配合也是影响齿轮传动性能的重要部位，要求能够准确定心。考虑到为调整锥齿轮间隙而轴向移动的要求，为方便调整，选用最小间隙为零的间隙定位配合 ϕ130H7/h6。

知识巩固

4-1：判断题

(1) 公差就是零件尺寸允许的最大偏差。 (　　)

(2) 公差值越小的零件，越难加工。 (　　)

(3) 为实现互换性，公差值规定得越小越好。 (　　)

(4) 尺寸的基本偏差可正可负，一般取正值。 (　　)

(5) 最大实体尺寸是孔、轴最小极限尺寸的统称。 (　　)

(6) 配合公差总是大于孔或轴的尺寸公差。 (　　)

(7) 孔或轴的加工精度越高，配合精度就越高。 (　　)

(8) 零件的实际尺寸越接近基本尺寸，精度越高。 (　　)

(9) 过渡配合可能是间隙配合或过盈配合。 (　　)

(10) 如果孔的实际尺寸小于与其结合的轴的实际尺寸，一定形成过盈配合。 (　　)

4-2：查表确定下列各孔、轴公差带的极限偏差，画出公差带图，说明配合性质及基准制，并计算极限盈隙值。

(1) ϕ85H7/g6　　(2) ϕ45N7/h6　　(3) ϕ65H7/u6

(4) ϕ110P7/h6　　(5) ϕ50H8/js7　　(6) ϕ40H8/h8

4-3：有一基本尺寸为 ϕ75mm 的配合，经计算确定其间隙应为 0.025～0.110mm，若采用基孔制，试确定配合的孔、轴公差带代号，并画出其尺寸公差带图。

4-4：基本尺寸为 ϕ30mm 的配合，为保证装拆方便和对中心的要求，其最大间隙和最大过盈均不得大于 0.020mm。试确定配合的孔、轴公差带代号，并画出其尺寸公差带图。

项目 4

零件的形位公差

项目描述

本项目首先让学生了解零件的形位公差规定、形状公差带及其检测要求。掌握阶梯轴形状公差检测（圆度、圆柱度），盘套类形状公差检测（直线度、平面度），理解位置公差带及其检测要素（基准），掌握阶梯轴位置公差检测（同轴度、垂直度）方法，了解壳体类零件位置度检测（位置度、平行度、轮廓度）。学会使用常用的检测工具。

零件形位公差的检测与应用

教学目标

1. 知识目标

- 了解零件加工误差形成的原因。
- 掌握测量器具的常用技术性能指标。
- 熟悉检测计划的内容及制订流程。

2. 能力目标

- 能够理解零件的形位公差规定、形状公差带及其检测要求；
- 能够掌握阶梯轴形状公差检测及盘套类形状公差检测的方法；
- 能够掌握位置公差带及其检测要素，掌握阶梯轴位置公差检测的方法；
- 学会使用常用的测量器具对实际工件进行检测。

素养提升

港珠澳大桥采用桥、岛、隧结构，为世界最长的跨海大桥，其建设工程具有规模大、工期短，技术新、经验少，工序多、专业广，要求高、难点多的特点。港珠澳大桥的隧道采用沉管技术，这项技术能使隧道在 120 年内不漏水。要想达到沉管技术的要求，必须利用机械制造的“精度”来实现沉管隧道的吊装和连接。

“精度”是机械制造中的重要概念，机械加工一般要求精度到“丝”，一丝即为 0.01mm。港珠澳大桥沉管在对接过程中应用了自主研发设计的起重船“振华 30”、神舟飞船与空间站交会对接技术、海洋监测系统等。这些先进技术的实现，离不开机械加工的精度。

任务 1　形位公差的规定

任务目标

机械零件几何要素的形状和位置精度是该零件的质量指标，其在很大程度上影响该零件的质量和互换性，也影响整个机械产品的质量。为了保证机械产品的质量和零件的互换性，应该在零件图纸上给出形状和位置公差（简称形位公差），规定零件加工时产生的形状和位置误差（简称形位误差）的允许变动范围，并按零件图纸上给出的形位公差来检测形位误差。

知识学习

我国已发布一系列“形状和位置公差”国家标准：GB/T 17851—2022《产品几何技术规范（GPS）几何公差 基准和基准体系》、GB/T 4249—2018《产品几何技术规范（GPS）基础 概念、原则和规则》、GB/T 17773—1999《形状和位置公差 延伸公差带及其表示法》、GB/T 17852—2018《产品几何技术规范（GPS）几何公差 轮廓度公差标注》、GB/T 1184—1996《形状和位置公差 未注公差值》等。在形位误差检测方面，我国也发布了一系列国家标准和行业标准，如 GB/T 1958—2017《产品几何技术规范（GPS）几何公差 检测与验证》和直线度、平面度、圆度、同轴度误差检测标准以及位置量规标准等。

一、形位公差的相关概念

几何要素指构成零件几何特征的点、线、面，是形位公差的研究对象。如图 5－1 所示，零件的球面、圆锥面、平面、圆柱面、球心、轴线、素线、顶尖点等为该零件的几何要素。几何要素可从不同角度进行分类。

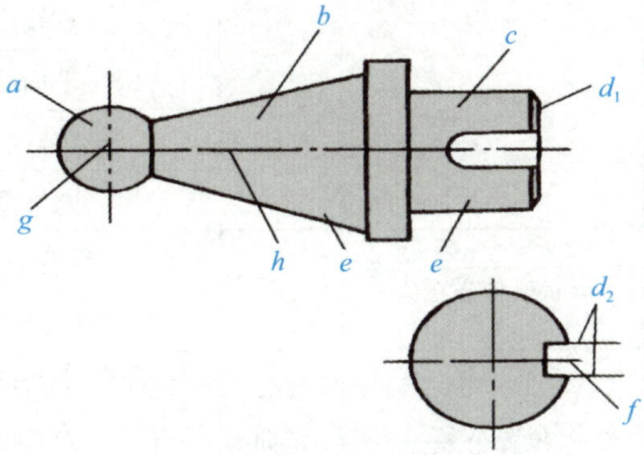

图 5－1　轮廓要素及中心要素

1. 按几何结构特征

几何要素按几何结构特征分为轮廓要素和中心要素，轮廓要素是构成零件内外表面的要素，如图 5－1 中的球面、圆锥面、圆柱面素线、圆锥面素线和顶尖点等；中心要素是轮廓要素对称中心所表达的要素，如图 5－1 中的球心、轴线等。

2. 按存在状态

几何要素按存在状态分为理想要素和实际要素。零件上实际存在的要素，即加工后得到的要素，称为实际要素。图纸上给定的点、线、面的理想状态，即为理想要素。零件在加工时，由于各种原因会产生几何误差，测量时一般由测得要素代替实际要素。由于存在测量误差，故测得要素并非要素的真实情况。

3. 按在形位公差中所处的地位

几何要素按在形位公差中所处的地位分为被测要素和基准要素。零件图纸上给出形状或位置要求的要素，称为被测要素，如图 5－2 中左段外圆和 $\phi 30$ 圆柱面的轴线为被测要素；基准要素是用来确定被测要素的方向或（和）位置的要素。理想基准要素简称为基准，如图 5－2 中 $\phi 16$ 圆柱孔的轴线。

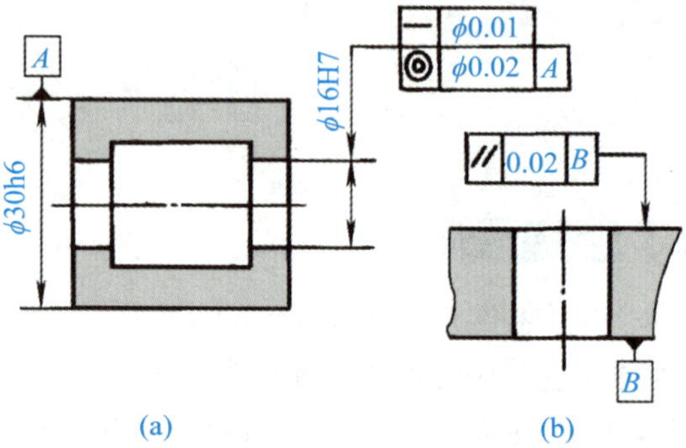

图 5－2　基准要素和被测要素

4. 按功能关系

几何要素按功能关系分为单一要素和关联要素。仅对被测要素本身给出形状要求的要素为单一要素，如图 5－2 中 $\phi 30$ 的圆柱面为单一要素；关联要素是与零件上其他要素有功能关系的要素。所谓功能关系，是指要素间具有某种确定的方向和位置关系，如图 5－2 中 $\phi 16$ 圆柱的轴线给出了与 $\phi 30$ 圆柱同轴度的功能要求。

二、形位公差的特征项目和符号

形位公差分为形状公差和位置公差两类。国家标准规定了形位公差的特征项目和符号共 14 项，如表 5－1 所示。

表 5－1　形位公差的特征项目和符号

公差		特征项目	符号	有或无基准要素
形状公差	形状	直线度	—	无
		平面度	▱	无
		圆度	○	无
		圆柱度	⌭	无
形状或位置公差	轮廓	线轮廓度	⌒	有或无
		面轮廓度	⌓	有或无
位置公差	定向	平行度	//	有
		垂直度	⊥	有
		倾斜度	∠	有

续表

公差		特征项目	符号	有或无基准要素
位置公差	定位	位置度	⌖	有或无
		同轴（同心）度	◎	有
		对称度	⌯	有
	跳动	圆跳动	↗	有
		全跳动	⌰	有

三、形位公差的标注

在技术图纸中，用形位公差代号标注零件的形位公差要求，能更好地表达设计意图，使操作人员对工艺、检测有统一的理解，从而更好地保证产品的质量。

形位公差代号由两格或多格的矩形方框组成，且在从左至右的格中依次显示形位公差特征项目的符号、形位公差值和有关符号、基准代号和有关符号等，如图 5－3 所示。

形位公差方框的第一、二格，分别填写公差特性符号、公差值及有关符号（如公差带是圆形或圆柱形时，公差值前加注 ϕ；如为球形时则加注 $S\phi$）。形位公差方框根据功能要求可增至 3～5 格，用来填写表示基准或基准体系的字母和有关符号。例如，当有 6 个要素作为被测要素，应在框格上方标明“6×”“6 槽”等。当对同一要素有一个以上的公差项目要求时，可将一个框格放在另一个框格的下面。

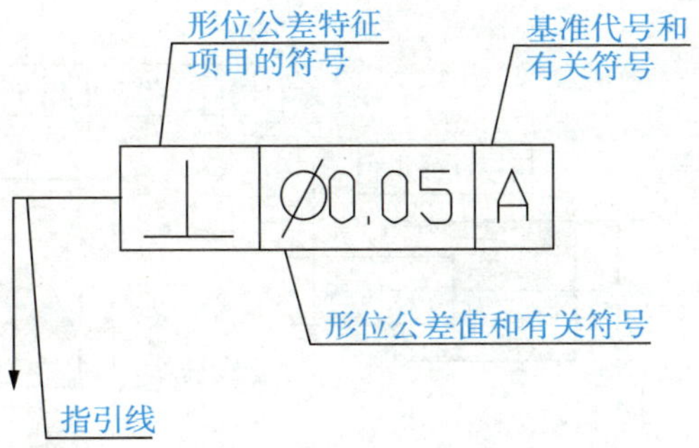

图 5－3　形位公差代号

1. 单一被测要素的标注

被测要素由指引线与形位公差代号相连。指引线用细实线表示，可用折线，弯折不能超过 2 次。其一端接方框，另一端为箭头，并垂直指向被测要素或其延长线。当箭头正对尺寸线时，被测要素是中心要素，否则为轮廓要素。

（1）轮廓要素的标注如图 5－4 所示，轮廓面的标注如图 5－4（a）所示，轮廓线的标注如图 5－4（b）所示，面的标注如图 5－5 所示。

（2）被测要素为中心线、中心面、中心点时的标注如图 5－6 所示。

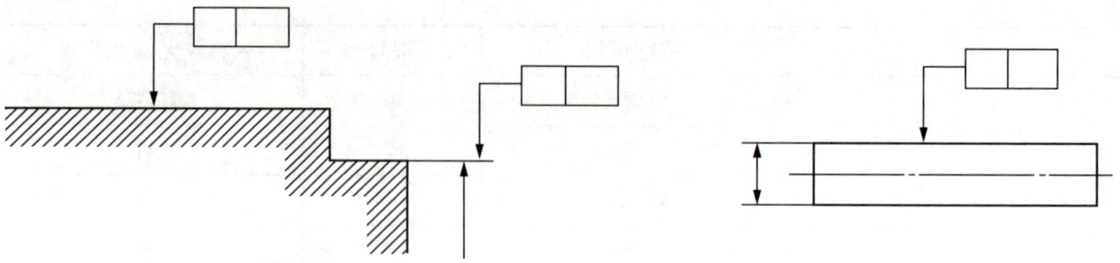

图 5-4 轮廓面、轮廓线的标注

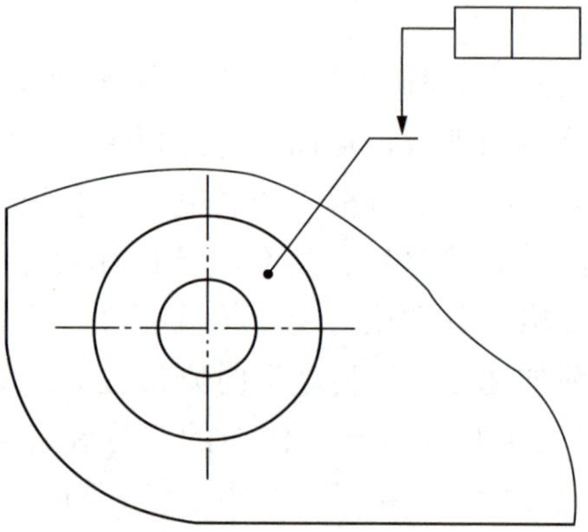

图 5-5 面的标注

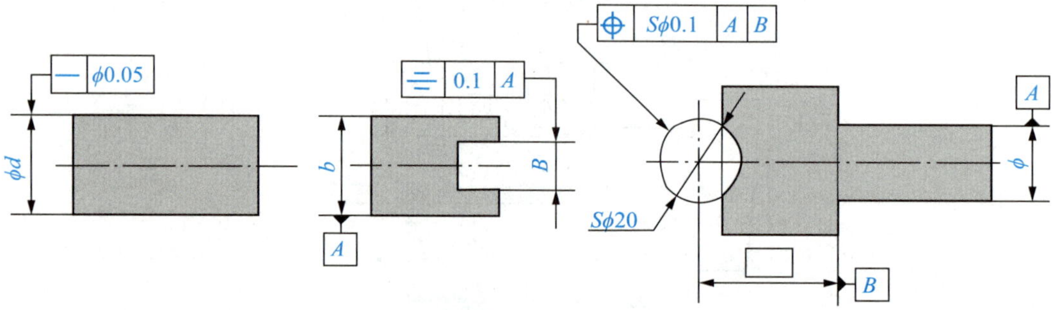

图 5-6 中心线、中心面、中心点的标注

2. 关联被测要素的标注

当多个被测要素有相同的形位公差（单项或多项）要求时，可以在从框格引出的指引线上绘制多个指示箭头，并分别与被测要素相连，如图 5-7（a）所示。用同一公差带控制几个被测要素时，应在框格中注明“共面”或“共线”，如图 5-7（b）所示。

当同一个被测要素有多项形位公差要求时，其标注方法又一致的情况下，可将这些框格绘制在一起，并引用一根指引线，如图 5-8 所示。

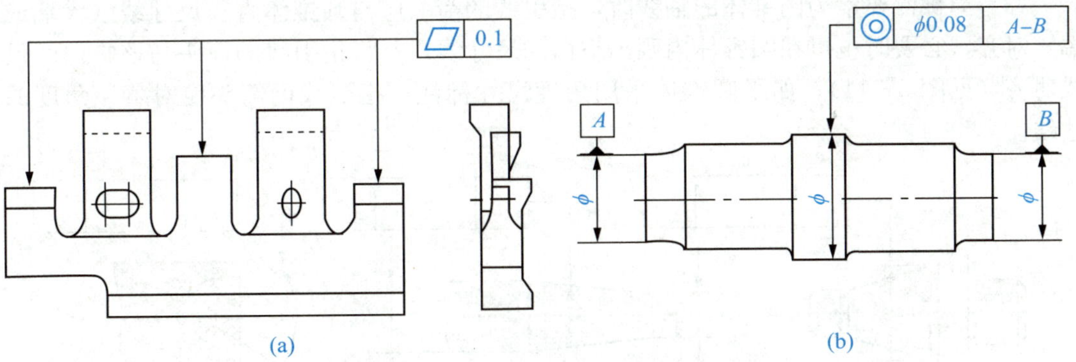

图5-7　不同要素有相同要求的标注

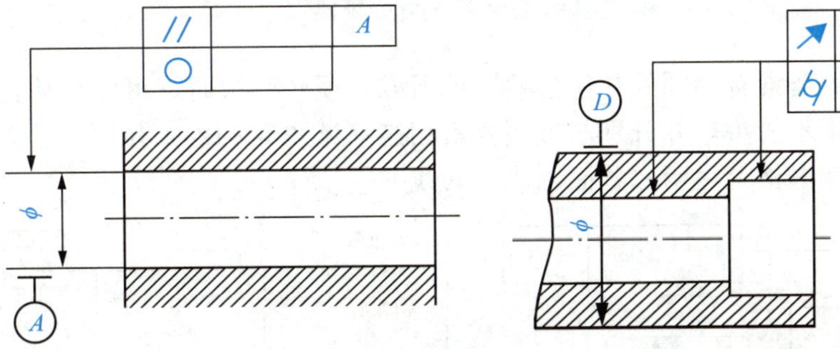

图5-8　同一要素的多项要求标注

3. 被测要素的主要标注方法

(1) 当被测要素为轮廓要素时（见图5-9），指引线的箭头应指在该要素的轮廓线或其引出线上，并与尺寸线明显地错开（应与尺寸线至少错开4mm）。

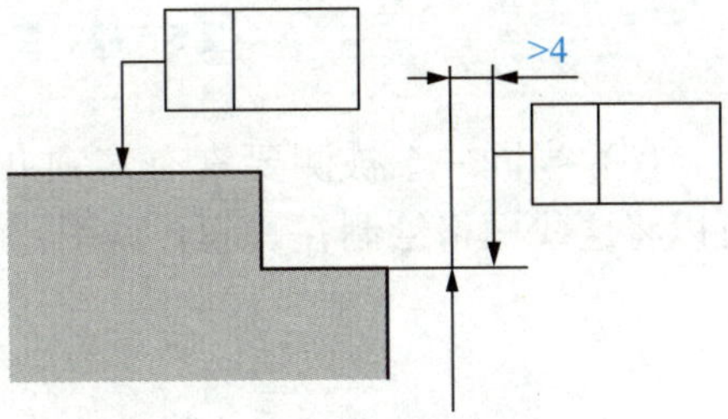

图5-9　轮廓要素的标注

(2) 当被测要素为中心要素时（见图5-10），指引线的箭头应与被测要素的尺寸线对齐，当指引线的箭头与尺寸线的箭头重叠时，可代替尺寸线的箭头，指引线的箭头不允许直接指向中心线。

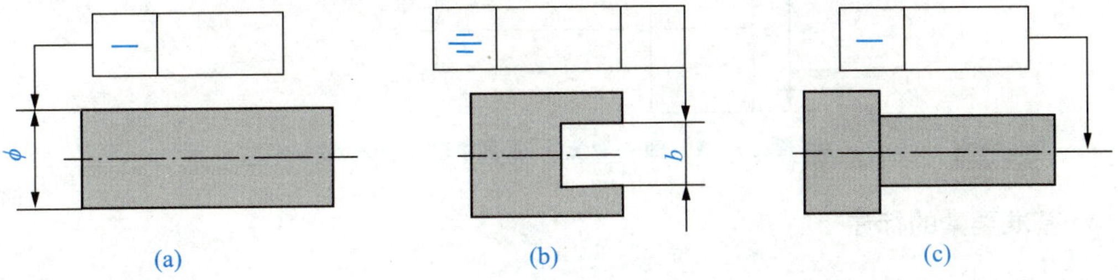

图5-10　中心要素的标注

(3) 当被测要素为圆锥体的轴线时，指引线的箭头应与圆锥体直径尺寸线（大端或小端）对齐，必要时也可在圆锥体内画出空白的尺寸线，并将指引线的箭头与该空白的尺寸线对齐（见图 5-11）；如果圆锥体采用角度尺寸标注，指引线的箭头应对着该角度的尺寸线。

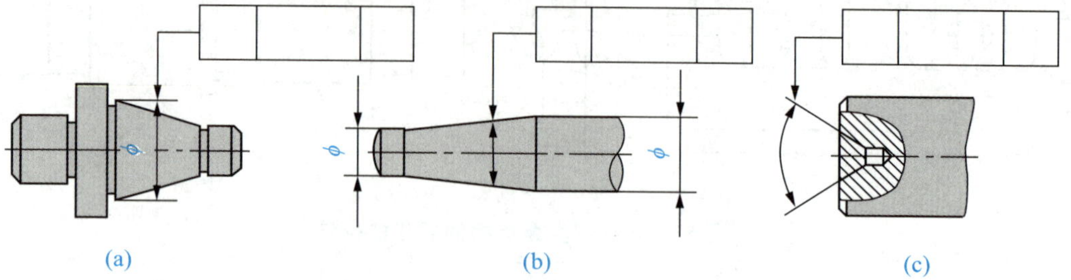

图 5-11　圆锥体轴线的标注

(4) 当多个被测要素有相同的几何公差（单项或多项）要求时，可以在从框格引出的指引线上绘制多个指示箭头，并分别与被测要素相连（见图 5-12）；用同一公差带控制几个被测要素时，应在框格上注明“共面”或“共线”。

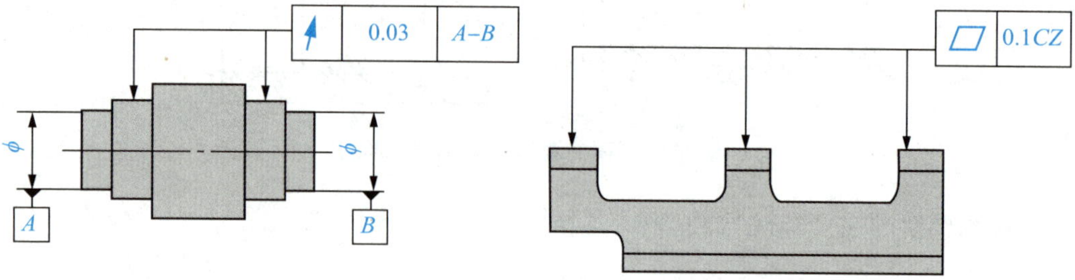

图 5-12　多个被测要素有相同的要求的标注

(5) 当同一个被测要素有多项几何公差要求（见图 5-13）且其标注方法又一致时，可以将这些框格绘制在一起，并引用一根指引线。

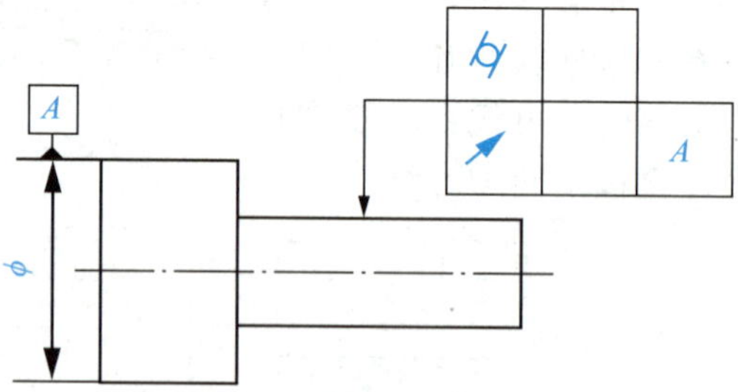

图 5-13　同一要素多项要求的简化标注

4. 基准要素的标注

零件若有位置公差要求，在图纸上必须注明基准代号，并在框格中注明基准代号的字母。如图 5-14 所示，基准代号由基准符号、连线和带大写字母的正方形组成。

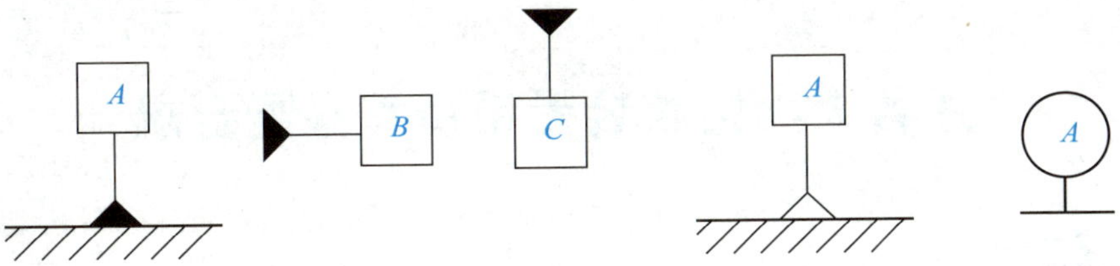

(a)　(b)　(c)

图 5 - 14　基准代号的标注

(1) 当基准要素为轮廓线和表面时，基准代号应标注在该要素的轮廓线或其引出线上，并应与尺寸线明显地错开。基准代号标注在轮廓的引出线上时，可以放置在引出线的任意一侧，但基准代号的短线不能直接与公差框格相连，如图 5 - 15 所示。

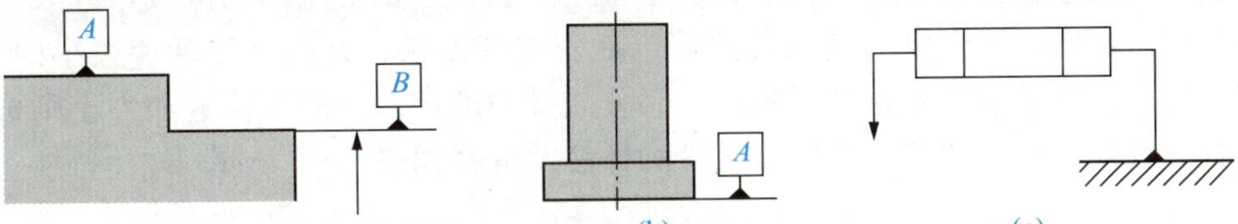

(a)　(b)　(c)

图 5 - 15　轮廓基准要素的标注

(a)、(b) 为正确标注　(c) 为错误标注

(2) 当基准要素是轴线、中心面或由带尺寸的要素确定的点时，基准代号的连线应与该要素的尺寸线对齐，见图 5 - 16 (a)；当基准代号与尺寸线的箭头重叠时，可代替尺寸线的一个箭头，见图 5 - 16 (b)。

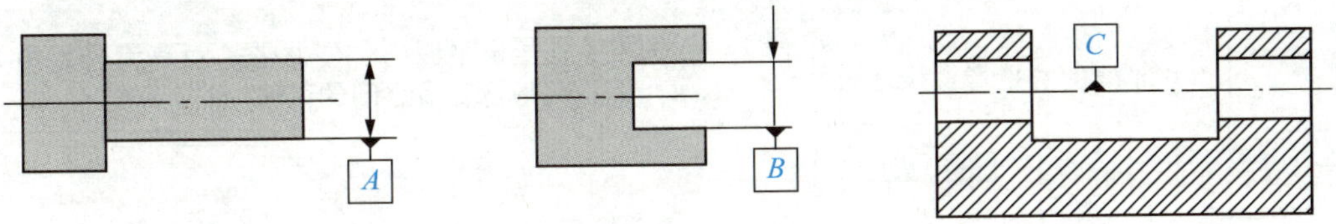

(a)　(b)　(c)

图 5 - 16　中心基准要素的标注

(a)、(b) 为正确标注　(c) 为错误标注

(3) 当基准要素为中心孔或圆锥体的轴线时，应按图 5 - 17 所示的方法标注。

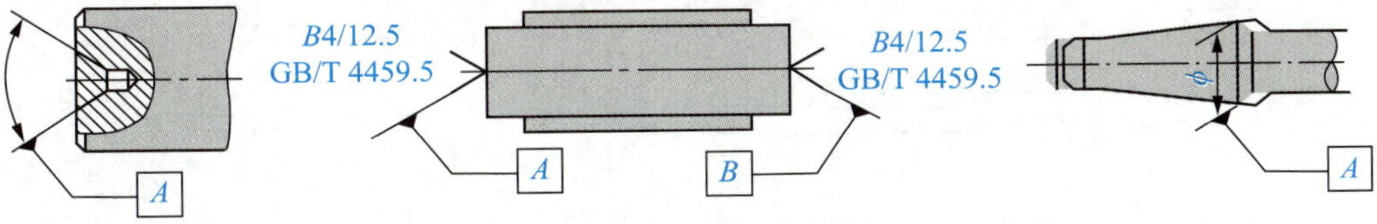

(a)　(b)　(c)

图 5 - 17　中心孔和圆锥体轴线为基准要素的标注

任务2 形状公差带及其检测要求

任务目标

零件单个表面形状的要求和检测要求。

知识学习

一、形状公差与公差带

形状公差用形状公差带表达。形状公差带是限制实际要素变动的区域，如果零件的实际要素在该区域内，为合格。形位公差带包括公差带形状、方向、位置和大小四个因素，其公差值用公差带的宽度或直径来表示，而公差带的形状、方向、位置和大小则根据要素的几何特征及功能要求而定。形状公差带的标注及解释如表5-2所示。

表5-2 形状公差带的标注及解释

公差项目	标注及解释	公差带说明
直线度	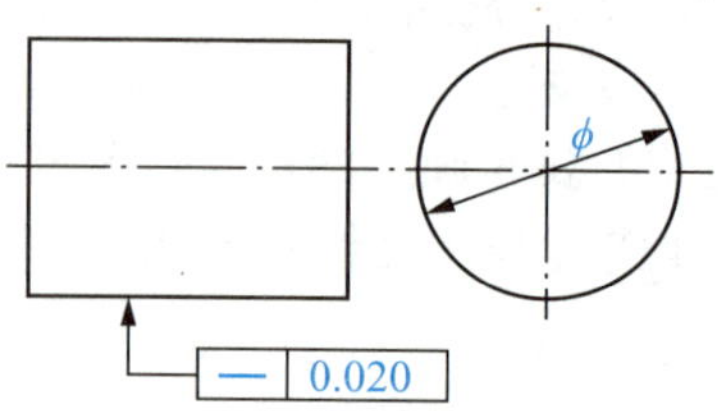 圆柱面的素线必须位于距离为公差值0.02mm的两平行直线之间	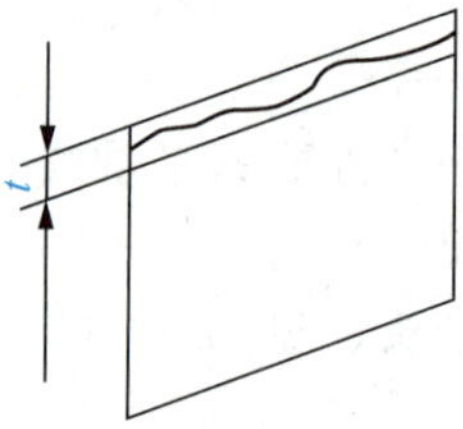 在给定平面内，公差带是距离为公差值 t 的两平行直线之间的区域
	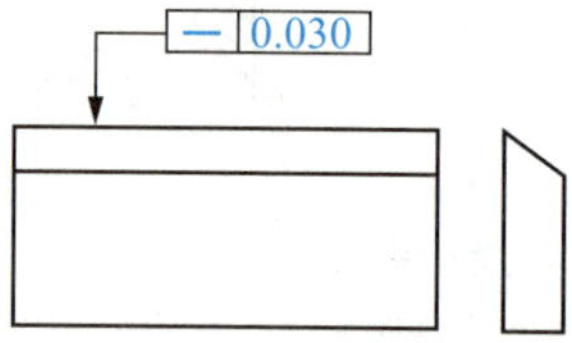 棱线必须位于距离为公差值0.03mm的两平行平面之间	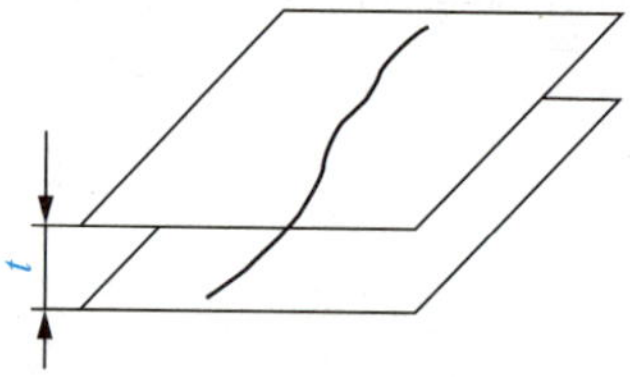 在给定方向上，公差带为两平行平面之间公差值为 t 的区域
	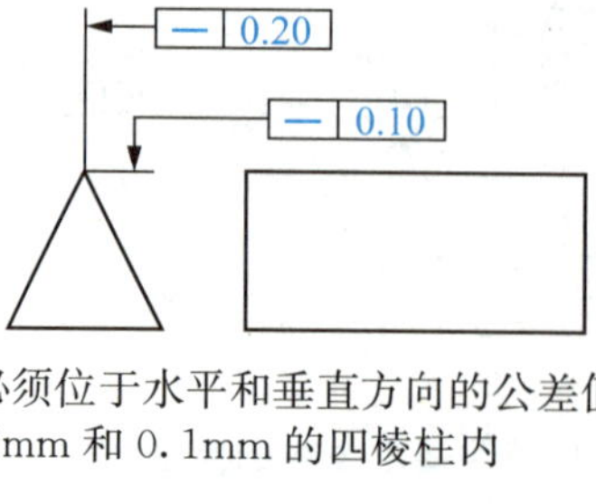 棱线必须位于水平和垂直方向的公差值分别为0.2mm和0.1mm的四棱柱内	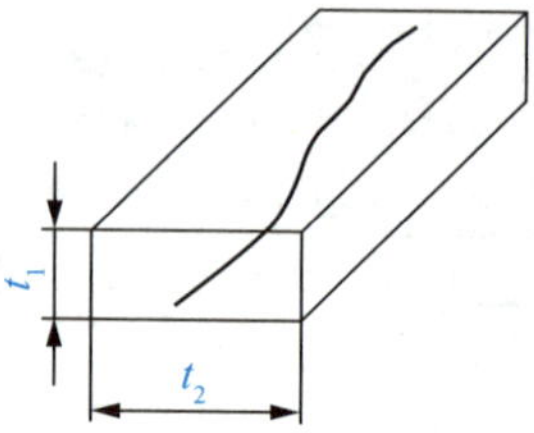 在给定的两个方向上，公差带是正截面为 $t_1 \times t_2$ 的四棱柱内的区域

续表

公差项目	标注及解释	公差带说明
直线度	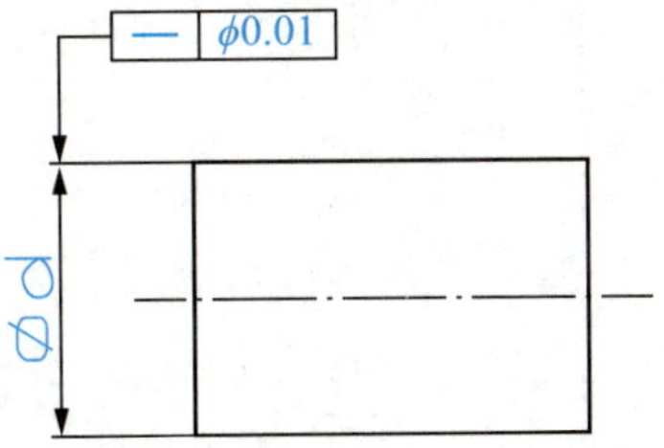 圆柱体轴线必须位于直径为 φ 0.01mm 的圆柱面内	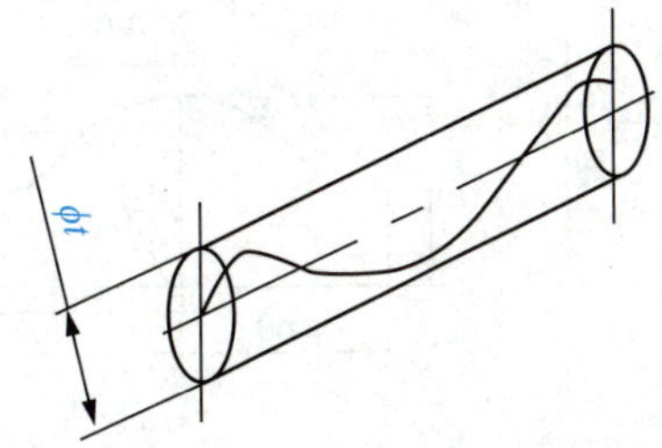 公差是直径为公差值 t 的圆柱面内的区域
平面度	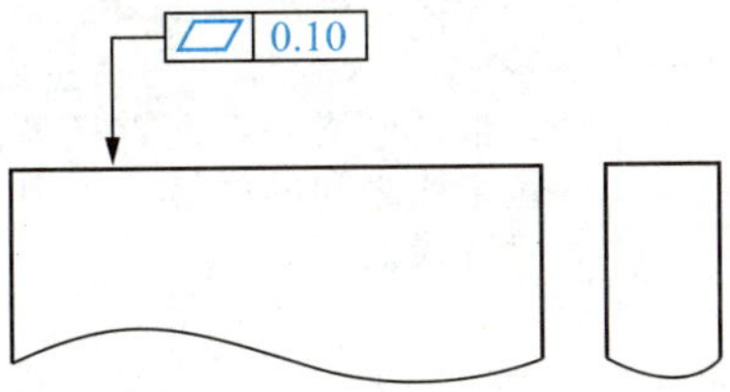 被测表面必须位于距离为公差值 0.10mm 的两平行平面内	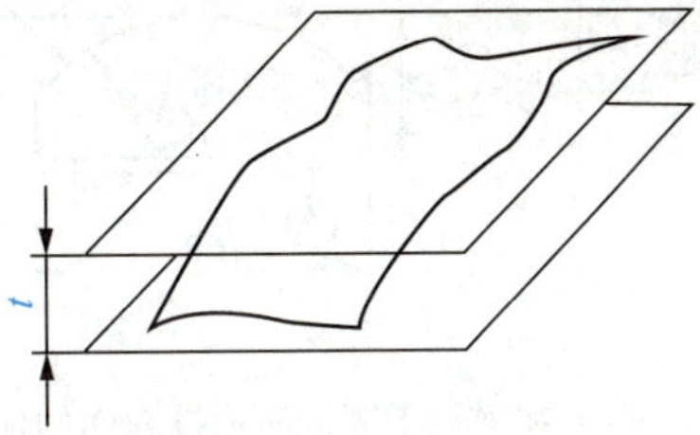 公差是距离为公差值 t 的两平行平面之间的区域
圆度	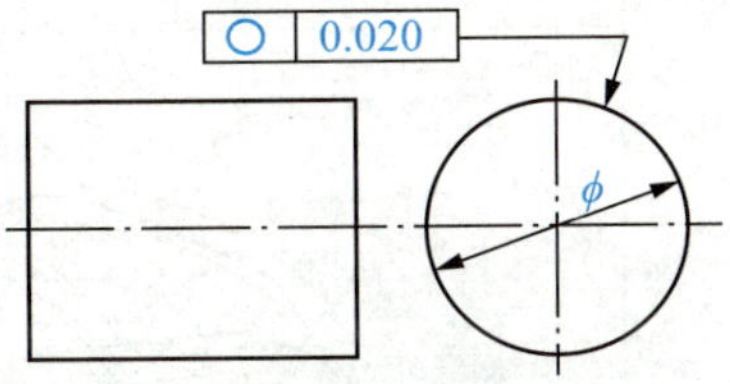 圆柱面任一正截面的圆周必须位于半径差为公差值 0.020mm 的两同心圆之间 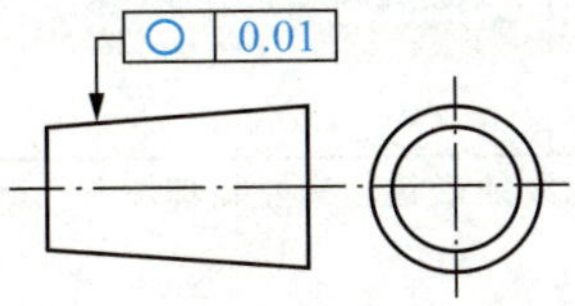 圆锥面任一正截面上的圆周必须位于半径为 0.01mm 的两同心圆之间	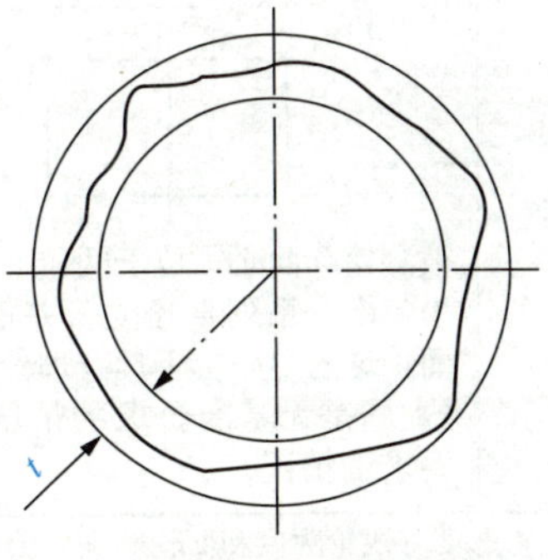 公差带是垂直于轴线的任意正截面上半径差为公差值 t 的两同心圆之间的区域
圆柱度	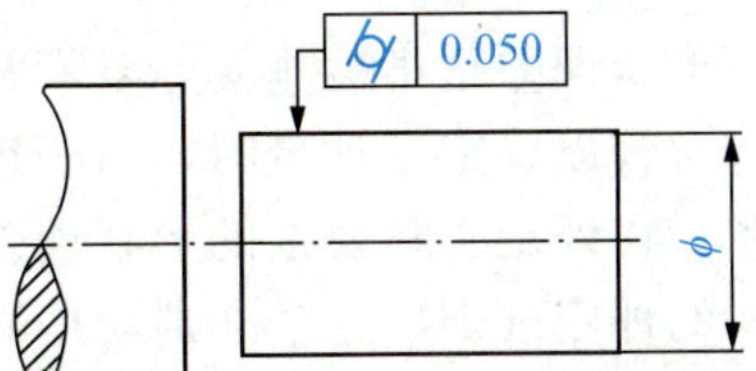 被测圆柱面必须位于半径差为公差值 0.05mm 的两同轴圆柱面之间	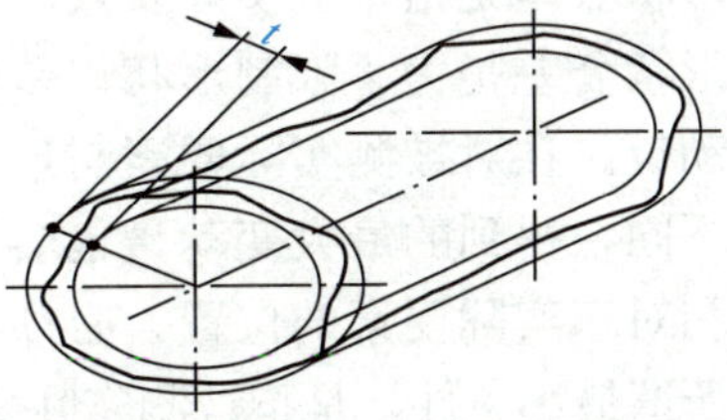 公差带是半径差为公差值 t 的两同轴圆柱面之间的区域

续表

公差项目	标注及解释	公差带说明
线轮廓度	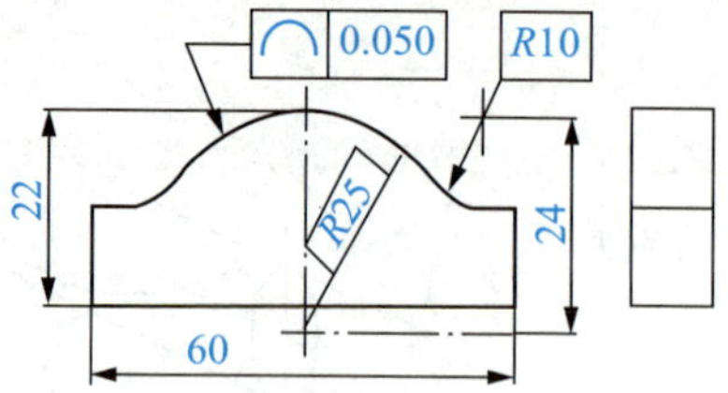 无基准 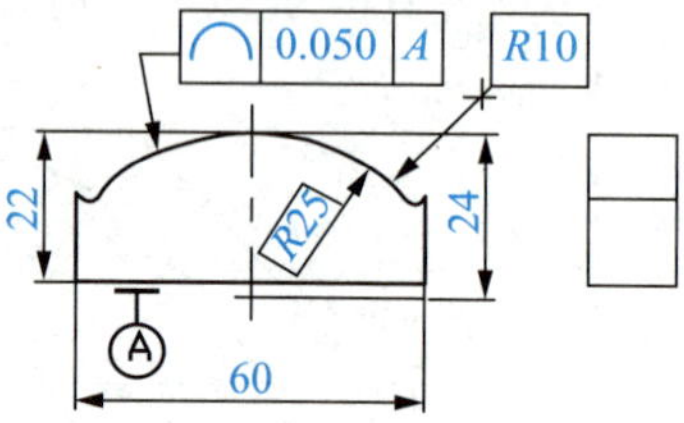 有基准 在平行于图纸所示投影面的任一截面上，被测轮廓线必须位于两包络线之间，两包络线为包络一系列直径为公差值 0.05mm 的圆的线，圆的中心位于具有理论正确几何形状的线	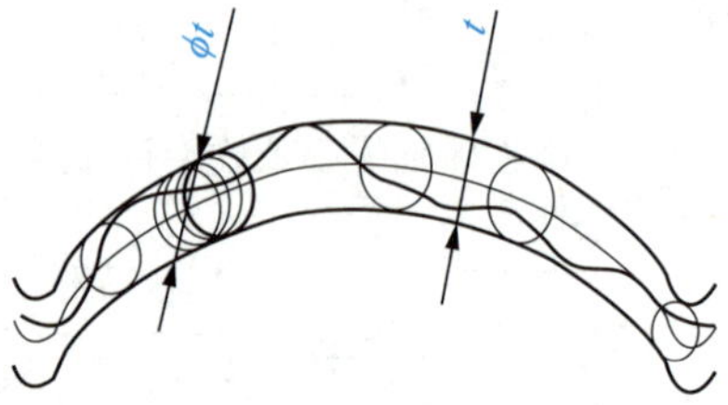 公差带是包络一系列直径为公差值 t 的圆的两包络线之间的区域。各圆的圆心应位于理想轮廓线上
面轮廓度	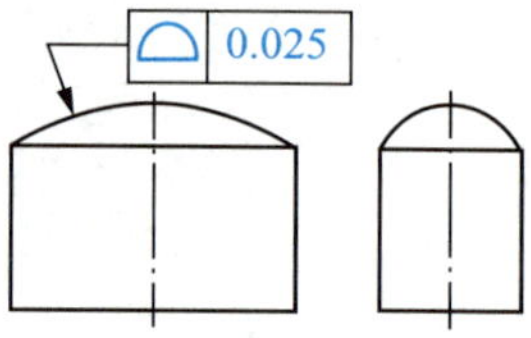 被测轮廓面必须位于两包络面之间，两包络面为包络一系列直径为公差值 0.025mm 的球的面，球的中心位于具有理论正确几何形状的面（上图是无基准要求的情况，也存在有基准要求的情况）	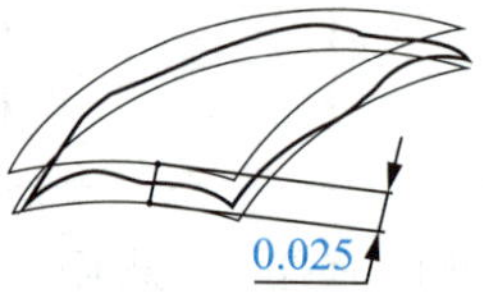 公差带是包络一系列直径为公差值 t 的球的两包络面之间的区域

注：轮廓度（线轮廓度和面轮廓度）公差带既控制实际轮廓线的形状，又控制其位置。严格地说，在有基准要求的情况下，轮廓度的公差应属于位置公差。

二、形状公差及形状误差

形状公差是指单一实际要素的形状所允许的变动全量。

形状公差是为了限制形状误差而设置的。形状误差是指被测实际要素相对其理想要素的变动量。在对被测实际要素与理想要素进行比较以确定变动量时，由于理想要素所处的位置不同，得到的最大变动量也会不同。因此，在评定实际要素的形状误差时，对于理想要素相对于实际要素的位置，必须有一个统一的评定准则，这个准则就是最小条件。

所谓最小条件，是指被测实际要素相对于理想要素的最大变动量为最小，此时，对被测实际要素评定的误差值为最小。如图 5－18 所示，评定直线度误差时，理想要素 AB 与被测实际要素接触，h_1，h_2，h_3，…是相对于理想要素处于不同位置 A_1B_1，A_2B_2，A_3B_3，…

所得到的各个最大变动量，其中 h_1 为各个最大变动量的最小值，即 $h_1<h_2<h_3<\cdots$，h_1 就是直线度误差值。

形状误差值用最小包容区域（简称最小区域）的宽度或直径表示。最小区域是指包容被测实际要素时，具有最小宽度 h 或直径 h 的包容区域。最小区域的形状与相应的公差带相同。按最小区域评定形状误差的方法称为最小区域法。

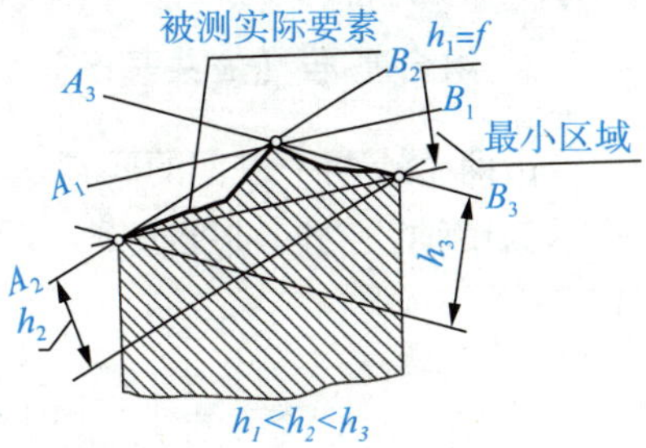

图 5-18 最小条件

任务 3 位置公差带及其检测要素

任务目标

理解零件多个表面位置的要求和检测要素。

知识学习

一、基准及分类

在位置公差中基准对被测要素的位置起着定向或定位的作用，基准也是确定位置公差带方位的主要依据。评定位置误差的基准应是理想基准，但基准要素本身是实际加工出来的，也存在形状误差。为正确评定位置误差，基准要素的位置应符合最小条件。在实际检测中测量位置误差经常采用模拟法来体现基准，例如基准轴由心轴、V 形块体现，基准平面用平板或量仪的工作台面体现，等等。基准的种类分为以下三种。

1. 单一基准

由一个要素建立的基准为单一基准。图 5-19 所示是由一个中心要素建立的单一基准的示例。

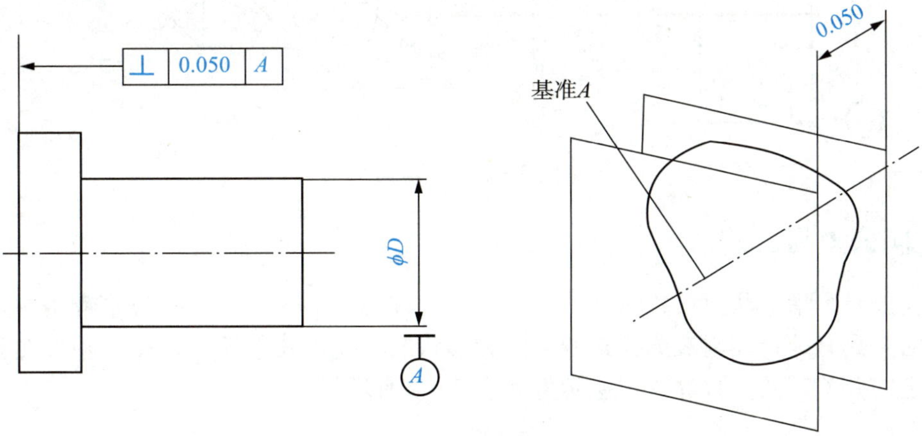

图 5-19 单一基准的示例

2. 组合基准（公共基准）

由两个或两个以上的要素建立成一个独立的基准，称为组合基准或公共基准。图 5 - 20 所示为中轴线的同轴度示例，两段轴线 A、B 建立起公共基准 $A-B$。

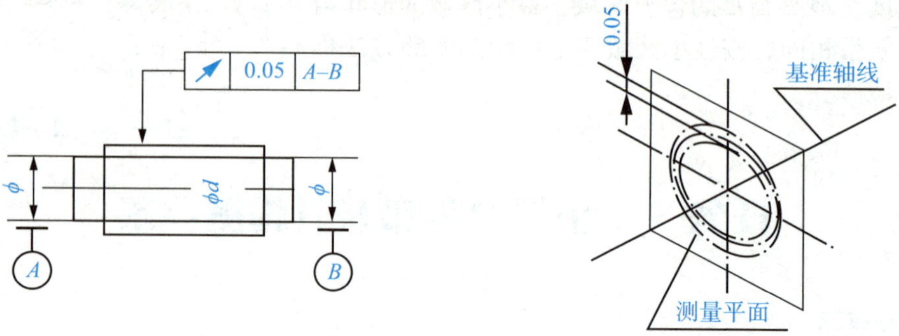

图 5 - 20　组合基准的示例（中轴线的同轴度）

3. 基准体系（三基面体系）

在位置公差中，为了确定被测要素在空间中的方向和位置，有时仅指定一个基准是不够的，而要使用两个或三个基准组成的基准体系。三基面体系是由三个互相垂直的平面构成的基准体系，如图 5 - 21 所示。三个基准平面按标注顺序分别称为基准 A（第一基准平面）、基准 B（第二基准平面）和基准 C（第三基准平面）。基准顺序要根据零件的功能要求和结构特征来确定。每两个基准平面的交线构成基准轴线，三条轴线的交点构成基准点。

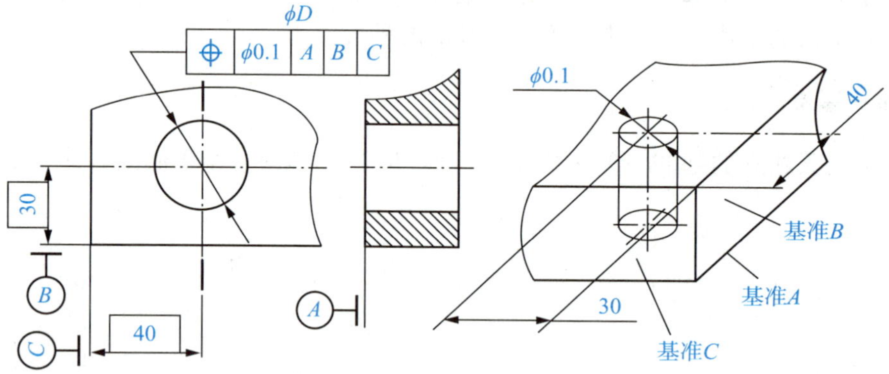

图 5 - 21　基准体系

二、定向公差与公差带

定向公差是指关联要素相对基准在方向上允许的变动全量。定向公差带相对基准有确定的方向，具有综合控制被测要素的方向和形状的功能，其包括平行度、垂直度和倾斜度三种。定向公差带及其解释、标注示例如表 5 - 3 所示。

表 5-3　定向公差带及其解释、标注示例

公差项目	标注	解释	公差带说明
平行度	(1) 面对面 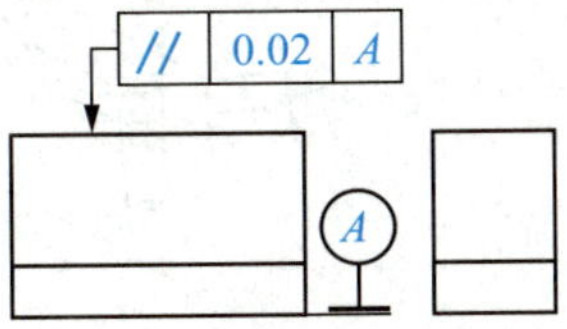	被测表面必须位于距离为公差值 0.02mm，且平行于基准表面 A 的两平行平面之间	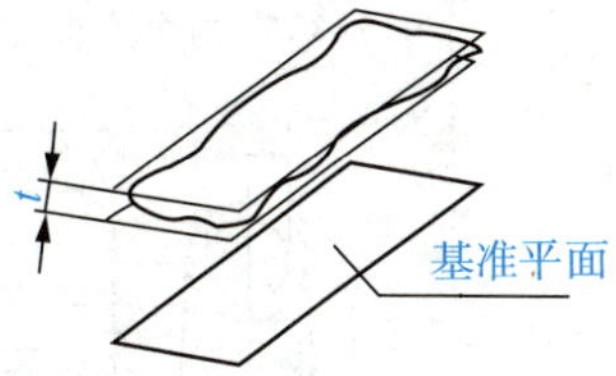 公差带是距离为公差值 t，且平行于基准面的两平行平面之间的区域
	(2) 线对面 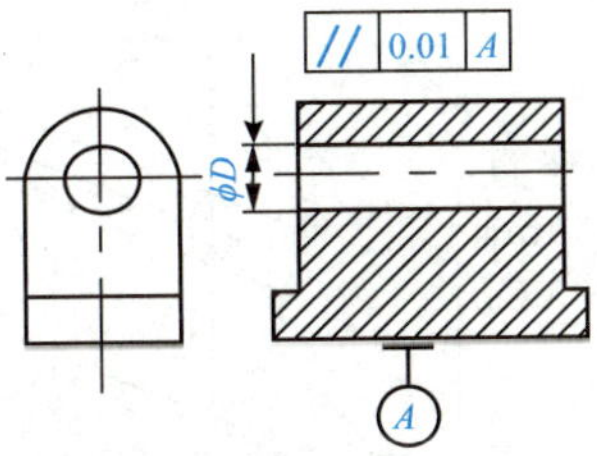	工件被测轴线必须位于距离为公差值 0.01mm，且平行于基准平面 A 的两平行平面之间	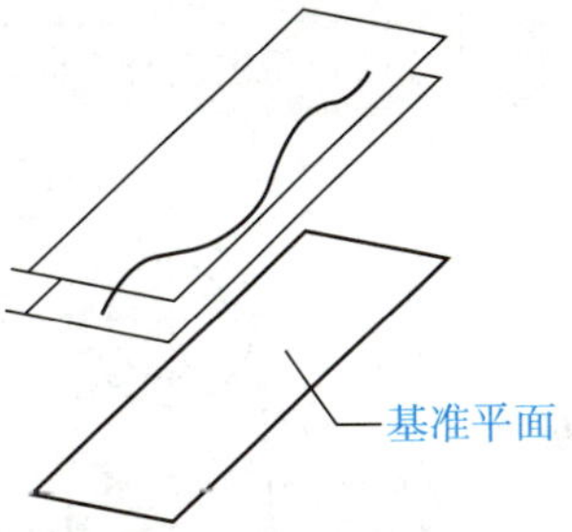 公差带是距离为公差值 t，且平行于基准平面 A 的两平行平面之间的区域
	(3) 面对线 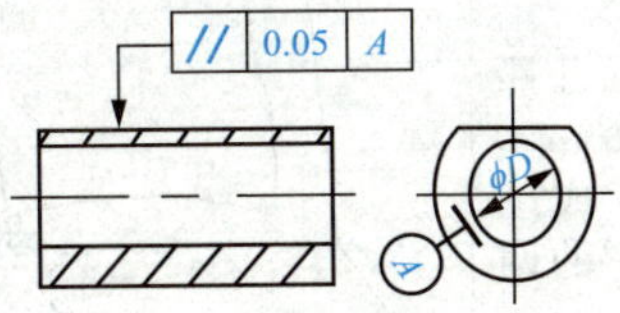	被测表面必须在距离为公差值 0.05mm，且平行于基准轴线 A 的两平行平面之间	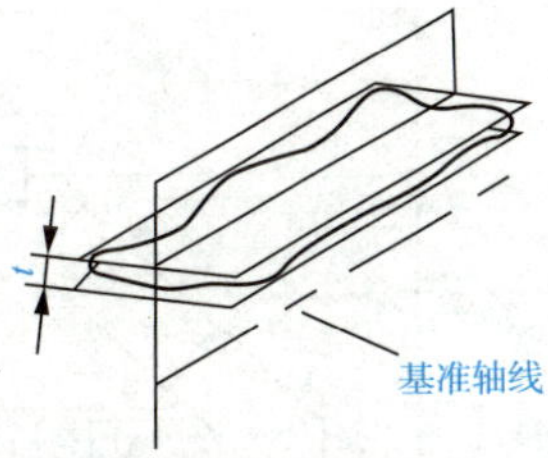 公差带是距离为公差值 t，且平行于基准轴线 A 的两平行平面之间的区域
	(4) 线对线 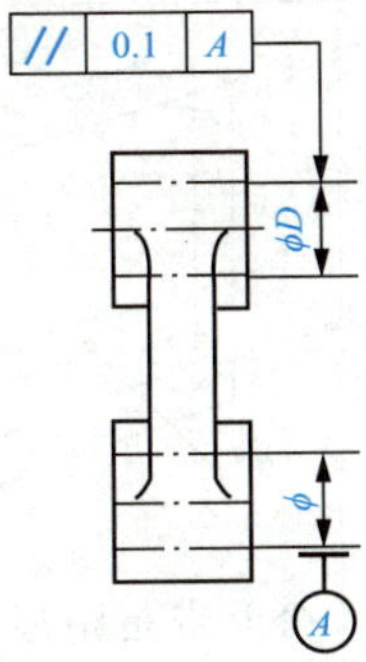	被测轴线须位于距离为公差值 0.1mm，且在给定方向上平行于基准轴线的两平行平面之间	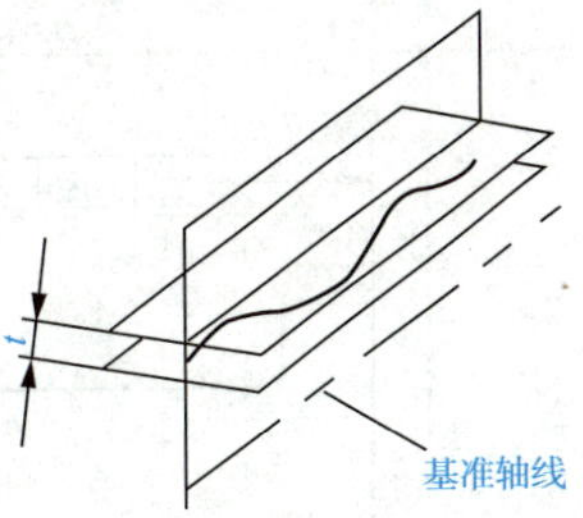 公差带是距离为公差值 t，且在给定方向上平行于基准轴线的两平行平面之间的区域

续表

<table>
<tr><th>公差项目</th><th>标注</th><th>解释</th><th>公差带说明</th></tr>
<tr><td rowspan="2">平行度</td><td>(1) 给定两个方向
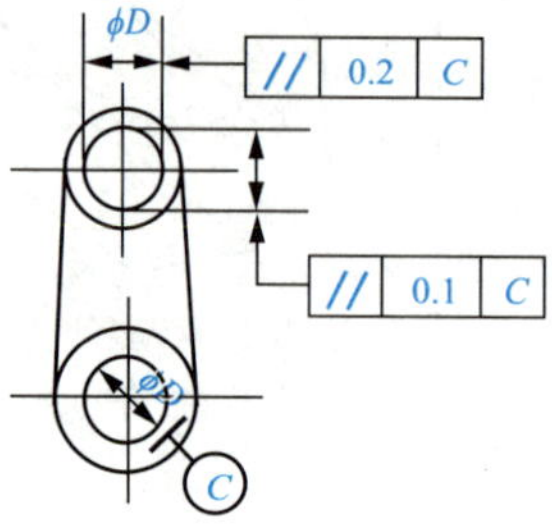</td><td>被测孔 ϕD 的轴线必须位于由水平和垂直方向公差值分别为 0.2mm 和 0.1mm 的四棱柱内且平行于基准轴线</td><td>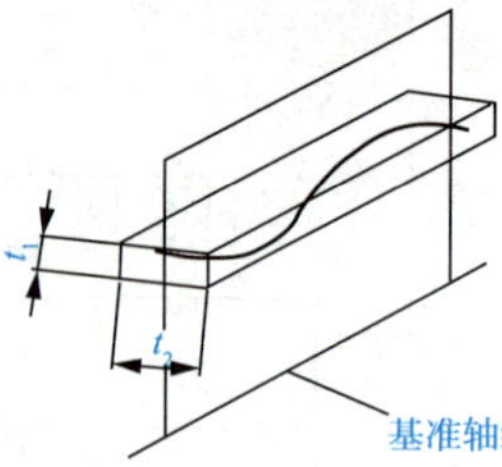
公差带在水平和垂直方向公差值分别为 t_1 和 t_2 的四棱柱且平行于基准轴线的区域内</td></tr>
<tr><td>(2) 给定任意方向
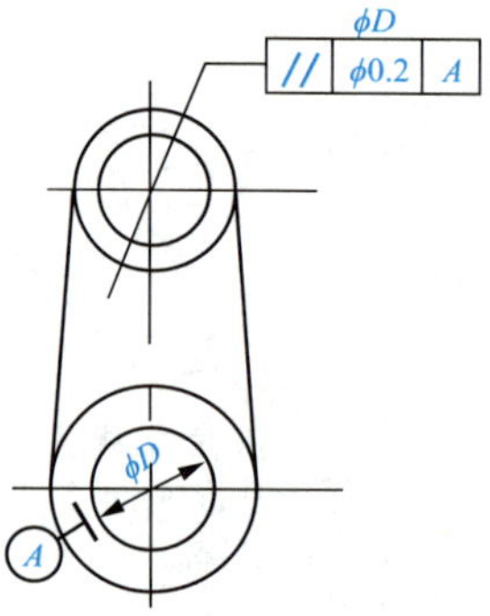</td><td>被测轴线必须位于直径为公差值 0.2mm，且平行于基准轴线的圆柱面</td><td>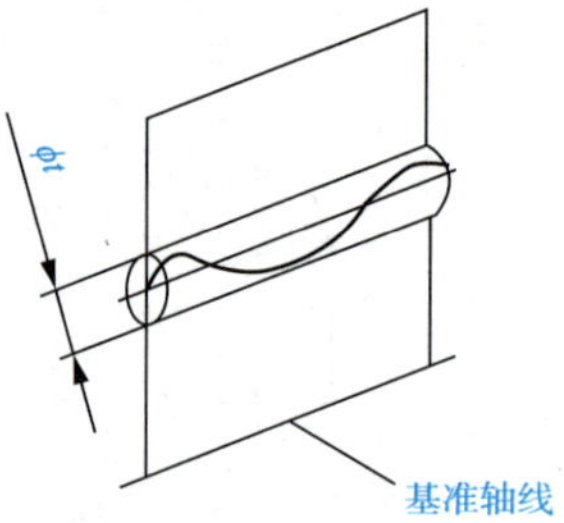
公差带是直径为公差值 t，且平行于基准轴线的圆柱面内的区域</td></tr>
<tr><td>倾斜度</td><td>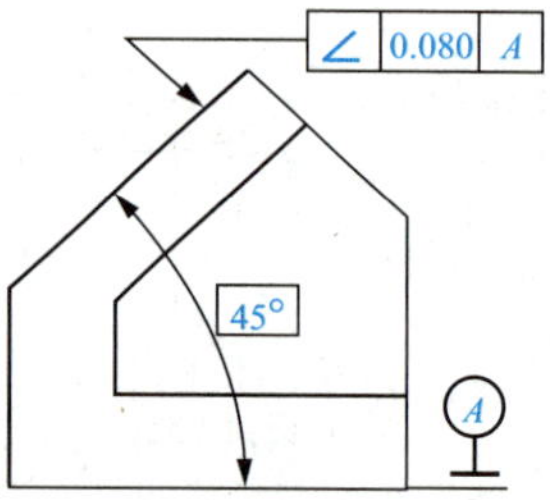</td><td>被测表面必须位于距离为公差值 0.080mm，且与基准面 A 成理论正确角度 45°的两平行平面之间</td><td>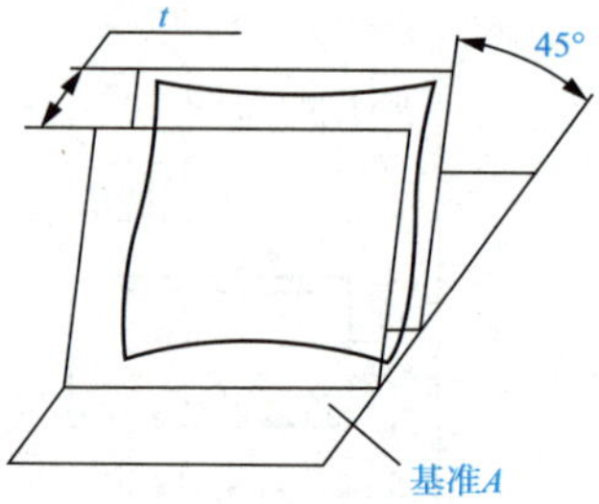
公差带是距离的公差值为 t，且与基准面 A 成理论正确角度 45°的两平行平面之间的区域</td></tr>
<tr><td>垂直度</td><td>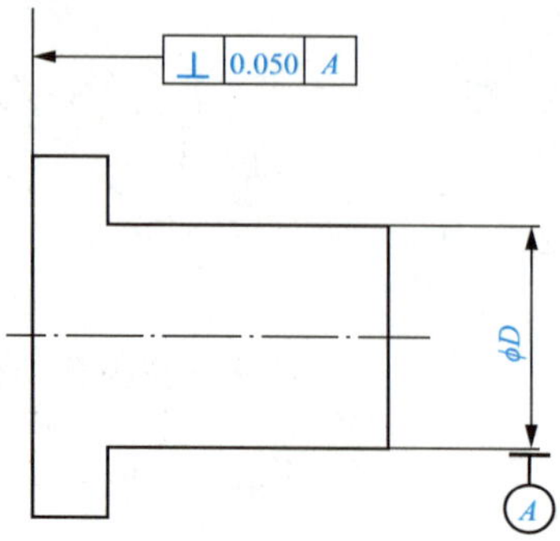</td><td>被测端面必须位于距离为公差值 0.05mm，且垂直于基准轴线 A 的两平行平面之间（左图标注的是面对线的情况，其他三种情况是线对线、面对面、线对面）</td><td>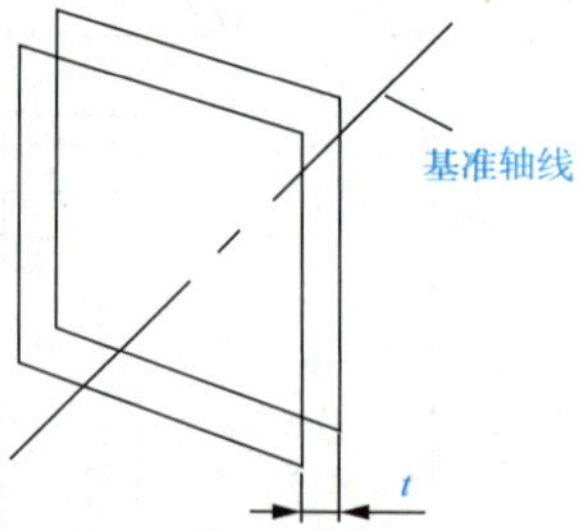
公差带是距离为公差值 t，且垂直于基准轴线的两平行平面之间的区域</td></tr>
</table>

三、定位公差与公差带

定位公差是指关联要素相对基准在位置上允许的变动全量。定位公差带相对基准有确定的位置，具有综合控制被测要素的位置、方向和形状的功能，定位公差带包括同轴度、对称度和位置度三种。定位公差带及其解释、标注示例如表 5 - 4 所示。

表 5 - 4　定位公差带及其解释、标注示例

公差项目	标注	解释	公差带说明
同轴度	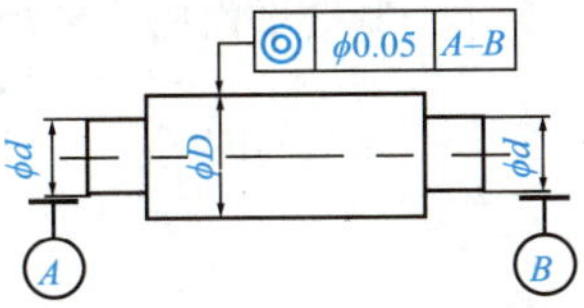	被测 ϕD 的轴线必须位于公差值为 0.05mm，且与组合基准线 $A-B$ 同轴的圆柱面内。	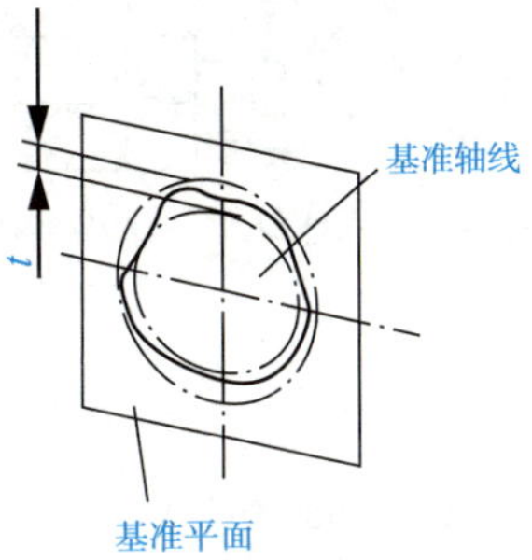 公差带是公差值为 t，且与组合基准线 $A-B$ 同轴的圆柱面之间的区域。
对称度	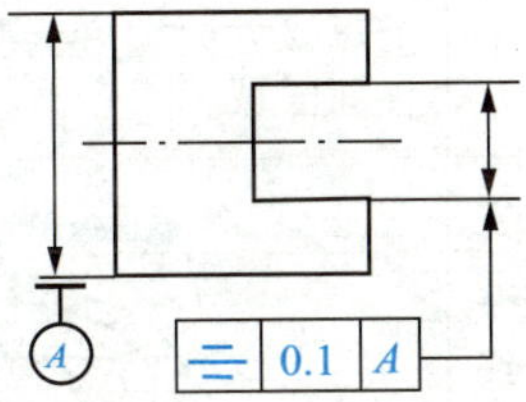	被测中心平面（中心要素）必须位于距离为公差值 0.1mm，且相对基准中心平面 A 对称配置的两平行平面之间。	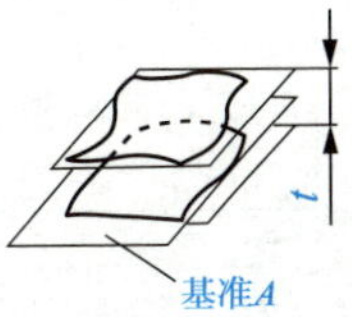 公差带是距离为公差值 t，且相对基准中心平面 A 对称配置的两平行平面之间的区域。
位置度	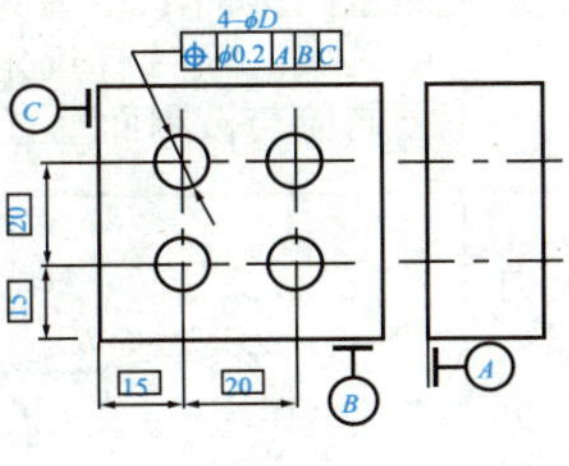	每个被测 ϕD 孔的轴线必须位于直径为公差值 0.2mm，且以相对于 A、B、C 基准表面所确定的理想位置为轴线的圆柱内。	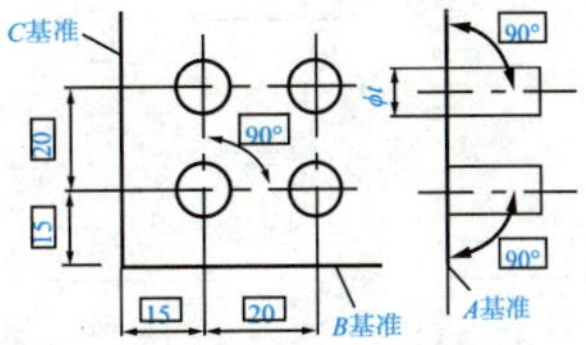 公差带是直径为 ϕt 的圆柱面内的区域，公差带的轴线的位置由相对于三基面体系的理论正确尺寸确定。

四、跳动公差与公差带

跳动公差指关联要素绕基准轴线回转一周或回转时允许的最大跳动量。

测量时指示表所示的最大值和最小值之差即为最大变动量。因为它的检测方法简便，又能综合控制被测要素的位置、方向和形状，故在生产中得到广泛应用。

跳动公差分为圆跳动公差和全跳动公差。跳动公差带及其解释、标注示例如表 5－5 所示。

表 5－5　跳动公差带及其解释、标注示例

公差项目		标注	解释	公差带说明
圆跳动	径向圆跳动	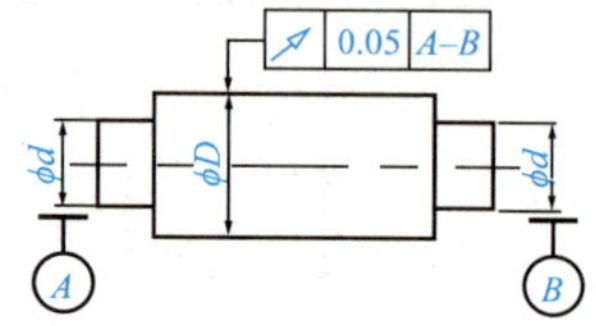	当被测 ϕD 的轴线绕公共基准轴线 $A-B$ 无轴向移动旋转一周时，在任一测量平面内的径向圆跳动量不大于 0.05mm。	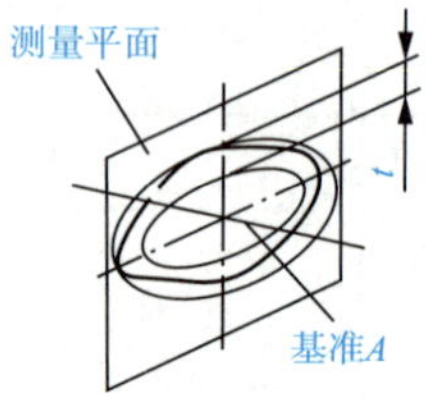公差带是在垂直于基准轴线的任一测量平面内，半径差为公差值 t，且圆心在基准轴线上的两个同心圆之间的区域。
	端面圆跳动	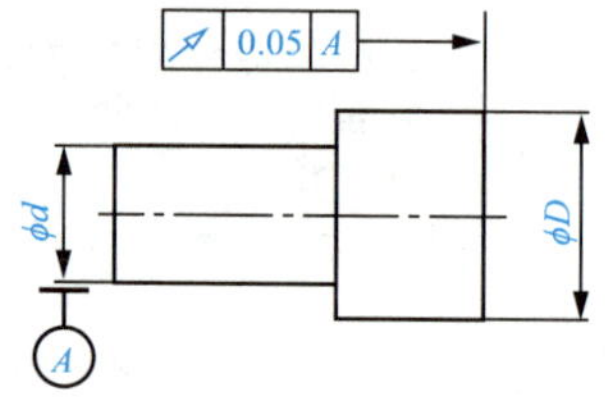	当被测端面的轴线绕基准轴线 A 无轴向移动旋转一周时，在任一测量平面内的径向圆跳动量不大于 0.05mm。	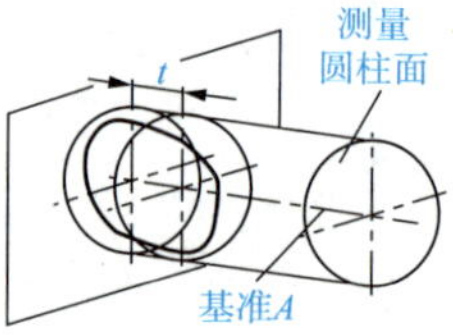公差带是在与基准轴线同轴的任一直径位置上的测量圆柱面上，沿母线方向宽度为公差值 t 的圆柱面区域。
	斜向圆跳动	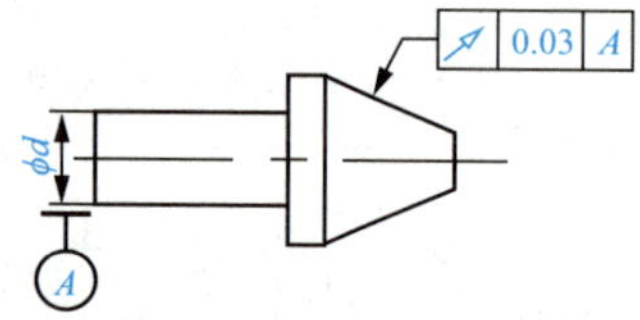	被测斜面绕基准轴线 A 无轴向移动旋转一周时，在任一测量圆锥面上的跳动量不大于 0.03mm。	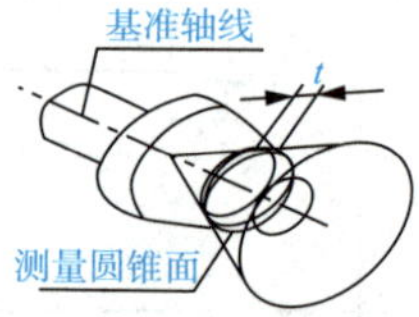公差带是与基准轴线同轴的任一测量圆锥面上距离为 t 的两圆间的区域。除另有规定外，其测量方向应与被测面垂直。
全跳动	径向全跳动	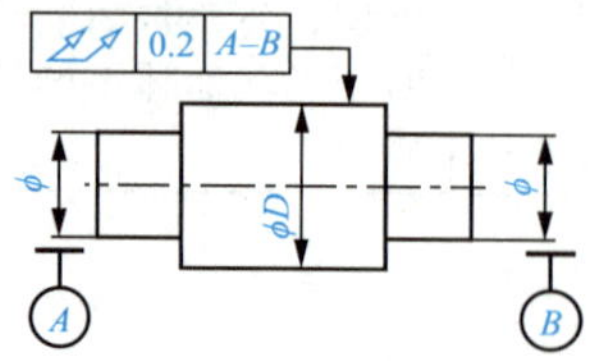	被测圆柱面绕公共基准 $A-B$ 多次旋转，同时测量仪与工件间必须沿着基准公共轴线方向轴向移动。此时被测轮廓元素上的各点间的示值差不大于 0.2mm。	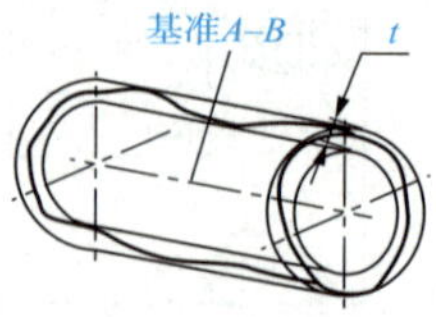公差带是半径差为公差值 t，且与基准轴线同轴的两圆柱面之间的区域。

续表

<table>
<tr><th>公差项目</th><th>标注</th><th>解释</th><th>公差带说明</th></tr>
<tr><td>全跳动</td><td>端面全跳动
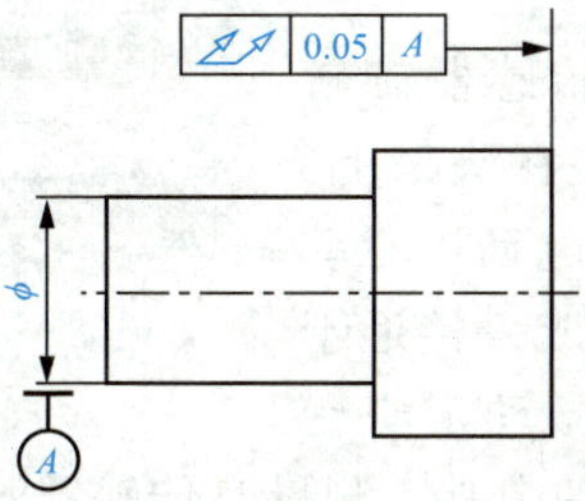
</td><td>被测端面绕基准轴线 A 多次旋转，同时测量仪器与工件必须沿着垂直于基准公共轴线的方向径向移动。此时被测要素上各点间的示值差不大于 0.05mm。</td><td>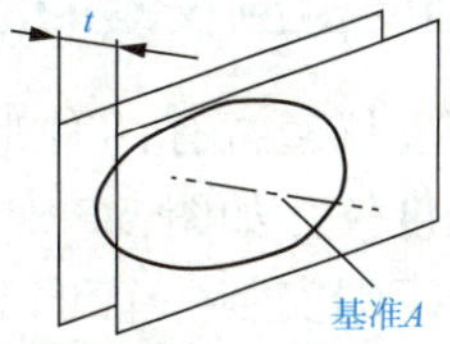

公差带是距离为公差值 t，且与基准轴线垂直的两平行平面之间的区域。</td></tr>
</table>

径向全跳动公差带与圆柱度公差带的形状是相同的，但前者的轴线与基准轴线同轴，后者是浮动的，依圆柱度误差的形状而定。径向全跳动是被测圆柱面的圆柱度误差和同轴度误差的综合反映。

端面全跳动公差带与端面对轴线的垂直度公差带是相同的，因此两者控制位置误差的效果是一样的。

任务 4　阶梯轴的圆度误差检测

任务目标

完成阶梯轴（见图 5－22）的圆度误差检测。

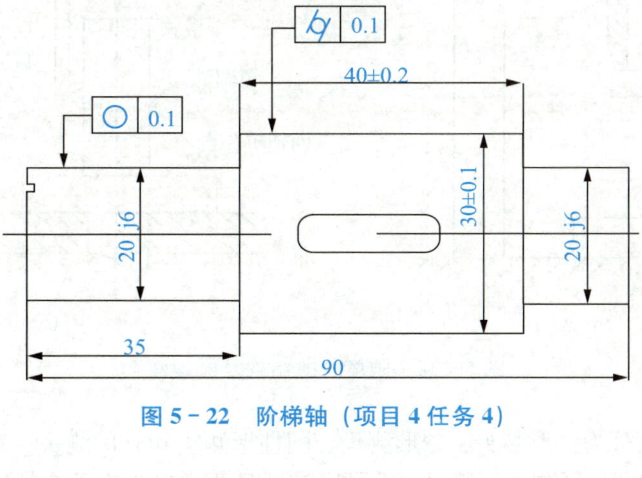

图 5－22　阶梯轴（项目 4 任务 4）

知识学习

一、圆度的检测仪器

将一个精密回转轴系上一个动点（测量装置的触头）所产生的理想圆与被测轮廓进行

比较，可求得圆度误差值。这种具有精密回转轴系统的测量圆度误差的仪器，称为圆度仪，如图 5－23 所示。

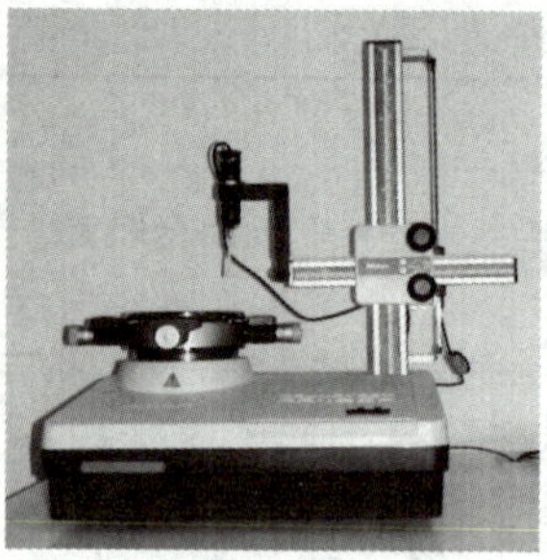

图 5－23　圆度仪

二、圆度检测仪器的原理

圆度仪通常有两种形式。一种是转轴式（或称传感器旋转式）圆度仪，如图 5－24（a）所示，主轴垂直地安装在头架上，主轴的下端安装一个可以径向调节的传感器，用同步电动机驱动主轴旋转，这样就使安装在主轴下端的传感器测头形成一接近于理想圆的轨迹。被测件安装在中心可做精确调整的微动定心台上，利用电感放大器的对中表可以相对精确地找正主轴中心。测量时传感器测头与被测件截面接触，被测件截面实际轮廓引起的径向尺寸的变化由传感器转换成电信号，通过放大器、滤波器输入极坐标记录器。把零件被测截面实际轮廓在半径方向上的变化量加以放大，画在记录纸上。用刻有同心圆的透明样板或采用作图法可评定出圆度误差和计算机直接显示的测量结果。由于转轴式圆度仪的主轴工作时不受被测零件重量的影响，因此比较容易保证较高的主轴回转精度。

另一种是转台式（或称工作台旋转式）圆度仪，如图 5－24（b）所示。测量时，被测件安置在工作台上，随工作台一起转动。传感器在支架上固定不动。传感器感知的被测件轮廓的变化经放大器放大，并经过相应的信号处理。然后送到记录器记录或计算机显示结果。转台式圆度仪具有能使测头很方便地调整到被测件任一截面进行测量的优点，但受旋转工作台承载能力的限制，转台式圆度仪只适用于测量小型零件的圆度误差。

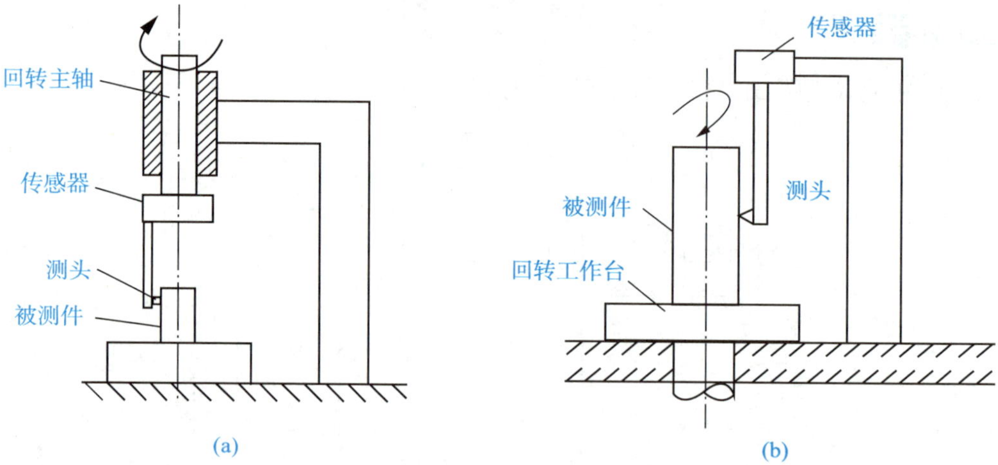

图 5－24　圆度仪的结构及原理图

测头根据形状可分为针形测头、球形测头、圆柱形测头和斧形测头。对于较小的工件，材料的硬度较低，可用圆柱形测头；若材料的硬度较低且要求排除表面粗糙度的影响，则可用斧形测头。

三、圆度仪记录图形放大倍率的选择

使用圆度仪时，要注意记录图形放大倍率的选择。

圆度仪的放大倍率是指零件轮廓径向误差的放大比率，即记录笔位移量与测头位移量之比。在选取放大倍率时，通常使记录的轮廓图形占记录纸记录环宽度的 1/3～1/2 为宜。

圆度仪的记录图形是以被测件的实际轮廓为依据的，是将实际轮廓与理想圆的半径差按高倍率放大，而半径尺寸是按低倍率放大的，即记录轮廓图上半径差与半径尺寸的放大倍率不同，半径差与半径尺寸如果按同一倍率放大，则需要一张极大的记录纸来描绘其轮廓图形。

上述原因会造成记录的轮廓图形在形状特征上与实际轮廓有较大差别。如图 5－25 所示，一个五角形的实际轮廓，会在选用 3 种不同放大倍率的情况下，呈现出 3 种不同形状特征的记录轮廓图。

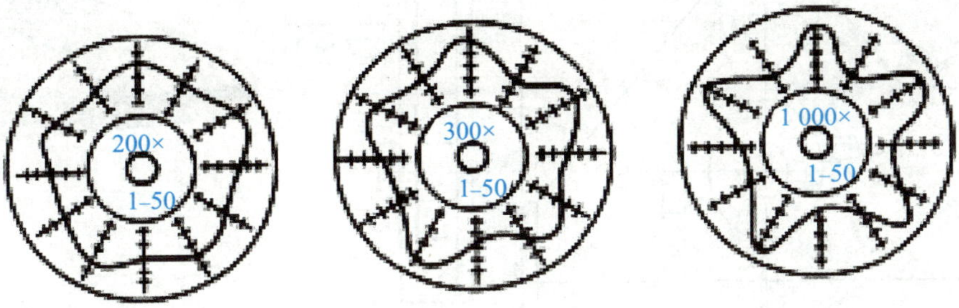

图 5－25　3 种不同的放大倍率曲线

因此，对记录图形所代表的零件截面的形状特征要正确地判断，不要因为一些被夸张了的情况而产生误解。

四、圆度误差数据整理

圆度误差数据整理审核表如表 5－6 所示。

表 5－6　圆度误差数据整理审核表

<table>
<tr><td colspan="2">零件</td><td colspan="2">名称</td><td colspan="3"></td><td colspan="3">圆度公差</td><td colspan="4"></td></tr>
<tr><td colspan="2">计量器具</td><td colspan="2">名称</td><td colspan="3"></td><td colspan="3">分度值</td><td colspan="4"></td></tr>
<tr><td>测点（度）</td><td>0</td><td>30</td><td>60</td><td>90</td><td>120</td><td>150</td><td>180</td><td>210</td><td>240</td><td>270</td><td>300</td><td>330</td><td>360</td></tr>
<tr><td>读数（μm）</td><td></td><td></td><td></td><td></td><td></td><td></td><td></td><td></td><td></td><td></td><td></td><td></td><td></td></tr>
<tr><td colspan="14">测量记录曲线：</td></tr>
<tr><td colspan="4">f0</td><td colspan="3"></td><td colspan="3">合格判断</td><td colspan="4"></td></tr>
<tr><td colspan="4">姓名</td><td colspan="3">班级</td><td colspan="3">学号</td><td colspan="2">审核</td><td colspan="2">成绩</td></tr>
<tr><td colspan="4"></td><td colspan="3"></td><td colspan="3"></td><td colspan="2"></td><td colspan="2"></td></tr>
</table>

任务5 平板类零件的形状公差检测

任务目标

完成垫板（见图 5-26）的形状公差检测。

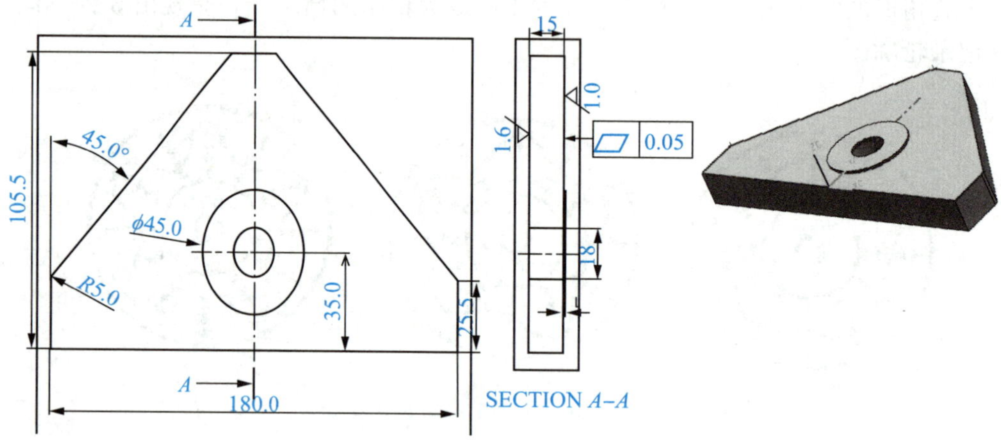

图 5-26 垫板图纸

知识学习

一、框式水平仪的结构、工作原理、读数方法

1. 框式水平仪的结构

框式水平仪一般制成 200mm×200mm 的矩形框架，框架的各个边互相垂直或平行，下方框边的上面装有一个水准器（密封的玻璃容器），图 5-27 所示为 i=0.02mm/1 000mm 的框式水平仪。

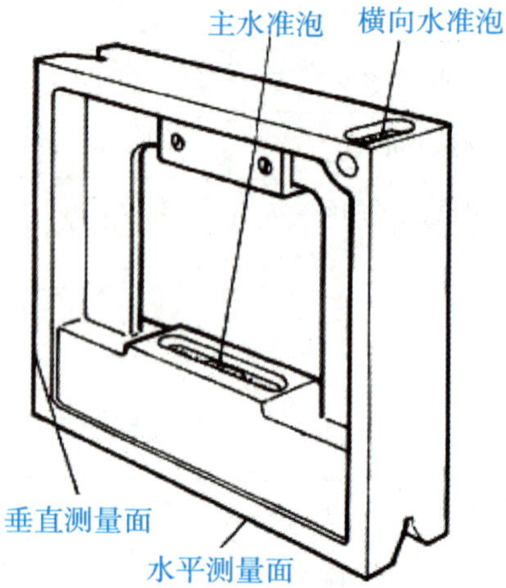

图 5-27 框式水平仪

水准器是一个具有一定曲率半径的圆弧形玻璃管，管内装有黏度很小的液体，如乙醚、乙醇，不装满，留有一定长度的气泡，称为水准泡。框式水平仪是利用液体往低处流，气泡往高处跑的原理进行测量的。水准器玻璃管表面上的刻度以中心为对称，刻线间距为 2mm。

2. 测量工作原理

以自然水平面为测量基准（模拟理想要素）。用节距法（又称跨距法）对被测直线进行逐段测量，得到各段的读数，然后经过数据处理，就可以用作图法或计算法求出误差值。

3. 水平仪的读数方法

实验采用双向读数法。双向读数法读数较准确，具体方法是把水准器的刻度分成两大区间：两基线内为负区间，两基线外为正区间，如图 5－28 所示。

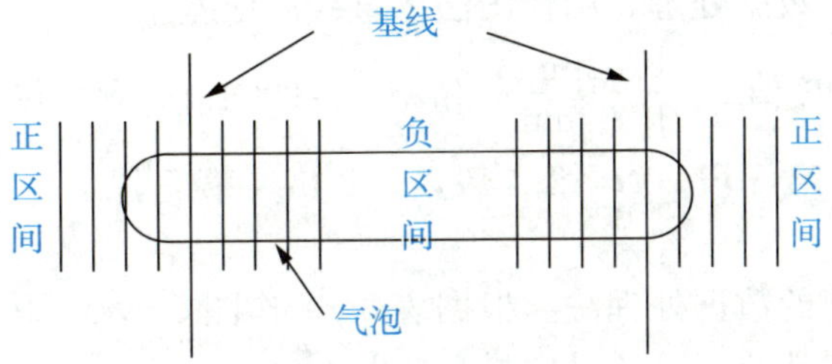

图 5－28　水平仪

读数时，看气泡左端与左基线相距几格，气泡右端与右基线相距几格，分别以 $n_{左}$、$n_{右}$ 表示，并带上“＋”“－”符号。气泡相对水平位置移动的格数可由公式算出，即

$$N=\pm\left|\frac{(n_{左}-n_{右})}{2}\right|\text{（格）}$$

式中：$n_{左}$——气泡左端相距左基线几格；

$n_{右}$——气泡右端相距右基线几格；

N——水平仪的实际移动格数（水平仪读数）。

绝对值前面的“＋”“－”符号的确定方法：约定当整个气泡移向对称线的右边，绝对值前为“＋”号，反之为“－”号。

例如，图 5－29（a）的读数：$N=-\left|\frac{0-(-2)}{2}\right|=-1$ 格。

图 5－29（b）的读数：$N=+\left|\frac{-3.5-2.5}{2}\right|=+3$ 格。

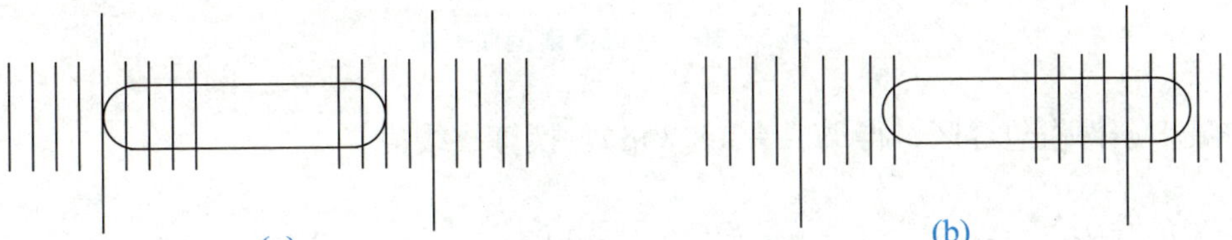

(a)　(b)

图 5－29　水平仪的读数

二、直线度检测

（1）将水平仪、桥板擦干净，将被测面去毛刺并擦净。

（2）初步调平被测表面（导轨、平尺、平板、工作台）。

（3）用节距法测量。桥板节距（跨距）l 由被测长度 L 划分成若干等分段，节距 l 一般为 100～250mm。将水平仪置于桥板上，从一端开始，逐段测量，做到相邻两段首尾相接。为使所作的误差曲线与实际的形状误差一致，从左向右逐段进行测量。第一段的起点称为原点，第一段的末点是第1点，测得的读数表示该段末点相对起点的升降，将水平仪的读数记在实验报告相应的栏目中，然后将桥板连同水平仪滑移至第二段，使第一段的末点（第1点）与第二段的起点相衔接，就可测得第二点的读数。以此类推，直至测量完毕。

（4）对测得值进行数据处理，用作图法求直线度误差 f_{-}。

例如，水平仪的分度值 $i=\frac{0.02\text{mm}}{1\ 000\text{mm}}$，桥板 $L=200\text{mm}$，水平仪的读数：第1段，+1.5格；第2段，+2格；第3段，0；第4段，−2格；第5段，−2格。试求该被测素线的 f_{-}。

用包容区域为格值的数据处理法。根据表5-7作图5-30，从误差曲线图中可看出误差曲线的形状是向材料外凸起，还是向材料中凹下。

表5-7　数据整理（直线度检测）

测点序号 i	0	1	2	3	4	5
水平仪读数 N_i（格）	0	+1.5	+2	0	−2	−2
相对原点的读数累积值 $\sum_{i=1}^{n} N_i$（格）	0	+1.5	+3.5	+3.5	+1.5	−1.5

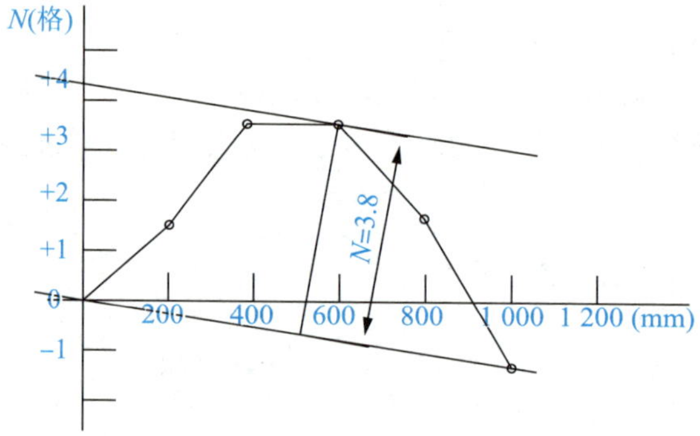

图5-30　直线度误差曲线图

按最小条件作包容区，得 $N_{包}=3.8$（格），换算成线值。

$$f_{-}=iLN=\frac{0.02}{1\ 000}\times200\times3.8=0.015\text{mm}。$$

也可以用包容区域为线值的数据处理方法来计算直线度误差，作曲线图后求出最小包容区域，按比例取值，可得到被测素线的直线度误差 f_{-}。

三、平面度误差检测原理

平面度公差用以限制平面的形状误差，其公差带是距离为公差值的两平行平面之间的区域。规定理想形状的位置应符合最小条件，常见的平面度测量方法有用指示表测量、用光学平晶测量、用水平仪测量、用自准仪和反射镜测量，用不同的方法测得的测量值，应进行数据处理，然后按一定的评定准则处理结果。下面介绍平面度误差的评定方法。

1. 最小包容区域法

由两平行平面包容实际被测要素时，实现至少四点或三点接触，且具有下列形式之一者，即为最小包容区域，其平面度误差最小。最小包容区域的判别方法有下列三种。

（1）两平行平面包容被测表面时，被测表面上有3个最低点（或3个最高点）及1个最高点（或1个最低点）分别与两包容平面接触，并且最高点（或最低点）能投影到3个最低点（或3个最高点）之间，则这两个平行平面符合平面度最小包容区原则，如图5－31（a）所示。

（2）被测表面上有2个最高点和2个最低点分别与两个平行的包容面相接触，并且2个最高点投影于2个最低点连线的两侧，则这两个平行平面符合平面度最小包容区原则，如图5－31（b）所示。

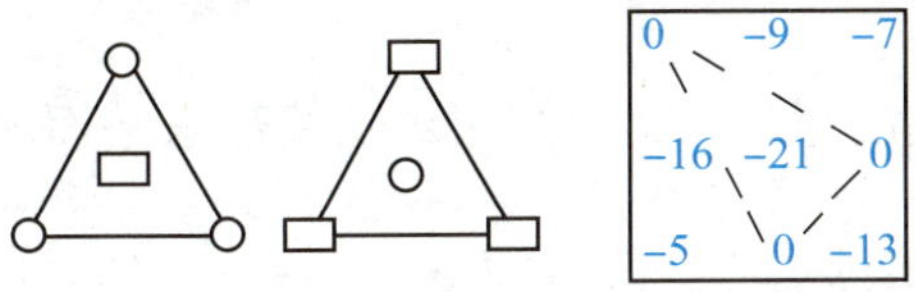

(a)

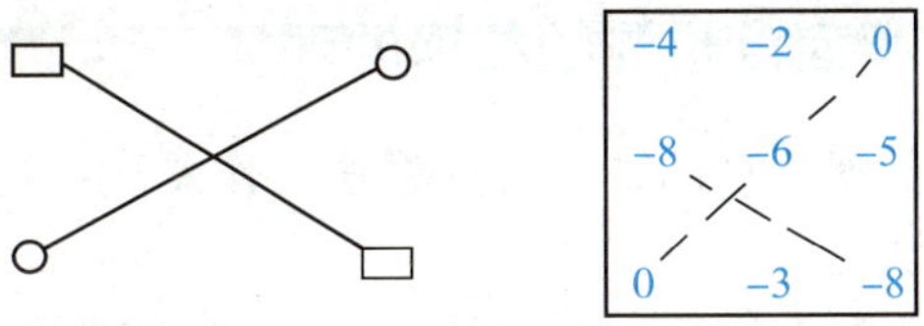

(b)

图5－31　最小包容区域法

（3）被测表面的同一截面内有2个最高点及1个最低点（或最高点），分别和两个平行的包容面相接触，则这两个平行平面符合平面度最小包容区原则，如图5－32所示。

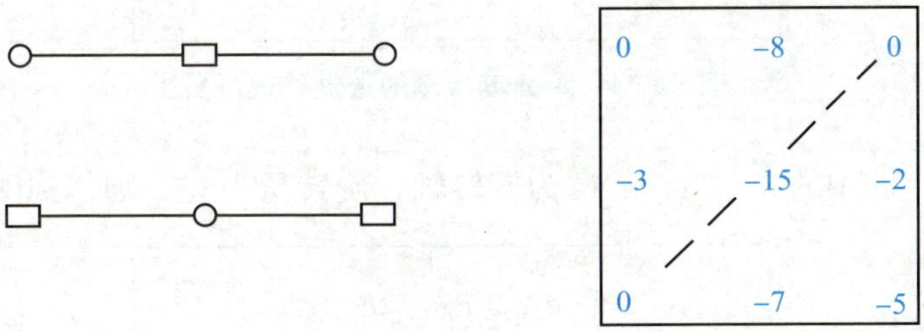

图5－32　最小包容区域的判别方法

2. 三角形法

三角形法：通过被测表面上相距最远且不在一条直线上的3个点建立一个基准平面，各测点对此平面的偏差中最大值与最小值的绝对值之和为平面度误差。实测时，可以在被测表面上找到3个等高点，并且调到零。在被测表面上按布点测量，与三角形基准平面相距最远的最高点和最低点之间的距离为平面度误差。

3. 对角线法

通过被测表面的一条对角线作另一条对角线的平行平面，该平面为基准平面，偏离基准平面的最大值和最小值的绝对值之和为平面度误差。

四、平面度检测过程

检测工具：平板、带千分表的测量架等。

检测时，将被测零件和带千分表的测量架放在平板上，并使千分表的测量头垂直指向被测零件表面，压表并调整表盘，使指针指在零位。然后将被测平板沿纵横方向均布，画好网格，四周距离边缘 10mm，画线的交点为测量的 9 个点，如图 5－33 所示。同时记录各点的读数值。取得全部被测点的测量值后，按对角线法求出平面度误差。

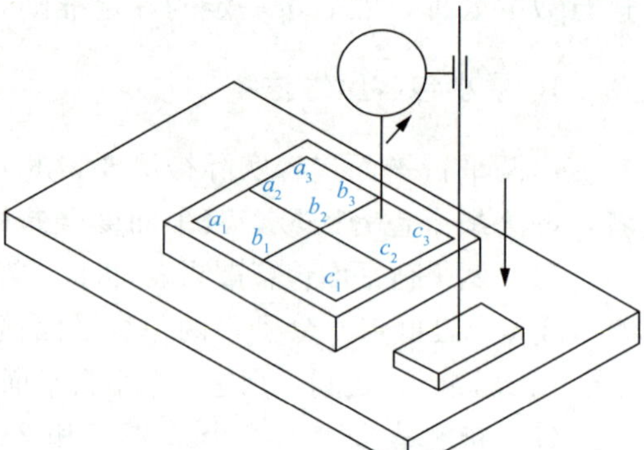

图 5－33　平面度误差的检测

五、平面度检测的数据处理

数据处理的方法有计算法、作图法、对角线法等。下面介绍用对角线法求平面度误差的方法。

（1）令图 5－34 中的 a_1—c_1 为旋转轴，旋转量为 P，则得到图 5－35。

a_1	a_2	a_3
b_1	b_2	b_3
c_1	c_2	c_3

图 5－34　平面度检测的数据处理（1）

（2）令图 5－35 中的 a_1—a_3+2P 为旋转轴，旋转量为 Q，则得到图 5－36。

a_1	a_2+P	a_3+2P
b_1	b_2+P	b_3+2P
c_1	c_2+P	c_3+2P

图 5－35　平面度检测的数据处理（2）

（3）按对角线上的两个值相等，列出下列方程，求旋转量 P 和 Q。

$$a_1=c_3+2P+2Q$$
$$a_3+2P=c_1+2Q$$

把求出的 P 和 Q 代入图 5－35 中。按最大、最小读数值之差来确定被测表面的平面度误差。

a_1	a_2+P	a_3+2P
b_1	b_2+P+Q	b_3+2P+Q
c_1+2Q	c_2+P+2Q	$c_3+2P+2Q$

图 5－36　平面度检测的数据处理（3）

例题 5－1　用千分表按图 5－34 所示的布线方式测得 9 点，其读数如图 5－37（a）所示，用对角线法确定平面度误差。

$$0=4+2P+2Q$$
$$-16+2P=-10+2Q$$

解得：$P=0.5Q=-2.5$。

0	−6	−16
−7	+3	+7
−10	−10	+4

(a)

0	−5.5	−15
−9.5	+1	−8.5
−15	+7.5	0

(b)

图 5－37　例题 5－1 图

将各点的旋转量与图 5－37（a）中对应点的值相加，即可得到经坐标变换后各点的坐标值。如图 5－37（b）所示，由图 5－37（b）可知，a_1 和 c_3 等高（0）；c_1 和 a_3 等高（−15），则平面度误差为

$$f'=+7.5-(-15)=22.5(\mu m)$$

任务 6　尺寸公差与形位公差的关系

任务目标

零件在加工过程中，尺寸误差是不可避免的，同时其形状误差和位置误差也是不可避免的，所以当一个零件加工完成后，它不仅具有尺寸误差，还具有形位误差，在检测零件是否合格时需要考虑怎样判断其合格范围，以及尺寸公差与形位公差的关系。公差原则是处理尺寸公差与形位公差之间关系的原则。GB/T 4249—2018 和 GB/T 16671—2018 规定了形位公差与尺寸公差之间的关系。

知识学习

一、公差原则常用术语

1. 作用尺寸

单一要素的作用尺寸简称作用尺寸（MS），是实际尺寸和形状误差的综合结果。

（1）体外作用尺寸：是指在被测要素的给定长度上，与实际内表面（孔）外接的最大理想面，或与实际外表面（轴）外接的最小理想面的直径或宽度。

对于单一被测要素，内表面（孔）的（单一）作用尺寸以 D_{fe} 表示；外表面（轴）的（单一）作用尺寸以 d_{fe} 表示，如图 5－38（a）所示。

（2）体内作用尺寸：是指在被测要素的给定长度上，与实际内表面（孔）内接的最小理想面，或与实际外表面（轴）内接的最大理想面的直径或宽度。

对于单一被测要素，内表面（孔）的（单一）体内作用尺寸以 D_{ft} 表示，外表面（轴）的（单一）体内作用尺寸以 d_{ft} 表示，如图 5－38（b）所示。

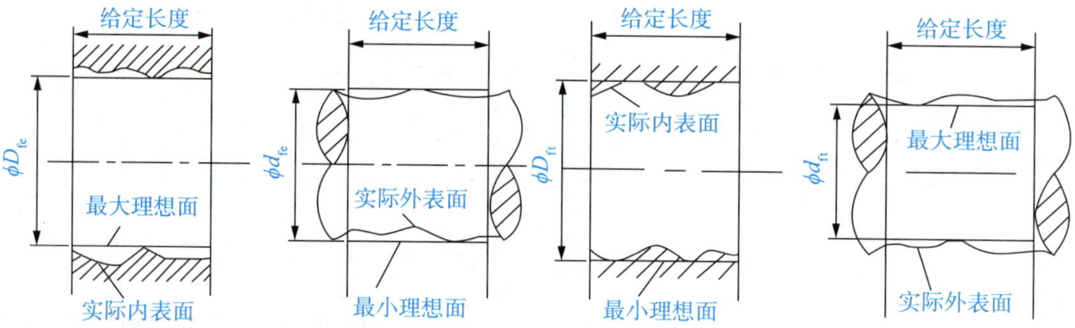

(a) 体外作用尺寸　　(b) 体内作用尺寸

图 5－38　体外作用尺寸和体内作用尺寸

（3）关联作用尺寸：关联要素的作用尺寸简称关联作用尺寸，是实际尺寸和位置误差的综合结果，它是指假想在结合面的全长上与实际孔内接（或与实际轴外接）的最大（或最小）理想轴（或理想孔）的尺寸，且该理想轴（或理想孔）必须与基准保持图纸上给定的几何关系。

2. 最大、最小实体实效状态及其尺寸

（1）最大实体实效状态（MMVC）：是指在给定长度上，实际要素达到最大实体尺寸且形状或位置误差达到给出的公差值时的综合极限状态。

最大实体实效尺寸（MMVS）：在最大实体实效状态下的体外作用尺寸。

（2）最小实体实效状态（LMVC）：是指在给定长度上，实际要素处于最小实体状态，且形状或位置误差达到给出的公差值时的综合极限状态。

最小实体实效尺寸（LMVS）：最小实体实效状态下的体内作用尺寸。

3. 理想边界

理想边界是设计时给定的，具有理想形状的极限边界，如图 5－39 所示。

(1) 最大实体边界（MMB 边界）：当理想边界的尺寸等于最大实体尺寸时，该理想边界称为最大实体边界。

(2) 最大实体实效边界（MMVB 边界）：当理想边界的尺寸等于最大实体实效尺寸时，该理想边界称为最大实体实效边界。

(3) 最小实体边界（LMB 边界）：当理想边界的尺寸等于最小实体尺寸时，该理想边界称为最小实体边界。

(4) 最小实体实效边界（LMVB 边界）：当理想边界尺寸等于最小实体实效尺寸时，该理想边界称为最小实体实效边界。

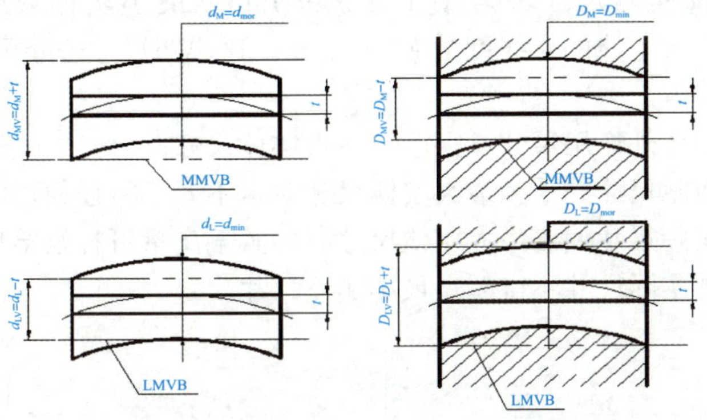

(a) 外表面　　(b) 内表面

图 5－39　最大、最小实体实效尺寸及边界

单一要素的实效边界没有方向或位置的约束；关联要素的实效边界应与图纸上给定的基准保持正确的几何关系。

二、独立原则

独立原则是指图纸上给定的形位公差与尺寸公差相互无关，分别满足各自的公差要求，标注时不需要附加任何表示相互关系的符号。

如图 5－40 所示，无论轴的轴线直线度误差为多少，轴的任意位置的直径尺寸必须在 ϕ14.97mm～ϕ15mm 范围内。ϕ0.04mm 只限制轴线直线度误差，无论实际尺寸为多少，轴线直线度误差不允许大于 0.04mm。

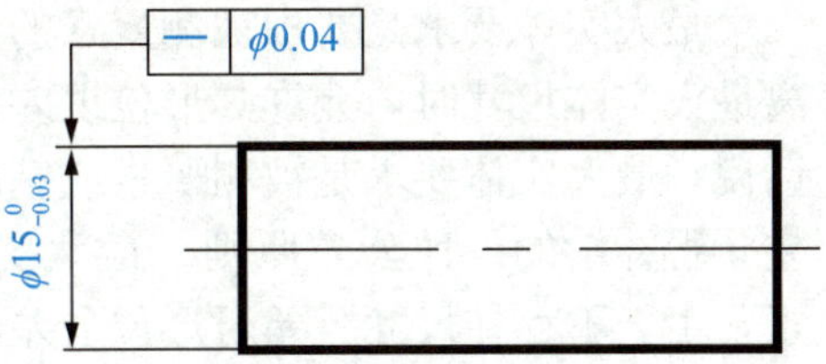

图 5－40　独立原则示例

三、尺寸公差与形位公差的相关要求

尺寸公差与形位公差的相关要求是指图纸上给定的形位公差与尺寸公差相互有关的原

则，它分为包容要求、最大实体要求、最小实体要求和可逆要求。可逆要求不能单独使用，只能与最大实体要求或最小实体要求一起使用。

1. 包容要求

包容要求是指要求实际要素处处不得超越最大实体边界，而实际要素的局部实际尺寸不得超越最小实体尺寸，即当被测要素的局部实际尺寸处处加工到最大实体尺寸时，形位误差为零，具有理想形状。包容要求仅用于形状公差。按包容要求，图纸上只给出尺寸公差，但这种公差具有双重职能，即综合控制被测要素的实际尺寸变动量和形状误差的职能。包容要求主要应用于有配合要求，且其极限间隙或极限过盈必须严格得到保证的场合。

当被测要素有包容要求时，需在被测要素的尺寸极限偏差或公差带代号后加注符号Ⓔ。

如图 5－41 所示，要求该轴的实际轮廓必须在直径 ϕ20mm（最大实体尺寸）的最大实体边界内，其局部实际尺寸不得小于 ϕ19.97mm（最小实体尺寸）。而实际尺寸为 ϕ19.97mm 时，允许轴心线的直线度为 ϕ0.03mm。这说明尺寸公差可以转化为形位公差。包容要求具有以下特点。

（1）实际要素的体外作用尺寸不得超过最大实体尺寸。

（2）当要素的实际尺寸处处为最大实体尺寸时，不允许有任何形状误差。

（3）当要素的实际尺寸偏离最大实体尺寸时，其偏离量可补偿给形位误差。

（4）要素的局部实际尺寸不得超过最小实体尺寸。

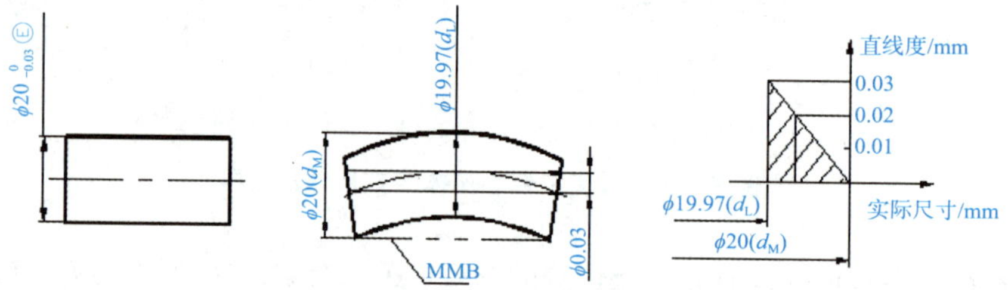

图 5－41　包容要求示例

2. 最大实体要求（MMR）

最大实体要求是要求被测要素的实际轮廓遵守其最大实体实效边界，当其实际尺寸偏离最大实体尺寸时，允许其形位误差值超出在最大实体状态下给出的公差值的要求。换句话说，最大实体要求是被测要素或基准要素偏离最大实体状态，而其形状、定向、定位公差获得补偿的一种公差原则。最大实体要求仅用于中心要素。对于平面、直线等轮廓要素，由于不存在尺寸公差对形位公差的补偿问题，因而不具备应用条件。采用最大实体要求的目的主要是保证装配互换。

被测要素遵循最大实体要求时，需要在被测要素的尺寸极限偏差或公差带代号后加注符号Ⓜ。最大实体要求应用于被测要素时，被测要素的实际轮廓应遵守其最大实体实效边界，即在给定长度上处处不得超出最大实体实效边界。也就是说，其体外作用尺寸不得超过最大实体实效尺寸。而且，其局部实际尺寸不得超过最大和最小实体尺寸。

对于内表面（孔），$D_{fe} \geqslant D_{MV}$ 且 $D_M = D_{min} \leqslant D_a \leqslant D_L = D_{max}$

对于外表面（轴），$d_{fe} \leqslant d_{MV}$ 且 $d_M = d_{max} \geqslant d_a \geqslant d_L = d_{min}$

最大实体要求的特点如下。

（1）被测要素遵守最大实体实效边界，即被测要素的体外作用尺寸不超过最大实体实效尺寸。

（2）当被测要素的局部实际尺寸处处均为最大实体尺寸时，允许的形位误差为图纸上给定的形位公差值。

（3）当被测要素的实际尺寸偏离最大实体尺寸时，其偏离量可补偿给形位公差，允许的形位误差为图纸上给定的形位公差值与偏离量之和。

（4）实际尺寸必须在最大实体尺寸和最小实体尺寸之间变化。

图5-42所示为最大实体要求应用于单一要素的示例。

如图5-42（a）所示，$\phi 20_{-0.3}^{\ 0}$mm 轴的轴线直线度公差与轴尺寸公差的关系采用最大实体要求（ϕ0.1mm Ⓜ）。

如图5-42（b）所示，在轴处于最大实体状态时，轴线的直线度公差为 ϕ0.1mm。

如图5-42（c）所示，轴的局部尺寸 d_a 偏离了最大实体尺寸 ϕ20mm，假设处处均为 ϕ19.9mm，在保证其体外作用尺寸不大于轴的最大实体实效尺寸 $d_{MV} = d_M + t$ Ⓜ $= 20 + 0.1 = 20.1$mm 的情况下，其轴线的直线度公差可以增加到 t Ⓜ $= 0.1 + 0.1 = 0.2$mm。

如图5-42（d）所示，轴的实际尺寸处处为最小实体尺寸 ϕ19.7mm 时，其轴线的直线度公差可以增加到最大值，且等于其尺寸公差 0.3mm 与给出的直线度公差 0.1mm 之和，t Ⓜ $= 0.3 + 0.1 = 0.4$mm。

图5-42（e）所示为动态公差图，是以实际尺寸作为横坐标，以形位公差值作为纵坐标，在采用最大实体要求时，局部尺寸大小与形位公差变化的对应关系图。

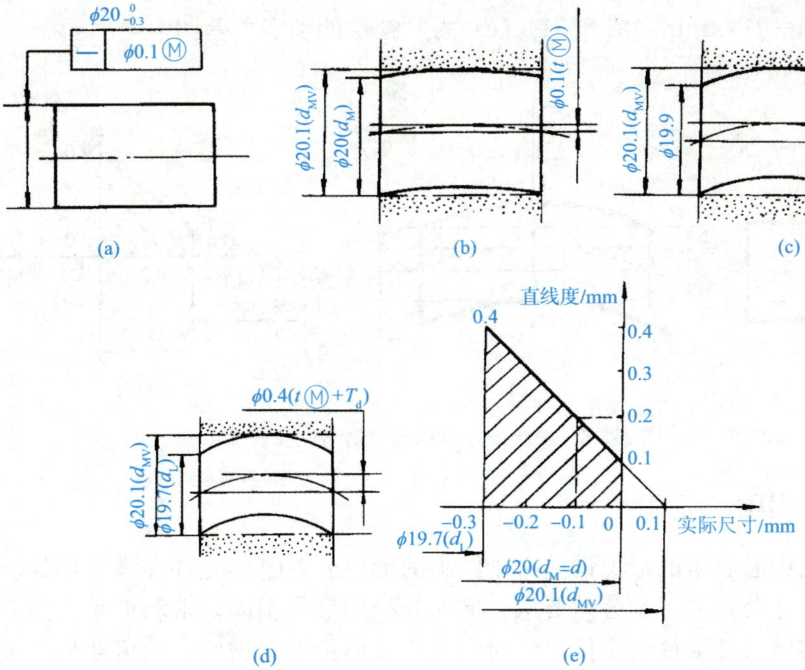

图5-42　最大实体要求应用于单一要素的示例

3. 最小实体要求（LMR）

最小实体要求是与最大实体要求相对应的另一种相关要求。最小实体要求是要求被测要素的实际轮廓遵守其最小实体实效边界，当其实际尺寸偏离最小实体尺寸时，允许其形位误差值超过在最小实体状态下给出的公差值的一种公差要求。最小实体要求仅用于中心要素。应用最小实体要求的目的主要是保证零件的最小壁厚和设计强度。

最小实体要求应用于被测要素时，被测要素的实际轮廓应遵守其最小实体实效边界，即在给定长度上处处不得超出最小实体实效边界。也就是说，实际要素的体内作用尺寸不得超过最小实体实效尺寸。而且，要素的局部实际尺寸不得超过最大、最小实体尺寸。

对于内表面(孔)，$D_{fi}\leqslant D_{LV}$ 且 $D_M=D_{min}\leqslant D_a\leqslant D_L=D_{max}$

对于外表面(轴)，$d_{fi}\geqslant d_{LV}$ 且 $d_M=d_{max}\geqslant d_a\geqslant d_L=d_{min}$

最小实体要求应用于被测要素时，被测要素的形位公差值是在该要素处于最小实体状态时给出的。当被测要素的实际轮廓偏离其最小实体状态（即实际尺寸偏离最小实体尺寸）时，形位误差值可以超过最小实体状态下给出的形位公差值，此时的形位公差值可以增大。

被测要素遵循最小实体要求时，需在被测要素的尺寸极限偏差或公差带代号后加注符号Ⓛ。图 5-43（a）所示的轴采用了最小实体要求，当轴的实体尺寸为最小实体尺寸 ϕ19.7mm 时，轴线的直线度公差为给定值 ϕ0.1mm，如图 5-43（b）所示；轴的最小实体实效尺寸

$$d_{LV}=d_{min}-t=\phi(19.7-0.1)\text{mm}=\phi19.6\text{mm}$$

当轴的实际尺寸偏离最小实体尺寸时，直线度误差允许增大，即尺寸公差补偿给形位公差。当轴的实际尺寸为最大实体尺寸 ϕ20mm 时，直线度误差允许达到的最大值：ϕ0.1mm+0.3mm=ϕ0.4mm，图 5-43（c）为其补偿的动态公差图。

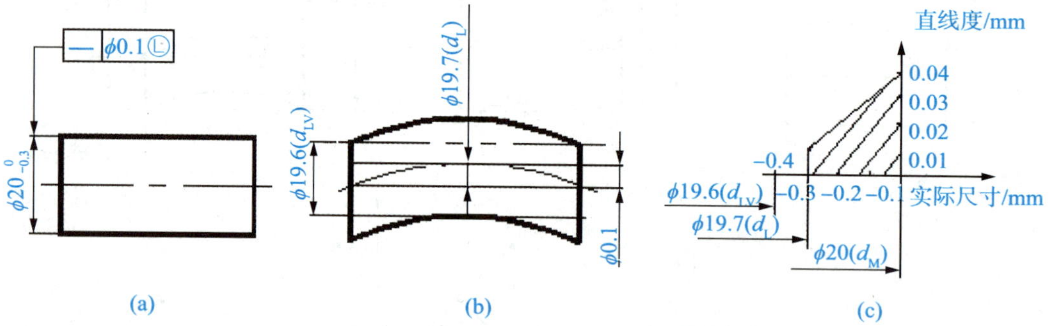

图 5-43　最小实体要求示例

4. 可逆要求（RR）

可逆要求是当中心要素的形位误差小于给出的形位公差时，允许在满足零件功能要求的前提下，扩大尺寸公差的一种公差要求。前面介绍的最大实体要求和最小实体要求是实际尺寸偏离最大实体尺寸或最小实体尺寸时，允许其形位误差增大，即可获得一定的补偿量，而实际尺寸受其极限尺寸控制，不得超出给定范围。可逆要求是反过来用形位公差补

偿尺寸公差，即允许相应的尺寸公差增大。

可逆要求可用于最大实体要求，也可以用于最小实体要求，但可逆要求不能单独使用。当可逆要求用于最大实体要求或最小实体要求时，并没有改变它们原来所遵守的极限边界，而是在原有的尺寸公差补偿形位公差的关系的基础上，增加形位公差补偿尺寸公差的关系，为加工时根据需要分配尺寸公差和形位公差提供方便。可逆要求用于最大实体要求：主要应用于公差及配合无严格要求，仅要求保证装配互换的场合。可逆要求一般很少用于最小实体要求。可逆要求用于最大实体要求时，需在符号Ⓜ后加注符号Ⓡ；用于最小实体要求时，需在符号Ⓛ后加注符号Ⓡ。

(1) 可逆要求用于最大实体要求的示例。

如图5-44所示，外圆$\phi 20_{-0.3}^{0}$mm的轴线的直线度公差要求为$\phi 0.1$mm，同时采用了最大实体要求和可逆要求。

图5-44 (a) 为图纸标注，表示$\phi 20_{-0.3}^{0}$mm轴的轴线的直线度公差（t ⓂⓇ$=\phi 0.1$mm）采用可逆的最大实体要求。

如图5-44 (b) 所示，当轴处于最大实体状态，其最大实体尺寸为$\phi 20$mm时，轴线的直线度误差的最大允许值为$\phi 0.1$mm。当轴线的直线度误差小于0.1mm时，则允许轴的局部尺寸大于其最大实体尺寸$\phi 20$mm，即尺寸公差可以增大，但必须保证实际要素的体外作用尺寸不得超过其最大实体实效尺寸d_{MV}（$d_{MV}=d_M+t$ ⓂⓇ$=20+0.1=20.1$mm）。若轴线的直线度误差为0（即具有理想形状），则局部尺寸可达到最大值，即等于其最大实体实效尺寸$\phi 20.1$mm，图5-44 (c) 为其动态公差图。

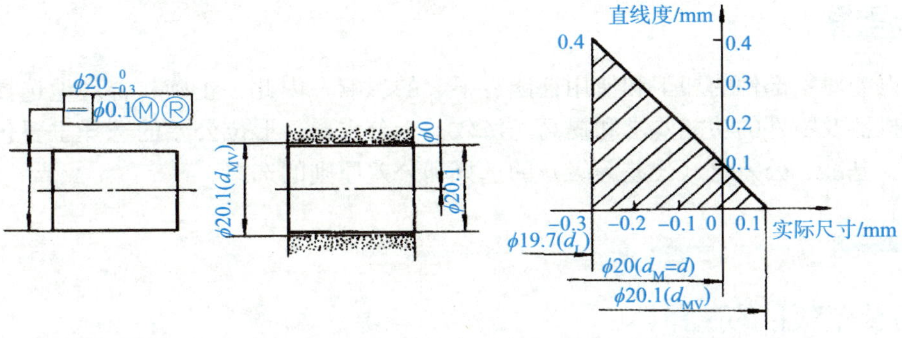

(a) 图纸标注　(b) 解释　(c) 动态公差图

图5-44　可逆要求与最大实体要求的示例

(2) 可逆要求用于最小实体要求的示例。

如图5-45所示，孔$\phi 8_{0}^{+0.025}$mm的轴线相对基准面A的位置度公差为$\phi 0.4$mm，既采用最小实体要求，又采用可逆要求。

图5-45 (a) 为图纸标注。表示孔$\phi 8_{0}^{+0.025}$mm的轴线对基准面A的位置度公差采用了可逆的最小实体要求（t ⓁⓇ$=\phi 0.4$mm）。

如图5-45 (b) 所示，当孔的实际轮廓偏离了最小实体状态（即孔的局部尺寸D_a偏离了最小实体尺寸D_L）时，允许形位公差增大。若孔的实际位置度误差小于给定的公差，则允许孔的局部尺寸大于其最小实体尺寸D_L（$D_L=D_{max}=\phi 8.25$mm），但必须保证孔的

定位体内作用尺寸 $D\phi_{fi}$ 不大于其定位最小实体实效尺寸 $D\phi''_{LV}=D_L+t$ ⓁⓇ$=8.25+0.4=8.65$mm。当孔的轴线的位置度误差为“0”（即具有理想形状且处于理想位置）时，其实际尺寸可达最大值，即等于孔的定位最小实体实效尺寸 $\phi8.65$mm，图 5－45（c）为其动态公差图。

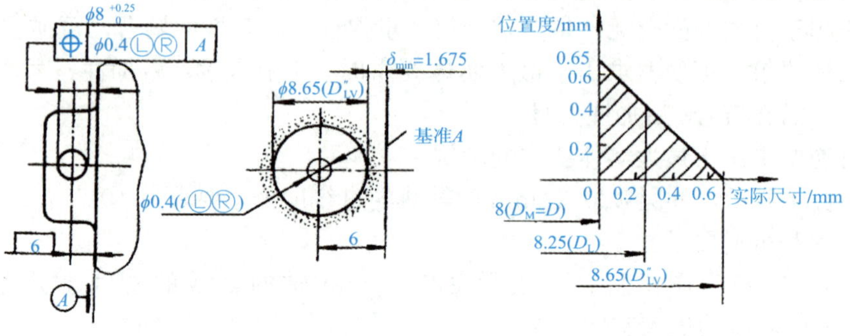

(a) 图纸标注　　(b) 解释　　(c) 动态公差图

图 5－45　可逆要求与最小实体要求的示例

任务 7　形位公差的选择与应用

任务目标

形位误差对零部件的加工和使用性能有很大的影响。因此，正确、合理地选择形位公差对保证机器及零件的功能要求和提高经济效益十分重要。形位公差的选择主要包括形位公差项目、基准、公差值（公差等级）的选择和公差原则的选择。

知识学习

一、形位公差项目的选择

一般是根据零件的几何特征、使用要求和经济性等方面因素综合考虑确定形位公差项目的。在保证零件的功能要求的前提下，应尽量使形位公差项目减少、检测方法简单并能获得较好的经济效益，在选择形位公差项目时主要从以下四点考虑。

1. 零件的几何结构特征

零件的几何结构特征是选择被测要素形位公差项目的基本依据。例如，轴类零件的外圆可能出现圆度、圆柱度误差；零件平面要素可能出现平面度、平行度误差；阶梯轴（孔）可能出现同轴度误差；槽类零件可能出现对称度误差；凸轮类零件可能出现轮廓度误差，等等。

2. 零件的功能使用要求

选择形位公差项目时，应着重从要素的形位误差对零件在机器中使用性能的影响考虑，选择确定所需的形位公差项目。例如，对活塞两销孔的轴线提出同轴度的要求；同时对活塞外圆柱面提出圆柱度公差，用以控制圆柱体表面的形状误差。

3. 形位公差项目的综合控制职能

由于各形位公差项目的控制功能不同，选择时要尽量发挥它们的综合控制职能，以便减少形位公差项目。例如，圆柱度可综合控制圆度、直线度等的误差。

4. 检测的方便性

形位公差项目的选择要与检测条件相结合，同时考虑检测的可行性和经济性。如果 2 个项目都能满足零件的使用要求，应选择检测简便的项目。例如，对于轴类零件，可用径向圆跳动或径向全跳动公差代替圆度、圆柱度以及同轴度公差，因为跳动公差的检测方便，具有较好的综合性能。

二、基准要素的选择

基准要度素的选择包括基准部位的选择、基准数量的确定、基准顺序的安排等。

1. 基准部位的选择

主要根据设计和使用要求、零件的结构特点，并综合考虑基准的统一等原则。在满足功能要求的前提下，一般选用加工或装配中精度较高的表面作为基准，力求使设计和工艺基准重合，消除基准不统一产生的误差，同时简化夹具、量具的设计与制造。基准要素应具有足够的刚度和尺寸，确保零件定位稳定可靠。

2. 基准数量的确定

一般根据公差项目的定向、定位几何功能要求来确定基准的数量。定向公差大多只需要一个基准，而定位公差则需要一个或多个基准。

3. 基准顺序的安排

当选择两个或两个以上的基准要素时，必须确定基准要素的顺序，并按顺序填入公差框格中。基准顺序的安排主要考虑零件的结构特点、装配和使用要求。

三、形位公差值的选择

形位公差值的选择原则与尺寸公差的选择原则基本相同。在满足零件的功能要求的前提下选取最经济的公差值，即尽量选用低的公差等级。确定形位公差常采用类比法。所谓类比法，就是参考现有的手册和资料，参照经过验证的类似产品的零部件，通过对比分析，确定公差值。采用类比法确定形位公差值时，应考虑以下因素。

（1）零件的结构特点。对于结构复杂、刚性差（如细长轴、薄壁件等）、不易加工和测量的零件，在满足零件功能要求的情况下，应适当选择低的公差等级。

（2）通常在同一要素上给定的形状公差值应小于位置公差值，对于圆柱形零件的形状公差值（轴线的直线度除外），一般情况下应小于其尺寸公差值。通常零件的平行度公差值应小于其相应的尺寸公差值。

（3）有配合要求时形状公差与尺寸公差的关系。

除了线轮廓度、面轮廓度以及位置度未规定公差等级外，其余形位公差项目均已按国家标准规定划分了公差等级。一般分为 12 级，即 1 级、2 级、…、12 级，精度依次降低。圆度和圆柱度划分为 13 级，增加了一个 0 级，以便满足精密零件制造的需要。各个公差项目的公差等级和公差值见表 5-8～表 5-11。一般情况下，可以采用形位公差与尺寸公差同级。

表 5-8　直线度和平面度的公差等级和公差值

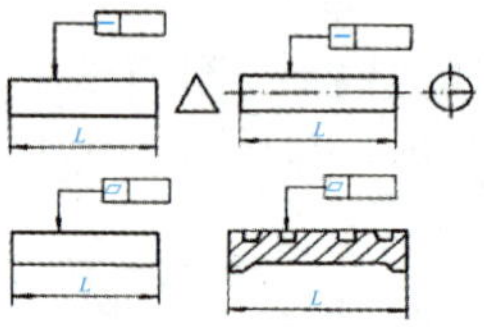

主要参数 L/mm	公差等级/μm											
	1	2	3	4	5	6	7	8	9	10	11	12
≤10	0.2	0.4	0.8	1.2	2	3	5	8	12	20	30	60
>10～16	0.25	0.5	1	1.5	2.5	4	6	10	15	25	40	80
>16～25	0.3	0.6	1.2	2	3	5	8	12	20	30	50	100
>25～40	0.4	0.8	1.5	2.5	4	6	10	15	25	40	60	120
>40～63	0.5	1	2	3	5	8	12	20	30	50	80	150
>63～100	0.6	1.2	2.5	4	6	10	15	25	40	60	100	200

表 5-9　平行度、垂直度和倾斜度的公差等级和公差值

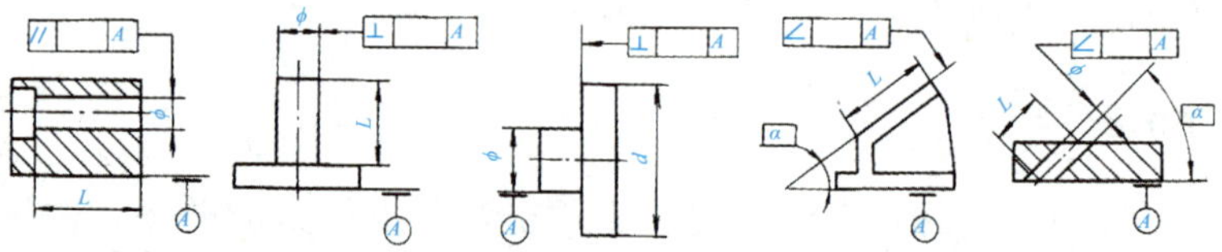

主要参数 L、D、d/mm	公差等级/μm											
	1	2	3	4	5	6	7	8	9	10	11	12
≤10	0.4	0.8	1.5	3	5	8	12	20	30	50	80	120
>10～16	0.5	1	2	4	6	10	15	25	40	60	100	150
>16～25	0.6	1.2	2.5	5	8	12	20	30	50	80	120	200
>25～40	0.8	1.5	3	6	10	15	25	40	60	100	150	250
>40～63	1	2	4	8	12	20	30	50	80	120	200	300
>63～100	1.2	2.5	5	10	15	25	40	60	100	150	250	400

表 5-10　圆度和圆柱度的公差等级和公差值

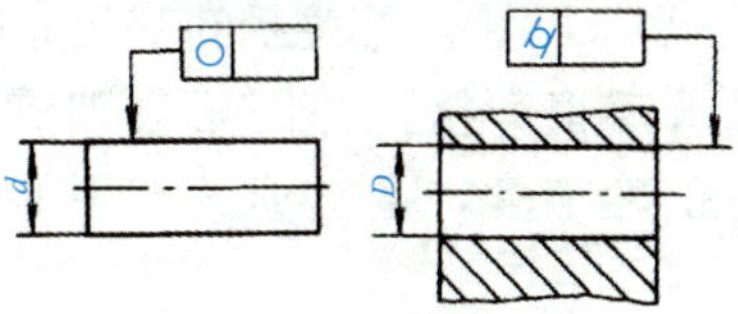

主要参数 $D(d)$/mm	公差等级/μm												
	0	1	2	3	4	5	6	7	8	9	10	11	12
≤3	0.1	0.2	0.3	0.5	0.8	1.2	2	3	4	6	10	14	25
>3～6	0.1	0.2	0.4	0.6	1	1.5	2.5	4	5	8	12	18	30
>6～10	0.12	0.25	0.4	0.6	1	1.5	2.5	4	6	9	15	22	36
>10～18	0.15	0.25	0.5	0.8	1.2	2	3	5	8	11	18	27	43
>18～30	0.2	0.3	0.6	1	1.5	2.5	4	6	9	13	21	33	52
>30～50	0.25	0.4	0.6	1	1.5	2.5	4	7	11	16	25	39	62
>50～80	0.3	0.5	0.8	1.2	2	3	5	8	13	19	30	46	74

表 5-11　同轴度、对称度、圆跳动和全跳动的公差等级和公差值

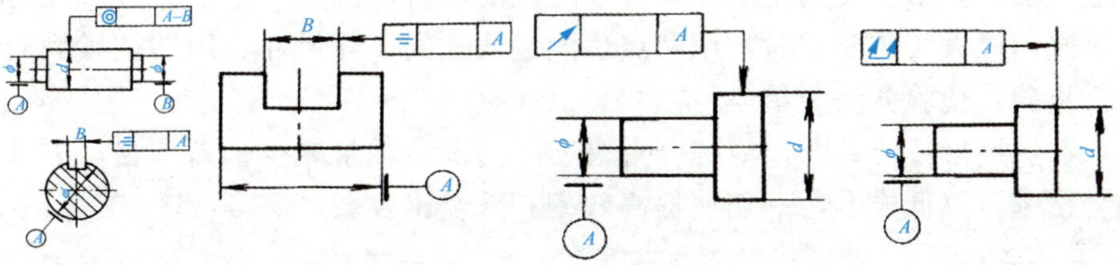

主要参数 $D(d)$/mm	公差等级/μm											
	1	2	3	4	5	6	7	8	9	10	11	12
≤1	0.4	0.6	1	1.5	2.5	4	6	10	15	25	40	60
>1～3	0.4	0.6	1	1.5	2.5	4	6	10	20	40	60	120
>3～6	0.5	0.8	1.2	2	3	5	8	12	25	50	80	150
>6～10	0.6	1	1.5	2.5	4	6	10	15	30	60	100	200
>10～18	0.8	1.2	2	3	5	8	12	20	40	80	120	250
>18～30	1	1.5	2.5	4	6	10	15	25	50	100	150	300
>30～50	1.2	2	3	5	8	12	20	30	60	120	200	400
>50～120	1.5	2.5	4	6	10	15	25	40	80	150	250	500

（4）通常情况下，表面粗糙度的 *Ra* 值约占形状公差值的 20%～25%。

四、公差原则的选择

选择公差原则时，应根据被测要素的功能要求，充分发挥公差的职能和选择该种公差原则的可行性、经济性。

(1) 独立原则是处理形位公差与尺寸公差关系的基本原则，主要应用于以下场合。

1) 尺寸精度和形位精度要求都很严格，并需要分别满足要求。如齿轮箱体上的孔，为保证与轴承的配合和齿轮的正确啮合，要分别满足孔的尺寸精度和孔心线的平行度要求。

2) 尺寸精度与形位精度要求相差较大。如印刷机的辊筒、轧钢机的轧辊等零件，尺寸精度要求较低，圆柱度要求较高；平板的尺寸精度要求较低，平面度要求较高，应分别满足要求。

3) 为保证运动精度、密封性等特殊要求，单独提出与尺寸精度无关的形位公差要求。如为保证机床导轨的运动精度，提出直线度要求，与尺寸精度无关；汽缸套内孔与活塞配合，为了使内、外圆柱面均匀接触并有良好的密封性能，在保证尺寸精度的同时，还要满足很高的圆度、圆柱度要求。

运用独立原则，需要用计量器具分别检测零件的尺寸和形位误差，检测时操作不太方便。

(2) 包容原则主要用于需要保证配合性质，特别是要求精密配合的场合，用最大实体边界来控制零件的尺寸和形位误差的综合结果，以保证配合要求的最小间隙或最大过盈。选用包容要求时，可用光滑极限量规来检测实际尺寸和体外作用尺寸，检测方便。

(3) 最大实体要求主要用于须保证可装配性的场合，例如，用于穿过螺栓的通孔的位置度公差，选用最大实体要求时，用两点法测量通孔的实际尺寸，用功能量规对其体外作用尺寸进行检验，检验方法简单易行。

总之，在选用形位公差时，应综合考虑实际情况，尽量减少公差项目，方便检测，提高零件的合格率，降低成本，一切从提高效率和效益出发。

五、未注形位公差的选择

为了简化图纸，对于一般机床加工能保证的形位精度，不必在图纸上注出形位公差。

图纸上没有具体注明形位公差的要素，其形位精度应按下列规定执行。

(1) 对未注直线度、平面度、垂直度、对称度和圆跳动各规定了 H、K、L 三个公差等级。采用规定的未注公差值时，应在标题栏或技术要求中标注公差等级代号及标准代号，如“GB/T 1184—H”。

(2) 未注圆度公差值等于直径公差值，但不能大于径向圆跳动值。

(3) 未注圆柱度公差由圆度、直线度和素线平行度的标注公差或未注公差控制。

(4) 未注平行度公差值等于尺寸公差值，或直线度和平面度未注公差值中的较大者。

(5) 未注同轴度的公差值可以和表 5-11 中规定的圆跳动的未注公差值相等。

(6) 未注线、面轮廓度、倾斜度、位置度和全跳动的公差值均应由各要素的标注或未注线性尺寸公差或角度公差控制。

应用未注公差的总原则：实际要素的功能允许形位公差等于或大于未注公差，一般不需要单独标注，采用未注公差。

如果功能要求允许大于未注公差值，而这个较大的公差值会给工厂带来经济效益，则可将这个较大的公差值单独标注在要素上。

因此，未注公差是一般机床或中等制造精度就能保证的形位精度，为了简化标注，不必在图纸上注出。

未注形位公差的要素一般不需要进行通过性检查，但要进行首检和抽检，并以上述规定为仲裁依据。当零件要素的形位误差值超过未注公差值时，如果不影响零件功能，不应拒收。

任务实施

一、齿轮油泵壳体的综合检测

二、工件图纸

齿轮油泵壳体的图纸如图 5－46 所示。

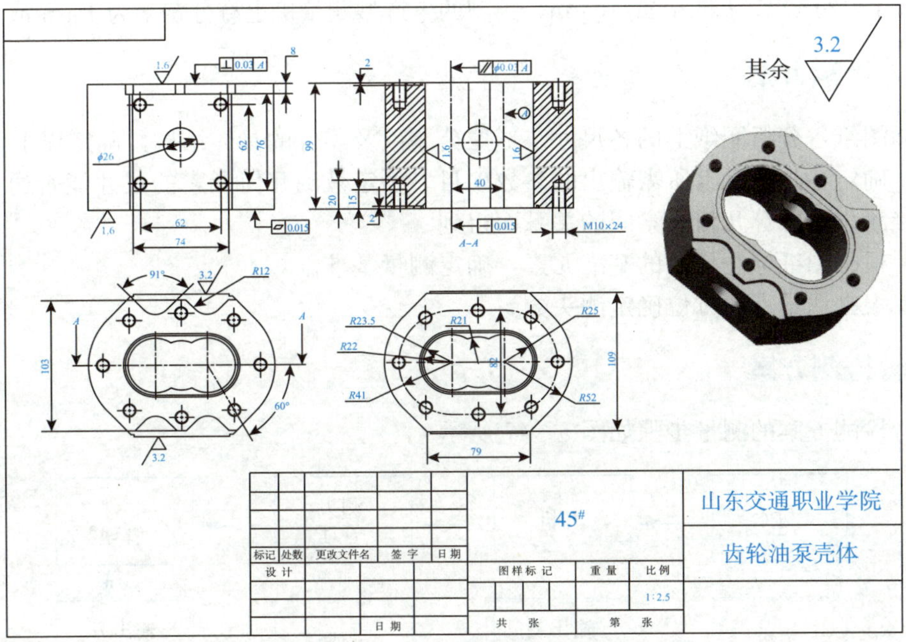

图 5－46　齿轮油泵壳体的图纸

三、任务描述

分析齿轮油泵壳体零件图的尺寸要求，针对以下检测项目制定检测方案，选择量具、量仪，编制检验计划，并进行实际检测操作，记录测量数据，并对测量数据进行处理，去除粗大误差，得出测量结果。

四、制订检测计划

制订检测计划时，要注意设置检验流程图，明确检验程序，并设计记录表格及原始记录单，编制简单的作业指导书，熟悉检测计划的编制流程。

五、工具选择与检测准备

使用三坐标测量机进行综合检测。

三坐标测量机是指在一个六面体的空间范围内能够表现对几何形状、长度及圆周分度等的测量能力的仪器，又称为三坐标测量仪，它是应用相当广泛的现代化智能工具。目前，三坐标测量机已经广泛应用于汽车、航天工业、模具及机加工领域，并在学校、科研单位得到了广泛使用，它对提升产品的总体竞争力起不可忽视的作用。

三坐标测量机按其精度分为两大类。

精密型万能测量机（UMM）：是一种计量型的三坐标测量机，测量精度可以达到 $0.5\ \mu m+L/1\ 000$，一般放在有恒温条件的计量室内，用于精密测量，分辨率为 0.5 μm、1 μm 或 2 μm，也有 0.2 μm 或 0.1 μm 的。

生产型测量机（CMM）：一般放在生产车间中，用于生产过程的检测，并可进行末道工序的精加工，分辨率为 5 μm 或 10 μm，小型的生产型测量机也有分辨率为 1 μm 或 2 μm 的。

六、制定检测方案

审阅图纸，分析图纸上的各尺寸、形位公差以及零件的具体结构，确定以下内容。

（1）确定各几何元素所需输出的参数项目。确定被测几何元素的尺寸能否通过直接测量、间接测量或计算几何元素间的关系而得到。

（2）根据图纸标注尺寸的基准元素，确定测量基准。

（3）根据测量点的方位确定测头数。

七、执行检测方案

执行检测方案的测量步骤如图 5-47 所示。

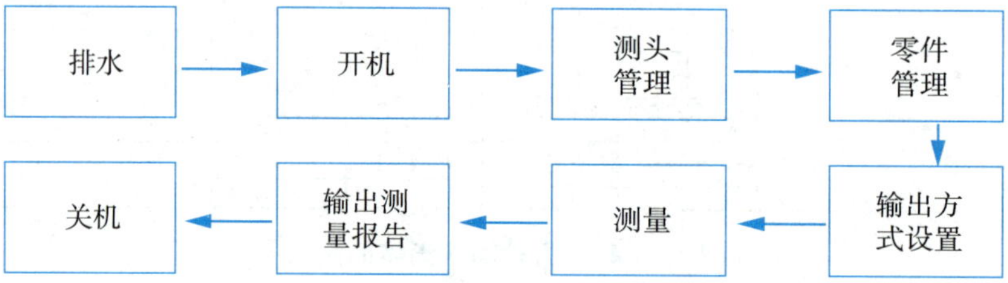

图 5-47 测量步骤

1. 开机

首先打开空气压缩机储气罐的排水阀排水，再依次开启空压机、冷干机和测量机气源，检查气压是否在 0.4～0.5MPa 范围内，如果不在此范围内，则可通过气源调节阀调节，然后依次接通交流稳压电源、UPS 电源、控制系统电源和计算机电源，启动 WTUTOR 测量程序，屏幕上出现 SOI 页面，依次单击“电源”“初始化”，机器完成通信和坐标初始化。

2. 测量预备操作

测头管理：包括测尖标定、校正、数据存储。

零件管理：包括零件坐标系的建立与存储。

输出方式设置：设置测量结果由屏幕输出、打印机输出或文件输出。

3. 测量操作

通过几何元素的直接测量、构造、元素间关系的计算、位置误差的检测、几何形状扫描等方法测出所需的参数。

4. 补充操作

结束测量操作后，对测量输出格式进行设置，以满足特殊需求，该设置也可在测量操作前完成。

5. 关机

完成以上各步骤后，整个测量过程就结束了。三坐标测量机的关机顺序与开机顺序相反，即首先“初始化”，使测头停止在安全位置，再关闭 WTUTOR 测量程序，然后依次关闭计算机电源、控制系统电源、UPS 电源、交流稳压电源，最后关闭气源系统。

八、整理检测报告

根据检测方案、检测执行、检测结果的实际情况，查阅资料，完成检测报告。

知识巩固

5-1：形位公差特性共有多少项？每个项目的名称和符号是什么？

5-2：举例说明什么是最小条件？为什么要规定最小条件？

5-3：公差原则包括哪些内容？说明公差原则（或要求）的含义，并简述其应用场合。

5-4：选择几何公差包括哪些内容？在什么情况下选择未注公差？未注公差在图纸上如何表示？

5-5：什么是体外作用尺寸？什么是体内作用尺寸？对于内、外表面，其体外、体内作用尺寸的表达式是什么？

5-6：什么是最大实体实效尺寸？对于内、外表面，其最大实体实效尺寸的表达式是什么？

5-7：什么是最小实体实效尺寸？对于内、外表面，其最小实体实效尺寸的表达式是什么？

5-8：几何公差带与尺寸公差带有何区别？几何公差的四要素是什么？

5-9：举例说明什么是可逆要求？有何实际意义？

5-10：将下列几何公差要求标注在图 5-48 上。

(1) $2\times\phi d$ 轴线对其公共轴线的同轴度公差为 $\phi0.03$mm。

(2) ϕD 轴线对 $2\times\phi d$ 公共轴线的垂直度公差为 0.02mm。

(3) ϕD 轴线对 $2\times\phi d$ 公共轴线的偏离量不大于 ±10 μm。

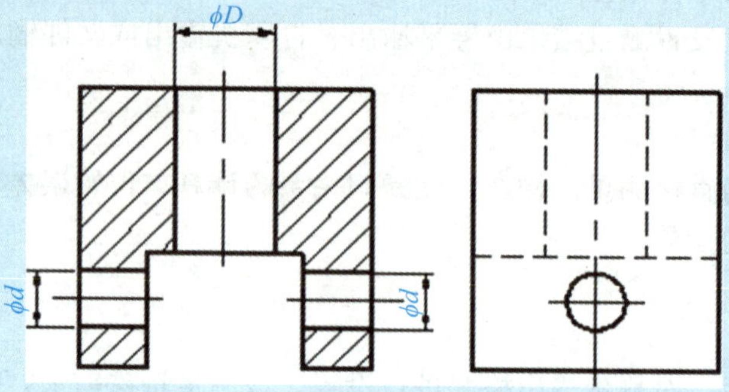

图 5-48　5-10 题图

5-11：将下列几何公差要求，分别标注在图 5-49 (a)、图 5-49 (b) 上。

(1) 标注在图 5-49 (a) 上的几何公差要求。

①$\phi 40_{-0.03}^{\ 0}$ 圆柱面对两 $\phi 25_{-0.021}^{\ 0}$ 公共轴线的圆跳动公差为 0.015mm。

②两 $\phi 25_{-0.021}^{\ 0}$ 轴颈的圆度公差为 0.01mm。

③$\phi 40_{-0.03}^{\ 0}$ 左、右端面对两 $\phi 25_{-0.021}^{\ 0}$ 孔的公共轴线的端面圆跳动公差为 0.02mm。

④键槽 $10_{-0.036}^{\ 0}$ 中心平面对 $\phi 40_{-0.03}^{\ 0}$ 轴线的对称度公差为 0.015mm。

(2) 标注在图 5-49 (b) 上的几何公差要求。

①底平面的平面度公差为 0.012mm。

②$\phi 20_{\ 0}^{+0.021}$ 两孔的轴线分别对它们的公共轴线的同轴度公差为 0.015mm。

③$\phi 20_{\ 0}^{+0.021}$ 两孔的轴线对底面的平行度公差为 0.01mm，两孔表面的圆柱度公差为 0.008mm。

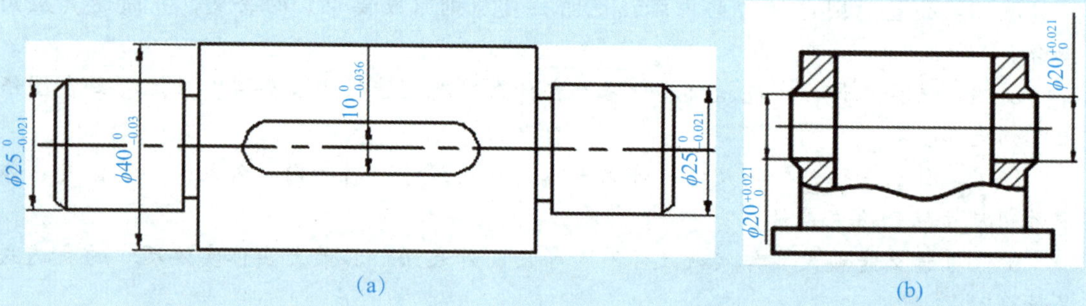

图 5-49　5-11 题图

项目 5

零件表面粗糙度

项目描述

本项目是为了让读者加深对表面粗糙度的评定参数中的轮廓算术平均偏差 Ra 和轮廓最大高度 Rz 的理解，了解干涉显微镜的结构并熟悉其使用方法，熟悉用针描法测量表面粗糙度的原理。学会使用表面粗糙度样板及干涉显微镜检测表面粗糙度的方法。

零件表面粗糙度

教学目标

1. 知识目标

- 了解零件的表面粗糙度形成的原因。
- 掌握表面粗糙度的参数及术语的概念。
- 掌握干涉显微镜的常用技术性能指标。
- 熟悉检测报告的主要内容及编写流程。

2. 能力目标

- 能够理解零件的表面粗糙度的评定参数。
- 能够掌握用干涉显微镜检测表面粗糙度的方法。
- 能够理解用针描法测量表面粗糙度的原理。
- 能够熟悉表面粗糙度参数的选择与应用。
- 能够学会使用常用的测量器具，对实际工件进行检测。

素养提升

学习大国工匠洪海涛（被称为“导弹点火的把关人”）的事迹可知，导弹发射点火的那一瞬间，迸发的能量巨大，而控制这巨大能量的总开关，是拳头大小的点火器。洪海涛要打磨的恰恰是这点火器上的小孔——点火孔。点火孔的空间狭小，只能容纳一颗黄豆粒。若要实现孔内贴合面95%以上的贴合度，就要把点火孔表面的高低差控制在0.01mm以内。如果误差超过0.01mm，点火器不能正常作业，该点火时可能点不着，不该点火时可能因为静电摩擦自动点火，引发事故。

任务1　表面粗糙度的概念及术语的认识

任务目标

无论是机械加工的零件表面，还是用铸、锻等方法获得的零件表面，总会存在具有较小间距和峰谷的微观几何形状误差（轮廓微观不平度），这种较小间距和峰谷的微观几何形状特性称为表面粗糙度。零件的表面粗糙度对该零件的功能有重大影响。

知识学习

一、表面粗糙度的概念

经过机械加工的零件表面，不可能是绝对平整和光滑的，存在着一定程度的宏观和微观几何形状误差。表面粗糙度是反映微观几何形状误差的一个指标。

表面粗糙度通常按波距的大小分为表面粗糙度、表面波纹度和形状误差，如图6-1所示。

波距≤1mm的属于表面粗糙度。

波距处于1～10mm的属于表面波纹度。

波距>10mm的属于形状误差。

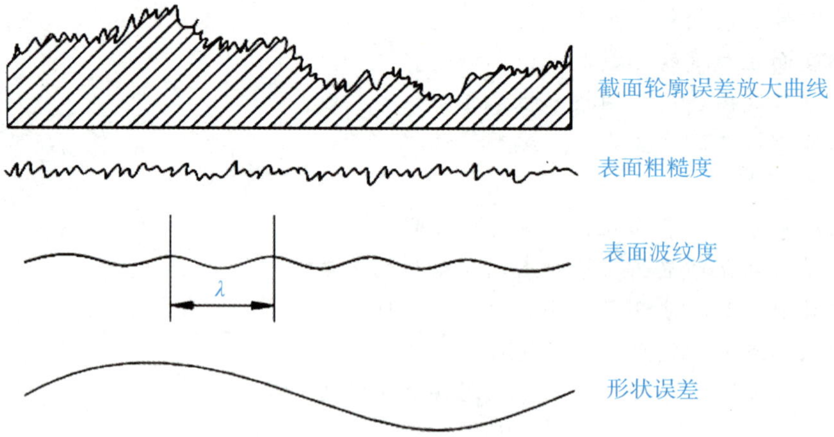

图6-1　表面粗糙度的概念

二、表面粗糙度对零件使用性能的影响

1. 对摩擦和磨损的影响

一般地，表面越粗糙，摩擦阻力越大，零件的磨损也越快。

2. 对配合性能的影响

表面越粗糙，配合性能越容易改变，稳定性越差。

3. 对疲劳强度的影响

当零件承受交变载荷时，由于应力集中的影响，疲劳强度会降低，表面越粗糙，越容易产生疲劳裂纹和破坏。

4. 对接触刚度的影响

表面越粗糙，实际承载面积越小，接触刚度越低。

5. 对耐腐蚀性的影响

表面越粗糙，越容易腐蚀生锈。

此外，表面粗糙度还影响结合的密封性、产品的外观、表面涂层的质量、表面的反射能力等，因此要给予充分的重视。

三、评定表面粗糙度的主要术语及定义

1. 取样长度 *lr*

测量和评定表面粗糙度时所规定的一段基准长度，称为取样长度 *lr*，如图 6－2 所示。规定取样长度是为了限制和减弱宏观几何形状误差，以及波度对表面粗糙度测量结果的影响。取样长度一般至少包含 5 个轮廓峰和轮廓谷，表面越粗糙，取样长度应越大。

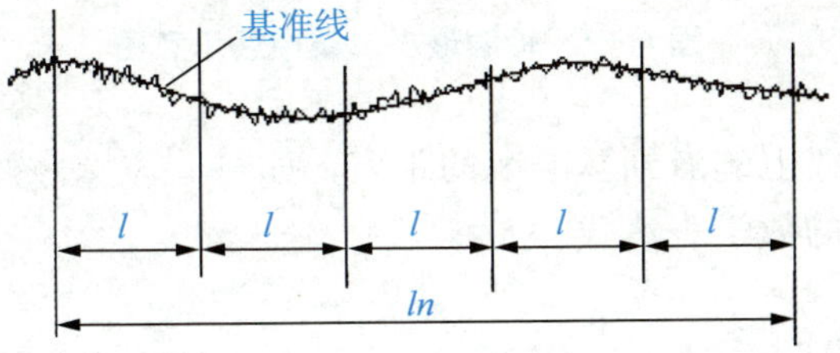

图 6－2　取样长度和评定长度

GB/T 1031—2009《产品几何技术规范（GPS）表面结构 轮廓法 表面粗糙度参数及其数值》规定的取样长度和评定长度的选用值如表 6－1 所示。

表 6-1 取样长度和评定长度的选用值（摘自 GB/T 1031—2009）

Ra/μm	Rz/μm	lr/mm	ln/mm（$ln=5\times lr$）
≥0.008～0.02	≥0.025～0.10	0.08	0.4
>0.02～0.10	>0.10～0.50	0.25	1.25
>0.10～2.0	>0.50～10.0	0.8	4.0
>2.0～10.0	>10.0～50.0	2.5	12.5
>10.0～80.0	>50.0～320	8.0	40.0

注：Ra、Rz 为粗糙度评定参数。

2. 评定长度 *ln*

评定长度是指评定轮廓表面所必需的一段长度。由于被加工表面的粗糙度不一定均匀，为了合理、客观地反映表面质量，评定长度往往包含几个取样长度。

如果加工表面比较均匀，可取 $ln<5l$，如果加工表面不均匀，则取 $ln>5l$，一般取 $ln=5l$。具体数值见表 6-1。

3. 轮廓中线（基准线）

轮廓中线是评定表面粗糙度参数值大小的参考线，下面介绍两种轮廓中线。

(1) 轮廓最小二乘中线是具有几何轮廓形状并划分轮廓的基准线，在取样长度内使轮廓上各点的轮廓偏距的平方和最小，如图 6-3 所示。

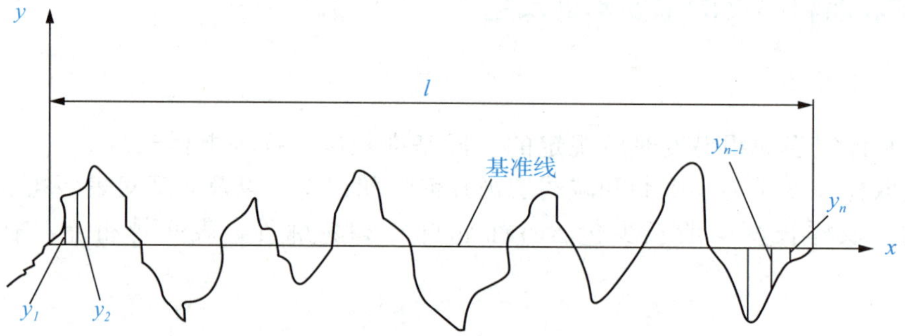

图 6-3 轮廓最小二乘中线示意图

轮廓偏距是指轮廓线上的点到基准线的距离，如 y_1、y_2、y_3、…、y_n。

轮廓最小二乘中线的数学表达式：

$$\int_0^l y^2\mathrm{d}x=\text{最小值}$$

(2) 轮廓算术平均中线具有几何轮廓形状，是指在取样长度内划分实际轮廓为上、下两部分，且使两部分面积相等的基准线，如图 6-4 所示，即：

$$\sum_{i=1}^{n}F_i=\sum_{i=1}^{n}F'_i$$

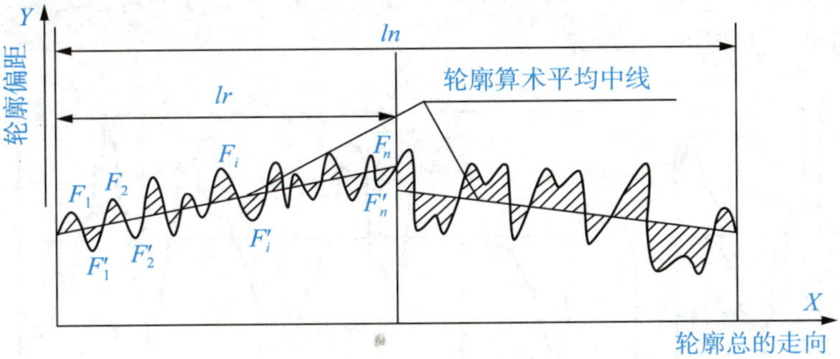

图 6-4　轮廓算术平均中线示意图

用最小二乘法确定的中线是唯一的，但该方法用起来比较困难。应用算术平均法时，常用目测确定中线，是一种近似的图解方法，较为简便，所以常用算术平均法替代最小二乘法，并在生产中广泛应用。

四、表面粗糙度的评定参数

1. 轮廓算术平均偏差

轮廓算术平均偏差是在取样长度内，被测实际轮廓上各点至轮廓中线的距离绝对值的平均值，如图 6-5 所示。

$$Ra=\frac{1}{lr}\int_0^{lr}|Z(x)|\mathrm{d}X$$

或近似为 $Ra=\frac{1}{n}\sum_{i=1}^{n}|Z_i|$

Ra 参数能较充分地反映表面微观几何形状，其值越大，表面越粗糙。

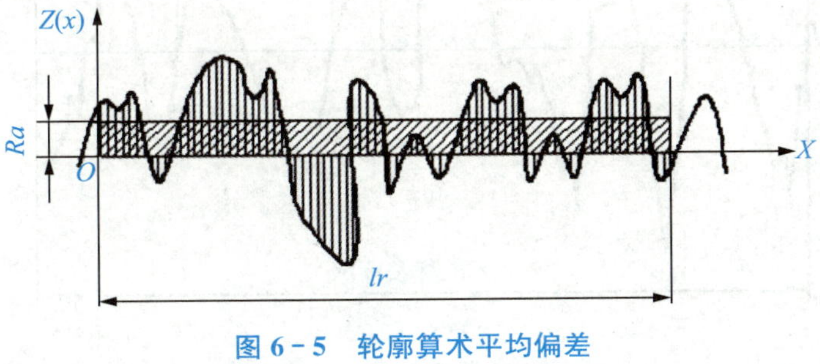

图 6-5　轮廓算术平均偏差

2. 轮廓的最大高度

在一个取样长度范围内，最大轮廓峰高 Zp 与最大轮廓谷深 Zv 之和称为轮廓最大高度，用 Rz 表示，$Rz=Zp+Zv$。

Rz 比较直观、易测，但在反映轮廓方面不如 Ra 全面，多用于不可以有较深加工痕迹的零件，或被测表面很小，不宜用 Ra 来评定的表面。

注意：在旧标准 GB/T 3505—1983 中，用符号 Rz 代表微观不平度十点高度，即在取样长度内五个最大的轮廓峰高的平均值与五个最大轮廓谷深的平均值之和，用符号 Rz 代表轮廓的最大高度，如图 6－6 所示。

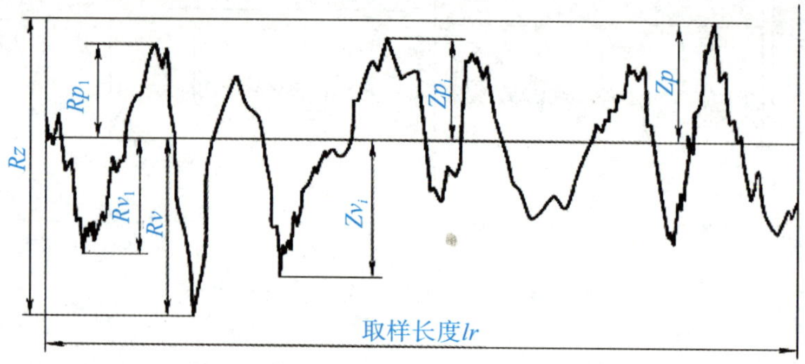

图 6－6　轮廓的最大高度

3. 轮廓单元的平均宽度

一个轮廓峰与相邻的轮廓谷的组合叫作轮廓单元。在一个取样长度范围内，中线与各个轮廓单元相交的线段的长度叫作轮廓单元的宽度，用 Xs_i 表示。

轮廓单元的平均宽度是指在一个取样长度范围内所有轮廓单元的宽度 Xs_i 的平均值（见图 6－7），用 Rsm 表示，即

$$Rsm = \frac{1}{m}\sum_{i=1}^{m} Xs_i$$

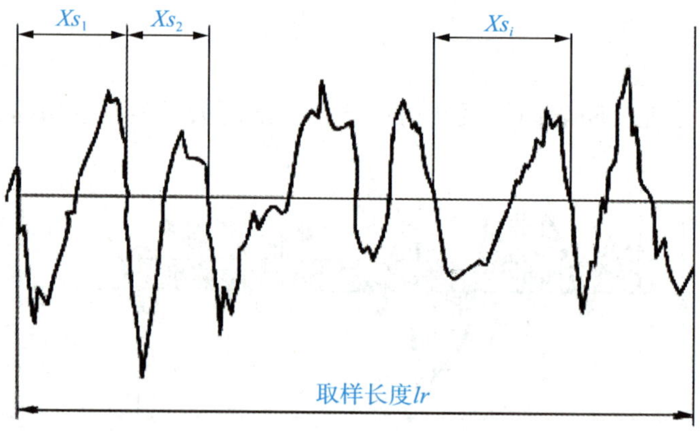

图 6－7　轮廓单元的平均宽度

4. 轮廓的支承长度率

轮廓的支承长度率 $Rmr(c)$ 是指在给定的水平位置 c 上轮廓的实体材料长度 $Ml(c)$ 与评定长度的比率，如图 6－8 所示。

$Rmr(c)$ 是评定轮廓曲线的相关参数，轮廓的支承长度率 $Rmr(c)$ 对应不同的 c 值。当 c 值一定时，$Rmr(c)$ 的值越大，支承能力和耐磨性越好，如图 6－9 所示。

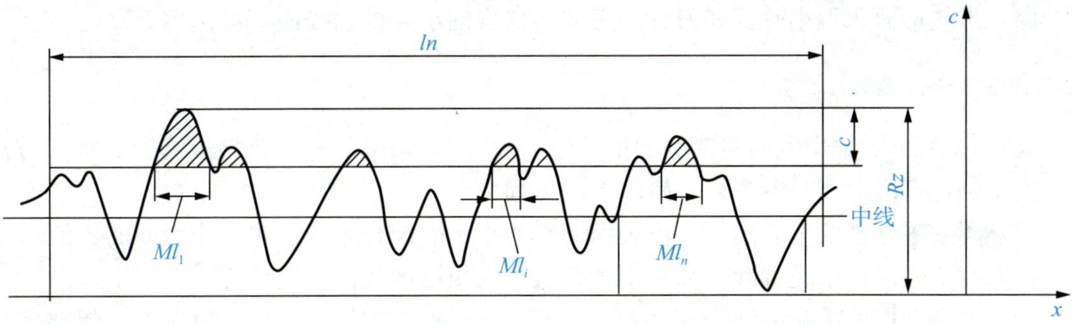

图 6-8　轮廓的支承长度率

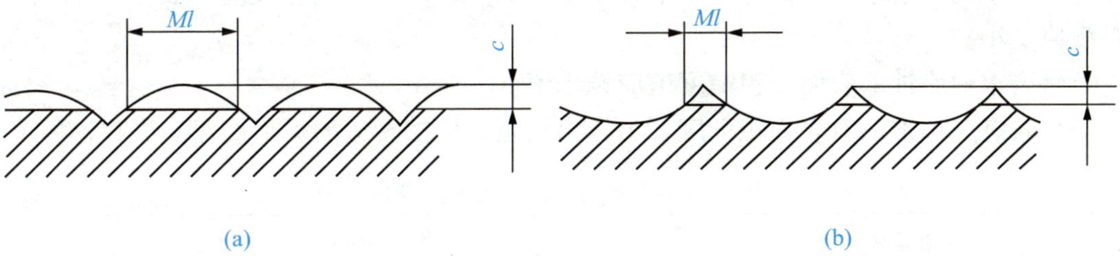

图 6-9　不同形状轮廓的支承长度

任务 2　表面粗糙度的选择与应用

任务目标

了解评定参数和评定参数值的选用，学习并能够熟练掌握表面粗糙度的基本符号及标注方法。

知识学习

一、评定参数的选用

国家标准规定，轮廓的幅度参数（*Ra* 或 *Rz*）是必须标注的参数，而其他参数是附加参数，如 *Rsm*、*Rmr*(*c*)。若无特殊要求，一般仅选用幅度参数即可满足要求。当有特殊要求时才需要选用附加参数，例如有抗腐蚀性、涂镀性或密封性要求时，需要加选 *Rsm* 来控制间距的细密程度；当对表面的支承刚度和耐磨性有较高的要求时，需要加选 *Rmr*(*c*) 来控制表面的形状特征。

在选择幅度参数时，要考虑以下因素。

（1）在 $Ra=0.025\sim6.3\ \mu m$ 时，推荐选用 *Ra*，因为 *Ra* 能充分反映零件表面轮廓的特征；表面过于粗糙或太光滑时，多采用 *Rz*。

（2）当零件的表面上不允许出现较深的加工痕迹、防止应力过于集中、要求保证零件的抗疲劳强度和密封性时，应联用 *Ra* 与 *Rz*。

（3）当测量面积很小时，如刀具的刃部、仪表的小元件的表面，可选用 Rz。

二、评定参数值的选用

表 6－2 列出了常用表面粗糙度的推荐值。表 6－3 列出了表面粗糙度参数、加工方法和应用举例，可供选用时参考，一般应考虑下列关系。

（1）同一零件，配合表面、工作表面的数值小于非配合表面、非工作表面的数值。

（2）摩擦表面、承受重载荷和交变载荷表面的粗糙度数值应选小值。

（3）配合精度要求高的结合面、尺寸公差和形位公差精度要求高的表面，粗糙度选小值。

（4）对于同一公差等级的零件，小尺寸零件比大尺寸零件的粗糙度值要小，轴比孔的粗糙度值要小。

（5）要求耐腐蚀的表面，粗糙度值应选小值。

（6）若有关标准已对表面粗糙度要求作出规定，应按相应的标准确定表面粗糙度值。

表 6－2　常用表面粗糙度的推荐值

<table>
<tr><td colspan="3">表面特征</td><td colspan="3">Ra/μm 不大于</td></tr>
<tr><td rowspan="10">轻度装卸零件的配合表面（如交换齿轮、滚刀等）</td><td rowspan="2">公差等级</td><td rowspan="2">表面</td><td colspan="3">公称尺寸/mm</td></tr>
<tr><td>～50</td><td colspan="2">＞50～500</td></tr>
<tr><td rowspan="2">5</td><td>轴</td><td>0.2</td><td colspan="2">0.4</td></tr>
<tr><td>孔</td><td>0.4</td><td colspan="2">0.8</td></tr>
<tr><td rowspan="2">6</td><td>轴</td><td>0.4</td><td colspan="2">0.8</td></tr>
<tr><td>孔</td><td>0.4～0.8</td><td colspan="2">0.8～1.6</td></tr>
<tr><td rowspan="2">7</td><td>轴</td><td>0.4～0.8</td><td colspan="2">0.8～1.6</td></tr>
<tr><td>孔</td><td>0.8</td><td colspan="2">1.6</td></tr>
<tr><td rowspan="2">8</td><td>轴</td><td>0.8</td><td colspan="2">1.6</td></tr>
<tr><td>孔</td><td>0.8～1.6</td><td colspan="2">1.6～3.2</td></tr>
<tr><td rowspan="10">过盈配合的配合表面
（1）装配按机械压入法
（2）装配按热处理法</td><td rowspan="2">公差等级</td><td rowspan="2">表面</td><td colspan="3">公称尺寸/mm</td></tr>
<tr><td>～50</td><td>＞50～120</td><td>＞120～500</td></tr>
<tr><td rowspan="2">5</td><td>轴</td><td>0.1～0.2</td><td>0.4</td><td>0.4</td></tr>
<tr><td>孔</td><td>0.2～0.4</td><td>0.8</td><td>0.8</td></tr>
<tr><td rowspan="2">6～7</td><td>轴</td><td>0.4</td><td>0.8</td><td>1.6</td></tr>
<tr><td>孔</td><td>0.8</td><td>1.6</td><td>1.6</td></tr>
<tr><td rowspan="2">8</td><td>轴</td><td>0.8</td><td>0.8～1.6</td><td>1.6～3.2</td></tr>
<tr><td>孔</td><td>1.6</td><td>1.6～3.2</td><td>1.6～3.2</td></tr>
<tr><td rowspan="2">热装法</td><td>轴</td><td colspan="3">1.6</td></tr>
<tr><td>孔</td><td colspan="3">1.6～3.2</td></tr>
</table>

续表

表面特征		Ra/μm 不大于					
精密定心用配合的零件表面	表面	径向跳动公差/μm					
		2.5	4	6	10	16	25
		Ra/μm 不大于					
	轴	0.05	0.1	0.1	0.2	0.4	0.8
	孔	0.1	0.2	0.2	0.4	0.8	1.6
滑动轴承的配合表面	表面	公差等级				液体湿摩擦条件	
		6～9		10～12			
		Ra/μm 不大于					
	轴	0.4～0.8		0.8～3.2		0.1～0.4	
	孔	0.8～1.6		1.6～3.2		0.2～0.8	

表 6-3　表面粗糙度参数、加工方法和应用举例

Ra/μm	加工方法	应用举例
12.5～25	粗车、粗铣、粗刨、钻、毛锉、锯断等	粗加工非配合表面。如轴端面、倒角、钻孔、齿轮和带轮侧面、键槽底面、垫圈接触面及不重要的安装支承面
6.3～12.5	车、铣、刨、镗、钻、粗铰等	半精加工表面。如轴上的不安装轴承、齿轮等处的非配合表面，轴和孔的退刀槽、支架、衬套、端盖、螺栓、螺母、齿顶圆、花键非定心表面等
3.2～6.3	车、铣、刨、镗、磨、拉、粗刮、铣齿等	半精加工表面。箱体、支架、套筒、非传动用梯形螺纹等，以及与其他零件结合而无配合要求的表面
1.6～3.2	车、铣、刨、镗、磨、拉、刮等	接近精加工表面。箱体上安装轴承的孔和定位销的压入孔表面及齿轮齿条、传动螺纹、键槽、皮带轮槽的工作面、花键结合面等
0.8～1.6	车、镗、磨、拉、刮、精铰、磨齿、滚压等	要求有定心及配合的表面，如圆柱销、圆锥销的表面，卧式车床导轨面，与 P0、P6 级滚动轴承配合的表面，等等
0.4～0.8	精铰、精镗、磨、刮、滚压等	要求配合性质稳定的配合表面及活动支承面。如高精度车床导轨面、高精度活动球状接头表面等
0.2～0.4	精磨、珩磨、研磨、超精加工等	精密机床主轴的锥孔、顶尖的圆锥面、发动机曲轴和凸轮轴的工作表面、高精度齿轮的齿面、与 P5 级滚动轴承的配合面等
0.1～0.2	精磨、研磨、普通抛光等	精密机床主轴轴颈表面、一般量规的工作表面、汽缸内表面、阀的工作表面、活塞销表面等
0.025～0.1	超精磨、精抛光、镜面磨削等	精密机床主轴轴颈表面，滚动轴承的套圈滚道、滚珠及滚柱表面，工作量规的测量表面，高压液压泵中的柱塞表面，等等
0.012～0.025	镜面磨削等	仪器的测量面、高精度量仪等
≤0.012	镜面磨削、超精研磨等	量块的工作面、光学仪器中的金属镜面等

三、表面粗糙度的基本符号及标注

表 6－4 是表面粗糙度的图形符号、含义及说明。

表 6－4　表面粗糙度的图形符号、含义及说明

图形符号	含义及说明
	基本图形符号：表示表面可用任何方法获得。当不加注粗糙度参数值或有关的说明（例如表面处理、局部热处理状况等）时，仅适用于简化代号标注
	扩展图形符号：在基本图形符号上加一短横，表示指定表面是用去除材料的方法获得的，例如车、铣、钻、磨、剪切、光、腐蚀、电火花加工、气割等
	扩展图形符号：在基本图形符号上加一个圆圈，表示指定表面是用不去除材料的方法获得的，例如铸、锻、冲压变形、热轧、冷轧、粉末冶金等，也可用于保持上道工序形成的表面
	完整图形符号：在上述符号的长边上均可加一横线，用于标注有关参数和说明
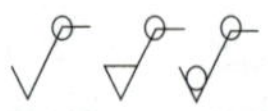	当在图纸的某个视图上构成封闭轮廓的各表面有相同的表面结构要求时，在上述符号上均可加一小圆圈，标注在图纸中零件的封闭轮廓线上。如果标注会引起歧义，各表面还应分别标注

1. 表面粗糙度的代号

表面粗糙度的代号注法如图 6－10 所示。

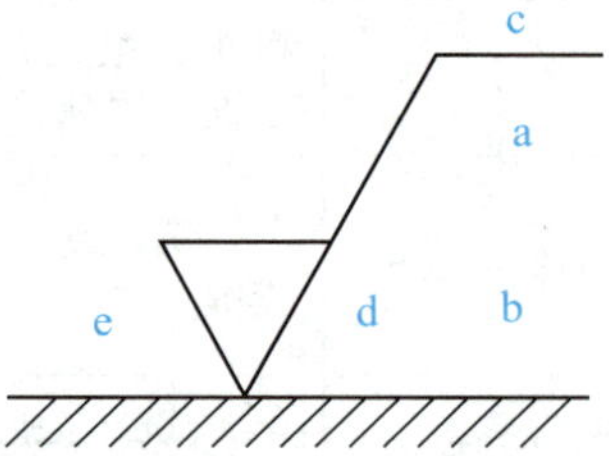

图 6－10　表面粗糙度的代号注法

图 6－10 中：a 处标注表面结构的单一要求，包括参数代号、极限数值等；b 处标注两个或多个表面结构的要求；c 处标注加工方法；d 处标注加工纹理方向符号；e 处标注加工余量（mm）。

表面粗糙度高度参数值的标注示例及意义如表 6－5 所示。

表 6－5　表面粗糙度高度参数值的标注示例及意义

代号	意义
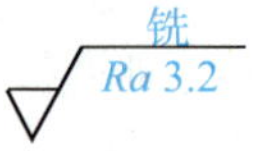	用去除材料的方法获得的表面，Ra 的上限值为 3.2 μm，加工方法为铣削。
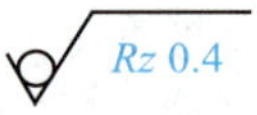	采用不去除材料的方法获得的表面，Rz 的上限值为 0.4 μm。
	用去除材料的方法获得的表面，Rz 的最大值为 0.4 μm。
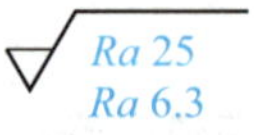	用去除材料的方法获得的表面，Ra 的上限值为 25 μm，Ra 的下限值为 6.3 μm。

2. 在轮廓线上或指引线上标注

在轮廓线上标注，如图 6－11 所示。

在指引线上标注，如图 6－12 所示。

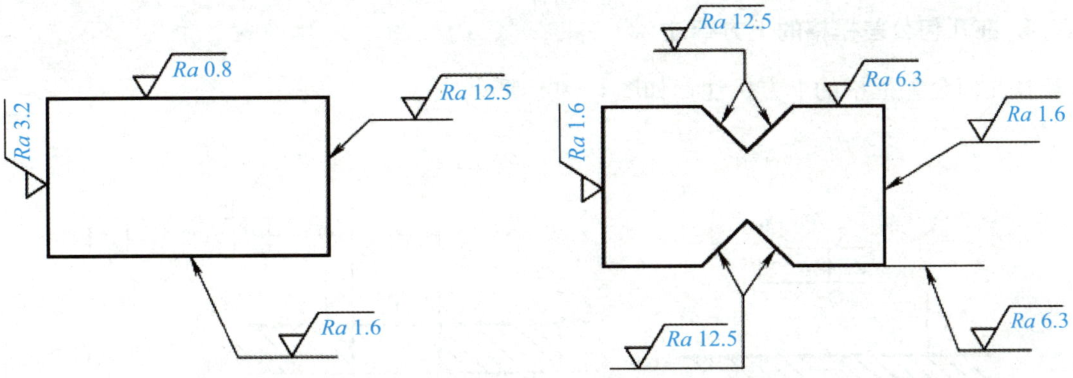

(a) 表面结构要求的标注方向　　(b) 在轮廓线上标注的表面结构要求

图 6－11　在轮廓线上标注

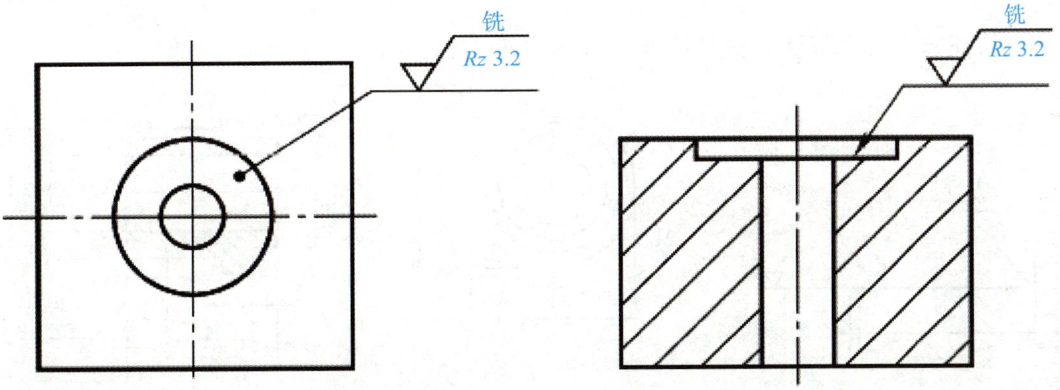

(a)　　(b)

图 6－12　在指引线上标注

3. 在特征尺寸的尺寸线上标注

在特征尺寸的尺寸线上标注，如图 6－13 所示。

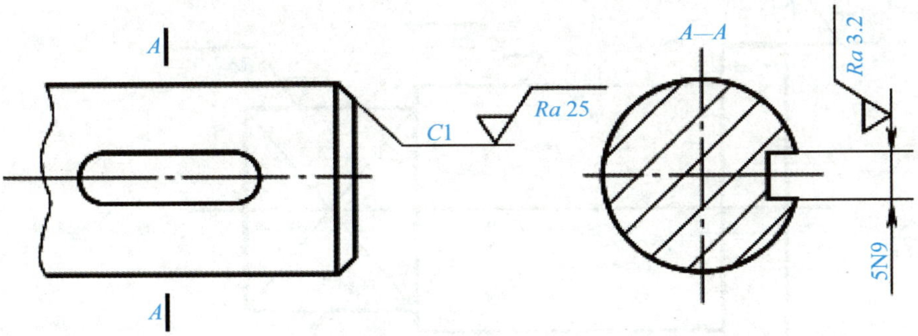

图 6－13　在特征尺寸的尺寸线上标注

4. 在几何公差框格的上方标注

在几何公差框格的上方标注，如图 6－14 所示。

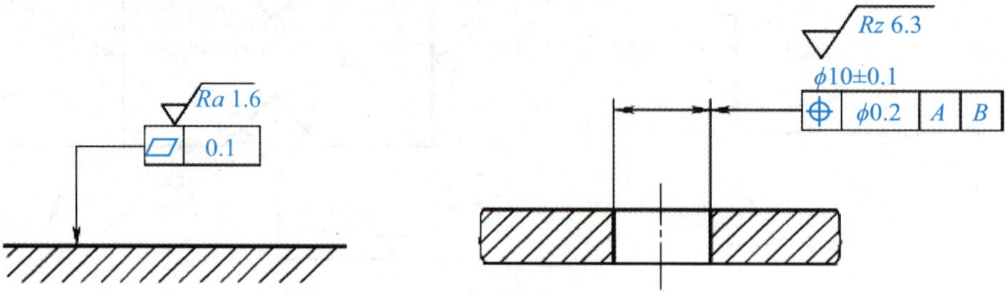

(a) (b)

图 6－14 在几何公差框格的上方标注

5. 在特征延长线上标注

在特征延长线上标注表面结构要求，如图 6－15 所示。

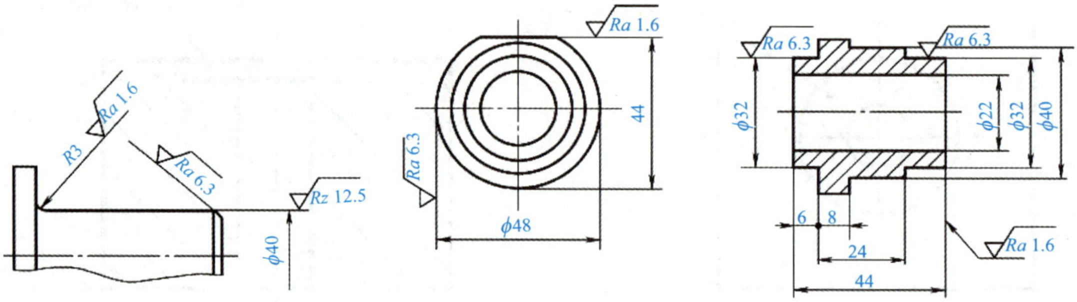

(a) (b)

图 6－15 在特征延长线上标注表面结构要求

6. 在圆柱或棱柱表面上标注

在圆柱或棱柱表面上标注表面结构要求，如图 6－16 所示。

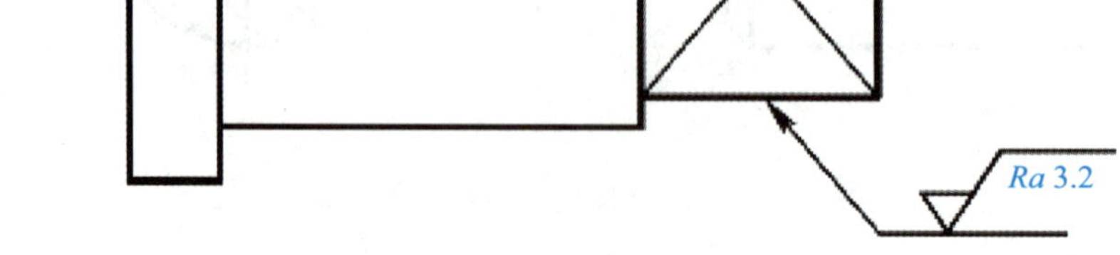

图 6－16 在圆柱或棱柱表面上标注表面结构要求

7. 简化标注

（1）全部表面有相同表面结构要求时的简化标注，如图 6－17 所示。

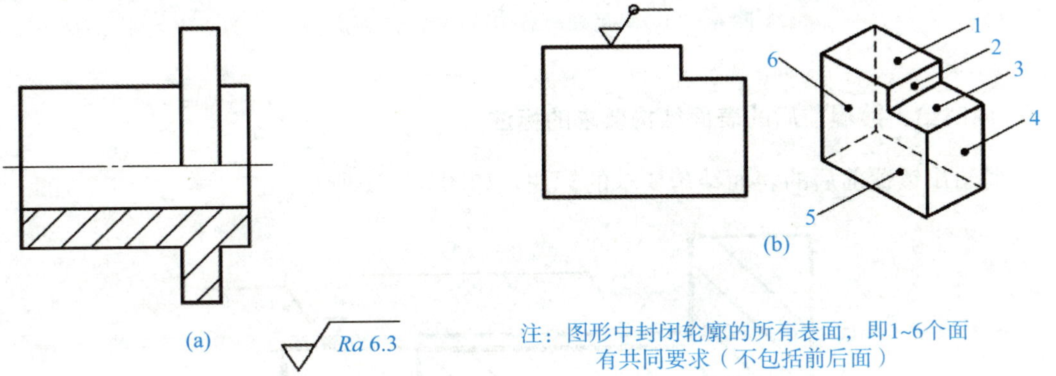

图 6－17　全部表面有相同表面结构要求时的简化标注

（2）多数表面有相同表面结构要求时的简化标注，如图 6－18 所示。

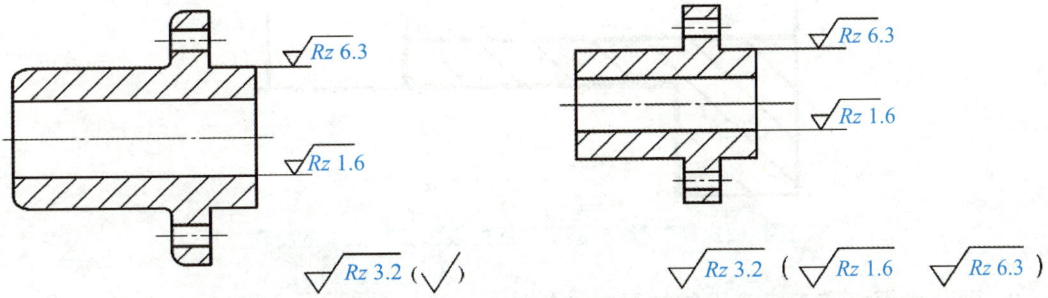

图 6－18　多数表面有相同表面结构要求时的简化标注

（3）图纸空间有限时的简化标注，如图 6－19 所示。

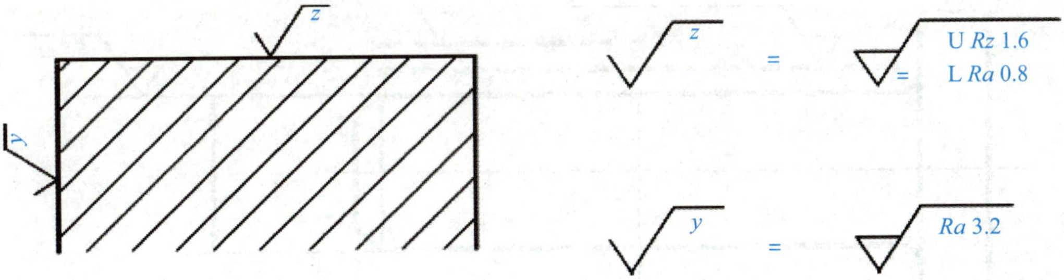

图 6－19　图纸空间有限时的简化标注

（4）只用表面结构符号的简化标注，如图 6－20 所示。

(a) 未指定工艺方法　　(b) 要求去除材料　　(c) 不允许去除材料

图 6－20　只用表面结构符号的简化标注

8. 同时给出镀覆前后的表面结构要求的标注

同时给出镀覆前后的表面结构要求的标注，如图 6－21 所示。

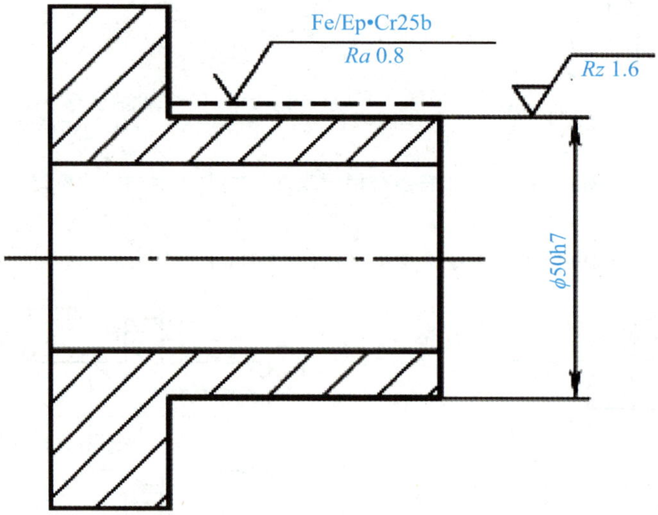

图 6－21　同时给出镀覆前后的表面结构要求的标注

9. 同一表面多道工序表面结构要求的标注

同一表面多道工序表面结构要求的标注，如图 6－22 所示。

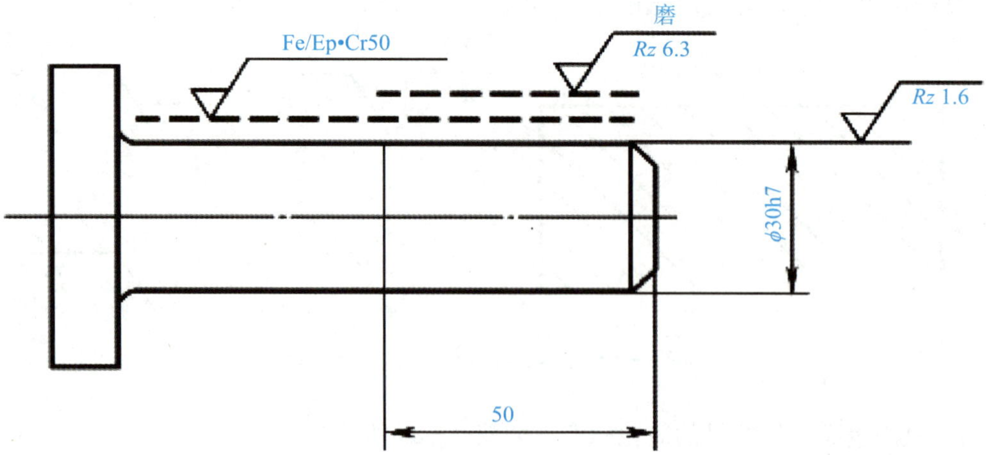

图 6－22　同一表面多道工序表面结构要求的标注

任务 3　表面粗糙度的检测

任务目标

常用的表面粗糙度的测量方法有光切法、光波干涉法及针触法等。在工厂的车间中，常用的方法还有将粗糙度样板直接和被测工件对照的比较法，以及利用塑性和可铸性材料将被测工件表面的加工痕迹复印下来，然后测量复印的印模，从而确定被测工件的表面粗糙度级别的印模法。

知识学习

一、用比较法对表面粗糙度进行检测

将被测表面与图 6－23 所示的标有一定数值的表面粗糙度样板比较，确定被测表面粗糙度的数值。比较时可以采用的方法：$Ra>1.6\ \mu m$ 时，目测；$Ra=1.6\sim0.4\ \mu m$ 时，用放大镜；$Ra<0.4\ \mu m$ 时，用比较显微镜。

比较时，要求样板的加工方法、加工纹理、加工方向、材料与被测零件表面相同。

采用该方法测量表面粗糙度，操作简便，在车间现场测量中应用较多，常用于中等或较粗糙表面的测量。

图 6－23　表面粗糙度样板

二、用光切法检测表面粗糙度

光切法是使用双管显微镜等测量表面粗糙度的方法，可用作 Ra 与 Rz 参数评定，测量范围是 $0.5\sim50\ \mu m$。

双管显微镜能检测 $1\sim80\ \mu m$ 的表面粗糙度的 Rz 值。双管显微镜的外形如图 6－24 所示。

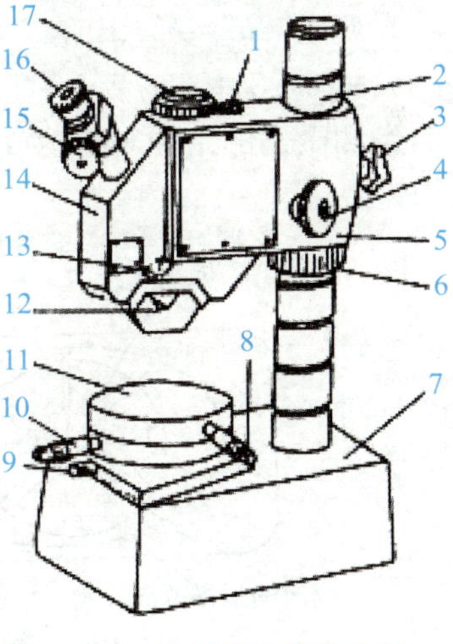

图 6－24　双管显微镜的外形

1—光源；2—立柱；3—锁紧螺钉；4—微调手轮；5—横臂；6—升降螺母；7—底座；8—纵向千分尺；9—工作台紧固螺钉；10—横向千分尺；11—工作台；12—物镜组；13—手柄；14—壳体；15—测微鼓轮；16—目镜；17—照相机安装孔

双管显微镜是利用光切原理来测量表面粗糙度的，如图 6－25 所示，被测表面为 P_1、P_2 阶梯表面，当一平行光束从与水平成 45°方向投射到阶梯表面上时，就被折成 S_1 和 S_2 两段光带。在垂直于光束的方向上，可在显微镜内看到 S_1 和 S_2 两段光带的放大像 S_1' 和 S_2'。同理，S_1 和 S_2 之间的距离 h 也被放大为 S_1' 和 S_2' 之间的距离 h_1'。通过测量和计算，可求得被测表面的不平度高度 h。

图 6－26 为双管显微镜的光学系统图。由光源 1 发出的光，经聚光镜 2、狭缝 3、物镜 4，以与水平成 45°的方向投射到被测工件的表面上。调整仪器，使反射光束进入与投射光管垂直的观察光管内，经物镜 5 成像在目镜分划

板上，通过目镜可观察到不平的光带（见图6－27（b））。光带边缘（即工件表面）上被照亮了的 h_1 的放大轮廓像为 h_1'，测量亮带边缘的宽度 h_1'，可求出被测表面的不平度高度 h。

$$h=h_1\cos45°=(h_1'/N)\cos45° \qquad （式6－1）$$

式6－1中，N——物镜放大倍率。

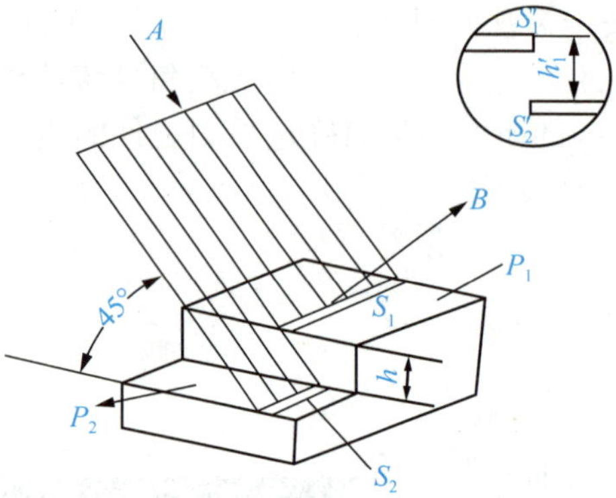

图6－25　光切原理图

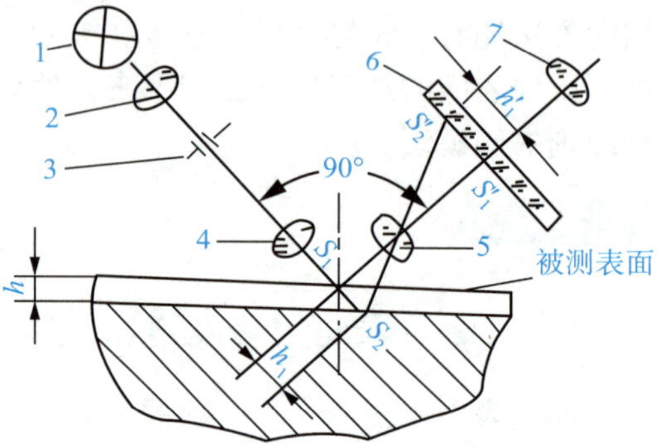

图6－26　光学系统图

为了测量和计算方便，测微目镜中十字线的移动方向（见图6－27（a））和被测量光带的边缘宽度 h_1' 成45°角（见图6－27（b）），故目镜测微器刻度套筒上的读数值 h_1'' 与不平度高度的关系为：

$$h_1''=h_1'/\cos45°=Nh/\cos245° \qquad （式6－2）$$

所以　$h''=h_1''\cos245°/N=h_1''/2N$　　　（式6－3）

式6－3中，$1/2N=C$，C 为刻度套筒的分度值，或称为换算系数，它与投射角 α、目镜测微器的结构和物镜放大倍数有关。

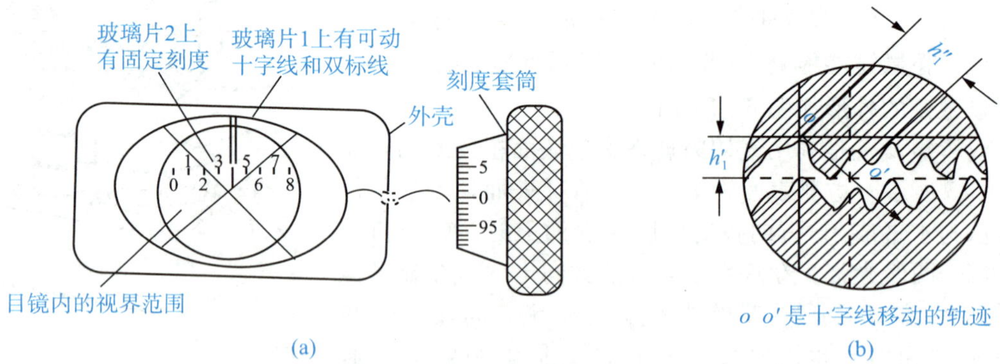

图6－27　光切显微镜的读数

三、用干涉显微镜检测表面粗糙度参数 *Rz*

测量用干涉显微镜是利用光波干涉原理和显微系统制成的专门检测表面粗糙度的仪器，在目镜中观察到被测表面的光波干涉带图像，根据图像的测量结果算出轮廓的最大高度 Rz。

干涉显微镜的外形和光学系统如图 6－28 所示。如图 6－28（b）所示，光源 1 发出的光通过光阑 4 和物镜 5 变成平行光束，投射到分光镜 7 上，分光镜将光线分为两路，一路向下经物镜 6 反射到被测表面，另一路透射经物镜 9 至参考平面镜 10 后被反射，再经过物镜 9、补偿镜 8 和分光镜 7 折射向下。两路光相遇，具有光程差。当被测表面非常平整时，在目镜视场内将见到平直规则、明暗相同的干涉条纹，若表面有微观不平度，则视场中将呈现弯曲、不规则的干涉带。根据干涉带弯曲量 b 与干涉带间距 a，可计算出轮廓的最大高度。

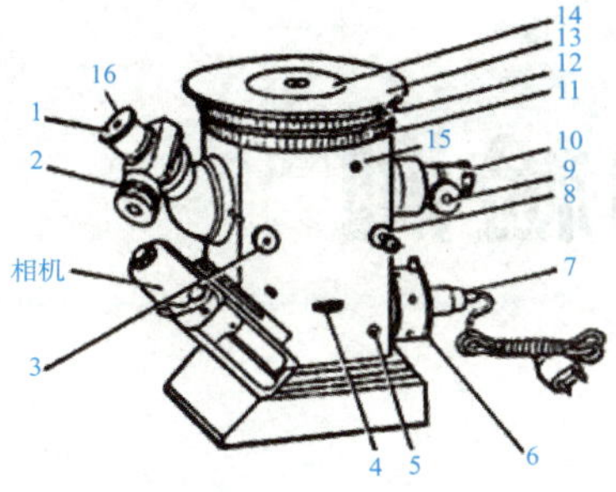

1—目镜；2—测微鼓轮；3、4—手轮；5—手柄；6—螺钉；7—光源；8、9、10—手轮；11、12、13—滚花轮；14—工作台；15—手轮；16–锁紧螺钉

(a) 外形

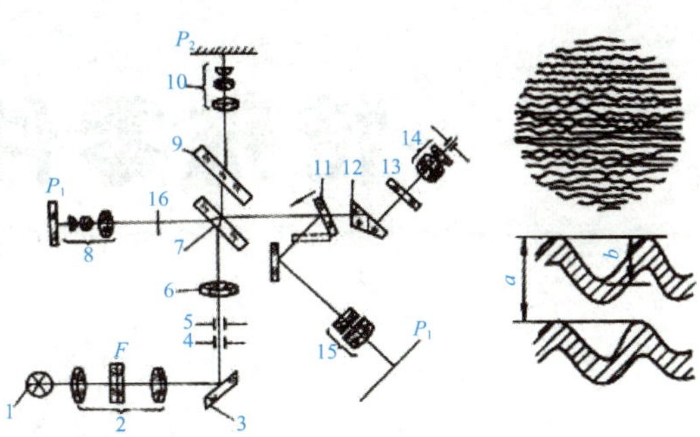

(b) 光学系统

图 6－28　干涉显微镜

知识巩固

6－1：实际表面、表面轮廓之间有何关系？表面轮廓与原始轮廓、波纹度、表面粗糙度之间有何关系？

6－2：表面粗糙度对零件的工作性能有何影响？

6－3：表面粗糙度评定参数 Ra 和 Rz 的含义是什么？

6－4：选择表面粗糙度参数值时，应考虑哪些因素？

6－5：常用的表面粗糙度的测量方法有哪几种？各种方法分别适用于哪些评定参数？

6－6：在一般情况下，ϕ40H7 和 ϕ80H7 相比、ϕ40H6/f5 和 ϕ40H6/s5 相比，哪一个应选用较小的 Ra 值？

项目 6

特殊零件的检测

项目描述

本项目让读者了解量规的设计与使用、滚动轴承的公差选用与检测方法、键的公差选用与检测，掌握螺纹的公差选用与检测、齿轮的公差选用与检测。学习使用常用的标准件检测工具。

特殊零件检测技术

教学目标

1. 知识目标

- 了解典型零件的加工误差形成的原因。
- 掌握测量器具的常用技术性能指标。
- 熟悉检测计划的内容及制订流程。

2. 能力目标

- 能够了解量规的设计与使用。
- 能够掌握滚动轴承的公差选用与检测方法。
- 能够了解键、螺纹、齿轮的公差选用与检测方法。
- 能够学会使用常用的测量器具对实际工件进行检测。

素养提升

2024 年 5 月 3 日，搭载嫦娥六号探测器的长征五号遥八运载火箭，在中国文昌航天发射场点火发射，进入地月转移轨道；6 月 2 日，嫦娥六号着陆器和上升器组合体成功着陆在月背预选着陆区；6 月 4 日，嫦娥六号上升器携带月球样品自月球背面起飞；6 月 25

日，嫦娥六号返回器准确着陆于内蒙古四子王旗预定区域。

嫦娥六号探测任务总共用到了 107 台发动机，发动机主要由曲柄连杆机构、配气机构、燃油供给系统、冷却系统、润滑系统和启动系统等组成。这些机构结构复杂，零部件的检测是通过什么检测工具来完成的呢？

任务 1　量规的设计与使用

任务目标

在车间工作实践中，当产品大批量生产时，常设计使用专用的孔轴检验量规。量规是一种无刻度的专用检验工具，用它来检验工件时，只能判断工件是否合格，而不能测量工件的实际尺寸。检验工件孔径的量规一般称为塞规，检验工件轴径的量规一般称为环规。

知识学习

一、量规的使用和类别

1. 量规的作用

塞规有通规和止规两部分，应成对使用，尺寸较小的塞规，其通规和止规直接配制在同一个塞规上，尺寸较大的塞规，常做成片状或棒状的。塞规的通规按被测工件孔的 MMS（D_{min}）制造，止规按被测孔的 LMS（D_{max}）制造，使用时，塞规的通规若能通过被测工件孔，表示被测孔径大于其 D_{min}，止规若塞不进工件孔，表示孔径小于其 D_{max}，因此可知被测孔的实际尺寸在规定的极限尺寸范围内，是合格的，否则，若通规塞不进工件孔，或者止规能通过被测工件孔，则此孔为不合格的，如图 7－1 所示。

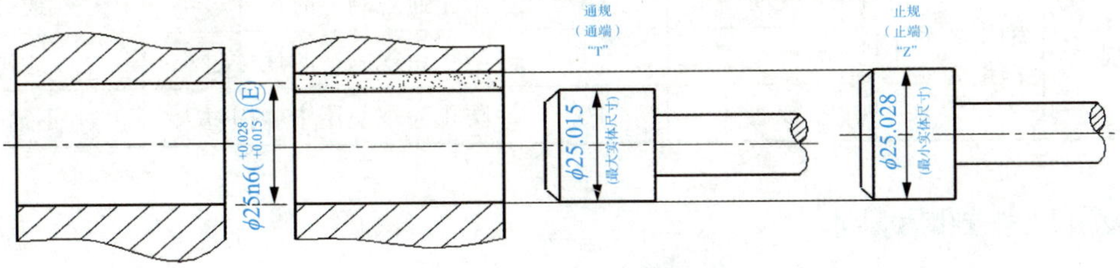

图 7－1　塞规检验孔

同理，检验轴用的卡规，也有通规和止规两部分，且通规按被测工件轴的 MMS（d_{max}）制造，止规按被测工件轴的 LMS（d_{min}）制造，使用时，若通规能通过被测工件轴，而止规不能通过，则表示被测轴的实际尺寸在规定的极限尺寸范围内，是合格的，否则是不合格的，如图 7－2 所示。

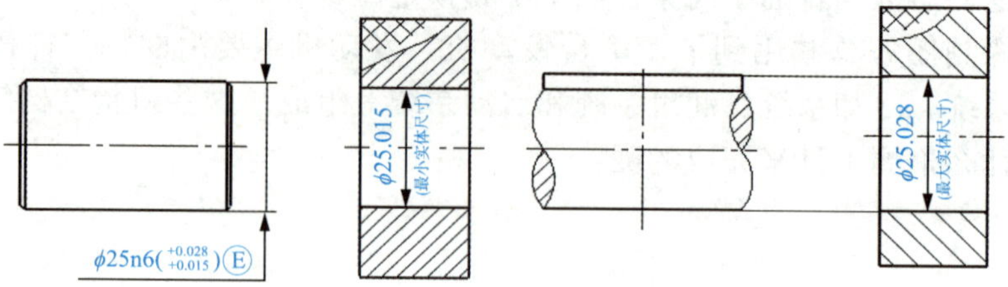

图 7-2　环规检验轴

2. 量规的种类

量规按其用途不同可分为工作量规、验收量规和校对量规三类。

（1）工作量规：工作量规是加工者在生产工件的过程中用来检验工件的量规，其通规代号为“T”，止规代号为“Z”。

（2）验收量规：验收量规是检验部门或用户验收产品时使用的量规。国家标准 GB/T 1957—2006 对工作量规的公差带进行了规定，而没有规定验收量规的公差，但规定了工作量规与验收量规的使用顺序，即：加工者应使用新的或磨损较少的量规；检验部门应使用与加工者具有相同形式且已磨损较多的量规；用户在用量规验收产品时，通规应接近工件的 MMS，而止规应接近工件的 LMS，这样规定的目的在于尽量避免加工者制造的合格工件，被检验人员或用户误判为不合格品。

（3）校对量规：校对制造和使用过程中轴用工作量规的量规。因为工作量规在制造和使用的过程中常会发生碰撞、变形，通规经常通过零件，容易磨损，所以必须对轴用工作量规进行定期校对。虽然孔用量规也需定期校对，但它可以用通用量仪检测，且比较方便，因此不需要规定专用的校对量规。

校对量规的形式有三种，如表 7-1 所示。

表 7-1　校对量规的形式

量规形状	检验对象		量规名称	量规代号	功能	判断合格的标志
塞规	轴用工作量规	通规	校通-通	TT	防止通规制造时尺寸过小	通过
		止规	校止-通	ZT	防止止规制造时尺寸过小	通过
		通规	校通-损	TS	防止通规使用中磨损过大	不通过

二、极限尺寸判断原则

设计光滑极限量规时，应遵守泰勒原则（极限尺寸判断原则）的规定。泰勒原则是指单一要素孔或轴的实际尺寸和形状误差综合形成的作用尺寸（D_m 或 d_m），不允许超过最大实体尺寸 MMS，在任何位置上的实际尺寸（D_m 或 d_m）不允许超过最小实体尺寸 LMS，如图 7-3 所示。即：

对于孔，$D_m \geqslant D_{min}$，且 $D_a \leqslant D_{max}$　（式 7-1）

对于轴，$d_m \leqslant d_{max}$，且 $d_a \geqslant d_{min}$　（式 7-2）

式 7-1 和式 7-2 中，D_{max} 与 D_{min}——孔的最大与最小极限尺寸（孔的最小与最大实体尺寸）；

D_{max} 与 d_{min}——轴的最大与最小极限尺寸（轴的最小与最大实体尺寸）。

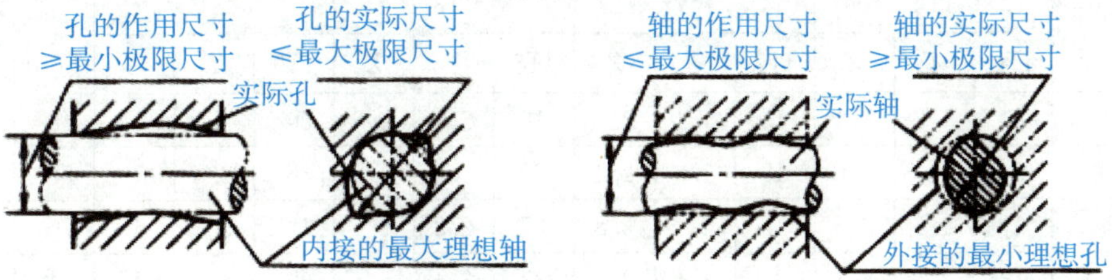

图7-3 作用尺寸与实际尺寸

三、量规公差带

1. 工作量规公差带

(1) 量规制造公差。

量规的制造精度比工件高得多，量规在制造过程中，也不可避免地会产生误差，国家标准对量规规定了制造公差。通规在检验零件时，要经常通过被检验零件，其工作表面会逐渐磨损以至报废。为了使通规有合理的使用寿命，必须留有适当的磨损量。因此通规公差由制造公差（T）和磨损公差（Z）两部分组成。

由于止规不经常通过零件，磨损极少，所以只规定了制造公差。

设计量规时，以被检验零件的极限尺寸作为量规的基本尺寸。

图7-4所示为光滑极限量规公差带图。标准规定量规的公差带不得超出工件的公差带。

通规尺寸公差带的中心到工件最大实体尺寸之间的距离 Z（称为公差带位置要素）体现了通规的平均使用寿命。通规在使用过程中会逐渐磨损，所以在设计时应留出适当的磨损储量，其允许磨损量以工件的最大实体尺寸为极限；止规的制造公差带是从工件的最小实体尺寸算起，分布在尺寸公差带之内。

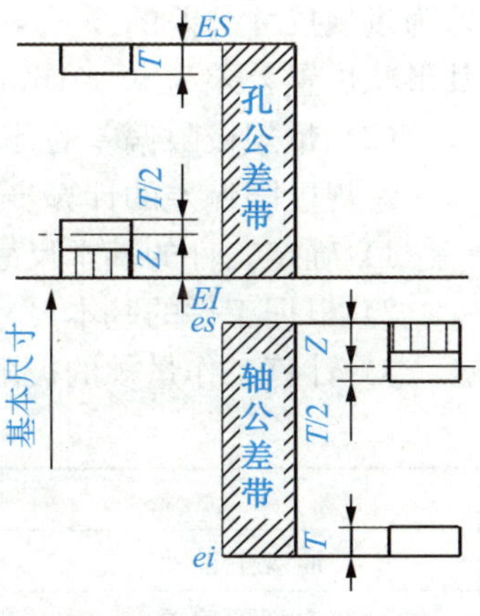

图7-4 光滑极限量规公差带图

制造公差 T 和通规公差带位置要素 Z 是综合考虑量规的制造工艺水平和一定的使用寿命，按工件的基本尺寸、公差等级给出的。由图7-4可知，量规公差 T 和位置要素 Z 的数值过大，对工件的加工不利；T 越小，则量规制造越困难，Z 越小，则量规使用寿命越短。因此根据我国目前量规制造的工艺水平，合理规定了量规公差和位置要素值，具体数值见表7-2。

表7-2 IT6～IT16级工作量规公差和位置要素值（摘录）（μm）

工件基本尺寸 D/mm	IT6			IT7			IT8			IT9			IT10		
	IT6	T	Z	IT7	T	Z	IT8	T	Z	IT9	T	Z	IT10	T	Z
≤3	6	1	1	10	1.2	1.6	14	1.6	2	25	2	3	40	2.4	4

续表

工件基本尺寸 D/mm	IT6			IT7			IT8			IT9			IT10		
	IT6	T	Z	IT7	T	Z	IT8	T	Z	IT9	T	Z	IT10	T	Z
>3～6	8	1.2	1.4	12	1.4	2	18	2	2.6	60	2.4	4	48	3	5
>6～10	9	1.4	1.6	15	1.8	2.4	22	2.4	3.2	36	2.8	5	58	3.6	6
>10～18	11	1.6	2	18	2	2.8	27	2.8	4	43	3.4	6	70	4	8
>18～30	13	2	2.4	2	2.4	3.4	33	3.4	5	52	4	7	84	5	9
>30～50	16	2.4	2.8	25	3	4	39	4	6	62	5	8	100	6	11
>50～80	19	2.8	3.4	60	3.6	4.6	46	4.6	7	74	6	9	120	7	13
>80～120	22	3.2	3.8	35	4.2	5.4	54	5.4	8	87	7	10	140	8	15
>120～180	25	3.8	4.4	40	4.8	6	63	6	9	100	8	12	160	9	18
>180～250	29	4.4	5	46	5.4	7	72	7	10	115	9	14	185	10	20
>250～315	32	4.8	5.6	52	6	8	81	8	11	130	10	16	320	12	22
>315～400	36	5.4	6.2	57	7	9	89	9	12	140	11	18	230	14	25
>400～500	40	6	7	63	8	10	97	10	14	155	12	20	250	16	28

国家标准规定工作量规的形状和位置误差，应在工作量规制造公差范围内，其形位公差为量规尺寸公差的50%，考虑到制造和测量的困难，当量规制造公差≤0.002mm时，其形状位置公差为0.001mm。

（2）量规极限偏差的计算。

量规极限偏差的计算步骤如下。

1）确定工件的基本尺寸及极限偏差。

2）根据工件的基本尺寸及极限偏差确定工作量规制造公差 T 和位置要素值 Z。

3）计算工作量规的极限偏差，见表7-3。

表7-3　工作量规极限偏差的计算

	检验孔的量规	检验轴的量规
通规上偏差	$T_s=EI+Z+T/2$	$T_{sd}=es-Z+T/2$
通规下偏差	$T_i=EI+Z-T/2$	$T_{id}=es-Z-T/2$
止规上偏差	$Z_s=ES$	$Z_{sd}=ei+T$
止规下偏差	$Z_i=ES-T$	$Z_{id}=ei$

2. 验收量规公差带

在光滑极限量规国家标准中，没有单独规定验收量规公差带，但规定了检验部门应使用磨损较多的通规，用户应使用接近工件最大实体尺寸的通规，以及接近工件最小实体尺寸的止规。

3. 校对量规公差带

校对量规的尺寸公差带完全位于被校对量规的制造公差和磨损极限内。校对量规的尺寸公差等于被校对量规尺寸公差的一半，校对量规的形状误差应控制在其尺寸公差带内。

四、量规结构

进行量规设计时，应明确量规设计原则，合理选择量规的结构，然后根据被测工件的尺寸公差带计算量规的极限偏差，并绘制量规的公差带图及量规的零件图。

光滑极限量规的设计应符合极限尺寸判断原则（泰勒原则），根据这一原则，通规应设计成全形的，即通规的测量面应具有与被测孔或轴相应的完整表面，其尺寸应等于被测孔或轴的最大实体尺寸，其长度应与被测孔或轴的配合长度一致，止规应设计成两点式的，其尺寸应等于被测孔或轴的最小实体尺寸。

但在实际应用中，极限量规常偏离上述原则。例如：为了用已标准化的量规，允许通规的长度小于结合面的全长；对于尺寸大于 100mm 的孔，由于全形塞规通规很笨重，使用不便，允许用非全形塞规检验；环规通规不能检验正在顶尖上加工的工件及曲轴，允许用卡规代替；检验小孔的塞规止规，为了便于制造，常选择使用全形塞规。

通规和止规的形状对检验的影响如图 7－5 和图 7－6 所示。

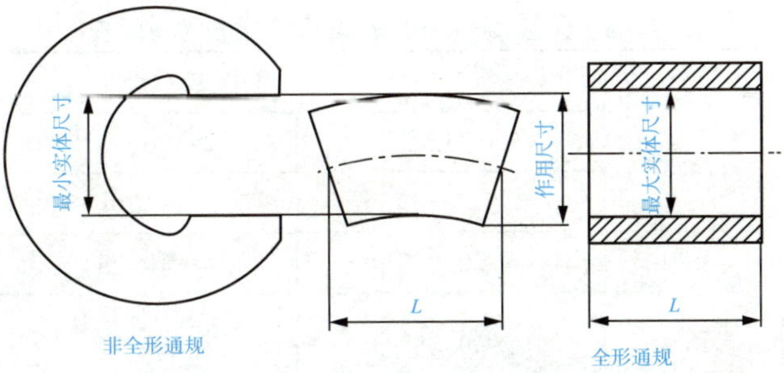

图 7－5　通规形状对检验的影响

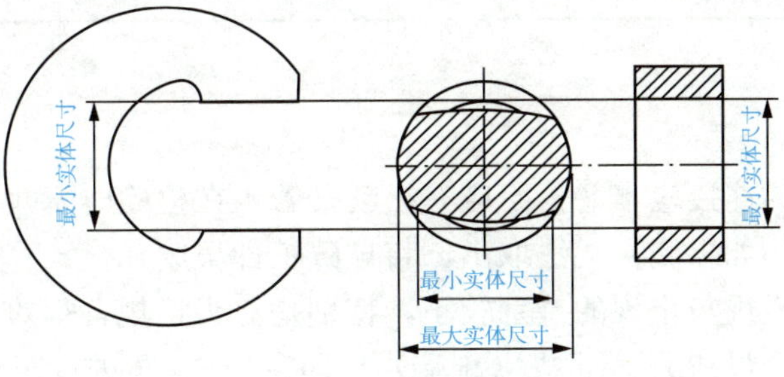

图 7－6　止规形状对检验的影响

必须指出，只有在保证被检验工件的形状误差不致于影响配合性质的前提下，才允许使用偏离极限尺寸判断原则的量规。

五、工作量规的技术要求

1. 外观要求

量规的工作表面不应有锈迹、毛刺、黑斑、划痕等明显影响外观和使用质量的缺陷，量规的其他表面不应有锈蚀和裂纹。

2. 材料要求

量规要体现精确尺寸，因此要求用于制造量规的材料的线膨胀系数小，并要经过一定的稳定性处理，使其内部组织稳定。同时，量规的工作表面应耐磨，应提高量规尺寸的稳定性，延长使用寿命。制造量规的材料通常为合金工具钢、碳素工具钢、渗碳钢及其他耐磨性好的材料。

3. 量规工作部件的形位公差要求

量规工作表面的形位公差与尺寸公差之间遵守包容要求。量规工作部件的形位公差不大于尺寸公差的一半。

4. 量规工作表面的粗糙度要求

量规测量面的表面粗糙度参数 Ra 值如表 7－4 所示。

表 7－4 量规测量面的表面粗糙度参数 *Ra* 值

工作量规	工作基本尺寸/mm		
	≤120	>120～315	>315～500
	Ra/μm		
IT6 级孔用量规	≤0.025	≤0.05	≤5.1
IT6 至 IT9 级轴用量规 IT7 至 IT9 级孔用量规	≤0.05	≤0.1	≤0.2
IT10 至 IT12 级孔、轴用量规	≤0.1	≤0.2	≤0.4
IT13 至 IT16 级孔、轴用量规	≤0.2	≤0.4	≤0.4

5. 其他要求

塞规测头与手柄的连接应牢靠，不应有松动。若正在检验时塞规测头与手柄脱开，测头就会卡留在工件内，如果测头无法取出，将导致工件报废。

另外，由于量规通规与止规的差别较小，特别是双头量规，很难进行区分，因此需要在通规（通端）标印字母“T”，止规（止端）标印字母“Z”进行区分。

六、工作量规设计举例

工作量规设计的步骤大致如下。

（1）选择量规的结构形式。

（2）计算工作量规的极限偏差。

（3）绘制工作量规的公差带图。

例题 7－1 设计检验配合代号为 $\phi 40H7/f6$ 的孔、轴用工作量规。

解：（1）查表得 $\phi 40H7\ (^{+0.025}_{0})$、$\phi 40f6\ (^{-0.025}_{-0.041})$。

（2）查表 7－2 得：孔 $T=3$，$Z=4$；轴 $T=2.4$，$Z=2.8$。

（3）画量规公差带图，如图 7－7 所示。

（4）计算通规、止规的上、下偏差及工作尺寸。

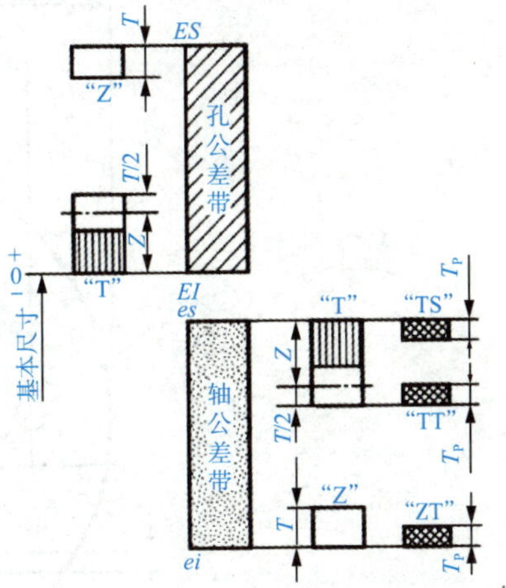

图 7－7　例题 7－1 量规公差带图

$\phi 40\text{H7}\ (^{+0.025}_{0})$ 孔用量规：

通规 $T_s=EI+Z+T/2=0+4+3/2=5.5\ \mu\text{m}$

$T_i=T_s-T=5.5-3=2.5\ \mu\text{m}$

磨损极限尺寸 = MMS = 40mm

通规尺寸标注：$\phi 40^{+0.0055}_{+0.0025}\rightarrow\phi 40.005^{0}_{-0.003}\text{mm}$

止规 $Z_s=ES=+25\ \mu\text{m}$

$Z_i=ES-T=25-3=+22\ \mu\text{m}$

止规尺寸标注：$\phi 40^{+0.025}_{+0.022}\rightarrow\phi 40.025^{0}_{-0.003}\text{mm}$

$\phi 40\text{f6}\ (^{-0.025}_{-0.041})$ 轴用量规：

通规 $T_s=es-Z+T/2=-25-2.8+1.2=-26.6\ \mu\text{m}$

$T_i=T_s-T=-26.6-2.4=-29\ \mu\text{m}$

磨损极限尺寸 = MMS = 39.975mm

通规尺寸标注：$\phi 40^{-0.0266}_{-0.0290}\rightarrow\phi 39.971^{+0.0024}_{0}\text{mm}$

止规 $Z_s=ei+T=-41+2.4=-38.6\ \mu\text{m}$

$Z_i=ei=-41\ \mu\text{m}$

止规尺寸标注：$\phi 40^{-0.0386}_{-0.0410}\rightarrow\phi 39.959^{+0.0024}_{0}\text{mm}$

（5）工作量规形位公差和表面粗糙度参数值的确定。

塞规圆柱形工作面的圆柱度公差值和素线平行度公差值皆不得大于塞规尺寸公差值的一半，即它们皆等于 0.003/2＝0.001 5mm。卡规两平行工作面的平面度公差值和平行度公差值不得大于卡规尺寸公差值的一半，即它们皆等于 0.002 4/2＝0.001 2mm。

根据量规工作部分对表面粗糙度的要求，由表 7－4 查得塞规和卡规工作表面的轮廓算术平均偏差 Ra 的值均不得大于 0.05 μm。

检验 φ40H7 孔和 φ40f6 轴使用的塞规和卡规的图纸标注分别见图 7－8 和图 7－9。

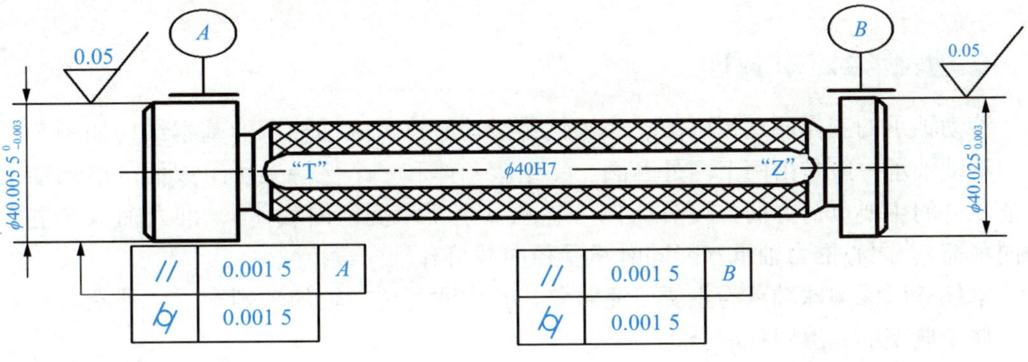

图 7－8　例题 7－1 塞规

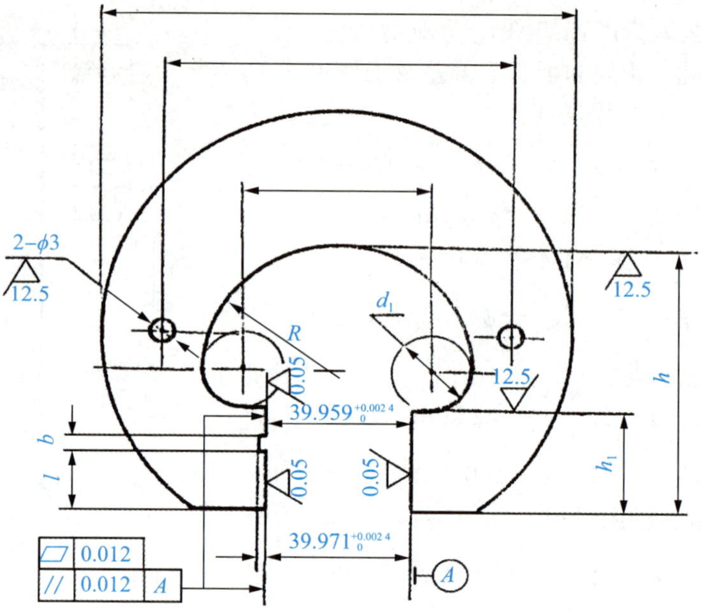

图 7-9　例题 7-1 卡规

(6) 绘制量规工作图。

任务 2　滚动轴承的公差选用与检测

任务目标

轴承是用来支承轴的部件，是机械制造业中应用极为广泛的一种标准部件，滚动轴承是机械制造中最常用的轴承，在机械设计时，对它的选择决定着与其配合的轴颈的公差选择，所以了解滚动轴承的分类、作用、公差特点，掌握其配合件的公差及选用方法，是确定轴承配合的依据。

知识学习

一、滚动轴承的工作原理

滚动轴承的工作原理是以滚动摩擦代替滑动摩擦。滚动轴承的基本结构如图 7-10 所示，滚动轴承一般是由两个内外套圈、一组滚动体和一个保持架所组成的。滚动轴承按照所能承受的主要负荷方向，可分为向心轴承（主要承受径向载荷）、推力轴承（主要承受轴向载荷）、向心推力轴承（能同时承受径向载荷和轴向载荷）。

本任务以深沟球轴承为主要研究对象，其内圈与传动轴的轴颈配合，外圈与外壳孔配合，属于典型的光滑圆柱配合。

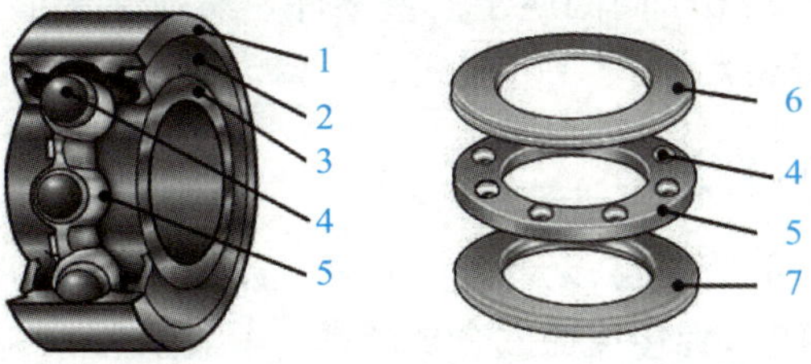

(a) 深沟球轴承　　(b) 推力球轴承

图 7－10　滚动轴承的基本结构

1—外圈；2—密封；3—内圈；4—滚动体；5—保持架；6—上圈；7—下圈

二、滚动轴承的公差等级

滚动轴承是按外形尺寸公差和旋转精度分级的。不同种类的滚动轴承的公差等级稍有不同，具体如下。

向心轴承（圆锥滚子轴承除外）的公差等级共分为五级，即 0、6、5、4 和 2 级。

圆锥滚子轴承的公差等级共分为五级，即 0、6X、5、4 和 2 级。

推力轴承的公差等级共分为四级，即 0、6、5 和 4 级。

0 级精度，属于普通精度，应用最广，主要用于对旋转精度要求不高的各种机械中，如卧式车床变速箱和进给箱、汽车和拖拉机的变速箱、水泵、压缩机和涡轮机等。

除 0 级精度外，其他各级都可以归为高精度，主要用于需要高线速度或高旋转精度的场合。高精度的轴承在金属切削机床中应用较多，普通加工机床主轴的前轴承多采用 5 级轴承，后轴承可采用 6 级轴承；用于精密机床主轴上的轴承精度应为 5 级或以上级；而对于数控机床、加工中心等高速、高精密机床的支承主轴，则需选用 4 级或以上级的超精密轴承。

三、滚动轴承内径、外径公差带的特点

滚动轴承是标准件，因此轴承内圈与轴的配合采用基孔制，即以轴承内圈的尺寸为基准。但滚动轴承内圈的公差带的位置却和一般的基孔制相反，其公差带位于零线以下，即上偏差为零，下偏差为负值，如图 7－11 所示。

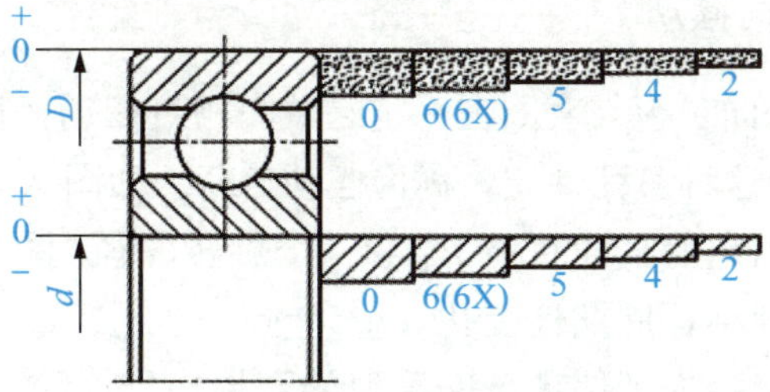

图 7－11　轴承内圈、外圈公差带的分布

这样分布主要是考虑配合的需要。通常情况下，轴承的内圈随轴一起转动，为了防止内圈和轴颈间的配合产生相对滑动而导致结合面磨损，进而影响轴承的工作性能，要求两

者的配合具有一定的过盈。由于内圈属于薄壁零件，易弹性变形、胀大，工作一定时间后需要拆换，所以过盈量不能太大。

四、套圈与负荷方向的关系

作用在轴承上的径向负荷，可以是定向负荷（如齿轮的作用力）、旋转负荷（如机件的转动离心力）、定向负荷和旋转负荷的合成负荷，具体关系有以下三种。

1. 套圈相对于负荷方向静止

作用于轴承上的合成径向负荷与套圈相对静止，该套圈所承受的这种负荷，称为局部负荷。图 7 - 12（a）所示为不旋转的外圈，图 7 - 12（b）所示为不旋转的内圈，受到方向始终不变的负荷 F_r 的作用。如减速器转轴两端的滚动轴承的外圈，汽车、拖拉机车轮轮毂中滚动轴承的内圈，都是局部负荷的典型实例。套圈相对于负荷方向静止，负荷作用集中，套圈滚道局部区域容易产生磨损。

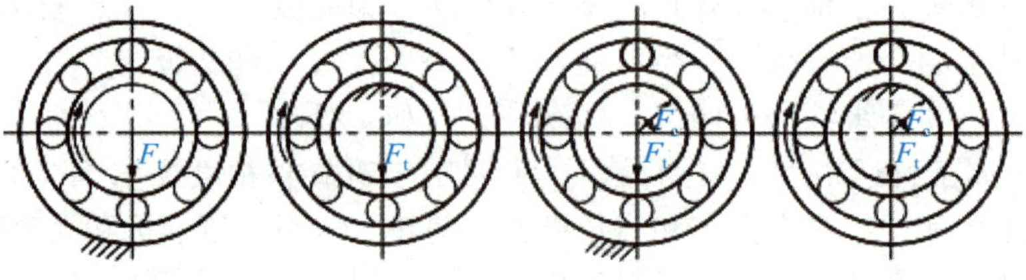

图 7 - 12　轴承套圈与负荷方向的关系

2. 套圈相对于负荷方向旋转

作用于轴承上的合成径向负荷与套圈相对旋转，即合成负荷方向依次作用在套圈滚道的整个圆周上，该套圈所承受的这种负荷，称为循环负荷。图 7 - 12（a）所示为旋转的内圈，图 7 - 12（b）所示为旋转的外圈，此时可看作套圈相对负荷方向旋转，受到方向旋转变化的负荷 F_r 的作用。如减速器转轴两端的滚动轴承的内圈，汽车、拖拉机车轮轮毂中滚动轴承的外圈，都是循环负荷的典型实例。

3. 套圈相对于负荷方向摆动

作用于轴承上的合成径向负荷与套圈在一定区域内相对摆动，往复作用在套圈滚道的局部圆周上，该套圈所承受的这种负荷性质，称为摆动负荷。如图 7 - 12（c）和图 7 - 12（d）所示，一个大小和方向均固定的径向负荷 F_r 和一个旋转的径向负荷 F_c，两者合成的负荷大小将由小到大，再由大到小，周期性变化。

当套圈承受静止负荷时，为了保证套圈滚道的磨损均匀，该套圈与轴颈或外壳孔的配合应稍松些，以便在摩擦力矩的带动下，它们可以进行缓慢的相对滑动，从而避免套圈滚道的局部磨损。

当套圈承受循环负荷时，套圈与轴颈或外壳孔的配合应稍紧一些，避免它们之间产生相对滑动，从而实现套圈滚道的均匀磨损。

当套圈承受摆动负荷时，其配合要求与承受循环负荷时相同或略松一些，以提高轴承的使用寿命。

由以上分析可知，轴承套圈相对于负荷的旋转状态不同（静止、旋转、摆动），该套圈与轴颈或外壳孔的配合的松紧程度也不同。

五、负荷的大小

滚动轴承套圈与轴颈或外壳孔的配合，与轴承套圈所承受的负荷大小有关。

国家标准将当量径向动负荷 P_r 分为轻负荷、正常负荷和重负荷三种类型，见表 7－5。

表 7－5　当量径向动负荷 P_r 的类型

负荷类型	P_r 的大小		
	球轴承	滚子轴承（圆锥滚子轴承除外）	圆锥滚子轴承
轻负荷	$P_r \leqslant 0.07C_r$	$P_r \leqslant 0.08C_r$	$P_r \leqslant 0.13C_r$
正常负荷	$0.07C_r < P_r \leqslant 0.15C_r$	$0.08C_r < P_r \leqslant 0.18C_r$	$0.13C_r < P_r \leqslant 0.26C_r$
重负荷	$P_r > 0.15C_r$	$P_r > 0.18C_r$	$P_r > 0.26C_r$

轴承在重负荷和冲击负荷的作用下，套圈容易产生变形，进而使配合面受力不均匀，引起配合松动。因此，负荷越大，过盈量应选得越大，且承受变化的负荷应比承受平稳的负荷时选用更紧的配合。

六、影响轴承工作的其他因素

1. 温度的影响

轴承工作时，因滚动体摩擦发热或者其他热源的影响，套圈的温度一般会高于配合件的温度，内圈的热膨胀使之与轴颈的配合变松，而外圈的热膨胀使之与外壳孔的配合变紧。

2. 轴颈与外壳孔的结构和材料的影响

薄壁孔或空心轴与轴承套圈的配合应比厚壁外壳或实心轴与轴承套圈的配合紧一些，以保证有足够的连接强度；剖分式外壳孔、整体式外壳孔与轴承外圈的配合有差异，前者稍松。

3. 轴承组件的轴向移动

轴承组件在运转过程中，轴颈受热容易伸长，因此，轴承组件的一端应保证一定的轴向移动余地，则该端的轴承套圈与相配件的配合应较松。

4. 旋转精度及旋转速度的影响

对负荷较大且旋转精度要求较高的轴承，为消除弹性变形和振动的影响，旋转套圈应尽量避免采用间隙配合，但也不宜过紧。

当对轴承的旋转精度要求较高时，应选用较高精度等级的轴承，以及较高等级的轴、孔公差。

对于负荷较小、用于精密机床的高精度轴承，为了避免相配件的形状误差对旋转精度的影响，无论是旋转套圈还是非旋转套圈，与轴或孔的配合常常有较小的间隙。

当轴承的旋转速度很高且在冲击动负荷下工作时，轴承与轴颈、外壳孔的配合应尽量都选用过盈配合。

通常当其他条件相同的情况下，轴承转速越高，配合应越紧。

5. 公差等级的协调性

选择轴颈和外壳孔的公差等级时，应与轴承的公差等级协调。如 0 级轴承配合的轴颈一般选 IT6，外壳孔一般选 IT7。

对旋转精度和运转平稳性有较高要求的场合，轴颈一般选 IT5，外壳孔一般选 IT6。

6. 轴承的安装与拆卸

为了方便轴承的安装与拆卸，应考虑采用较松的配合。当要求装拆方便且要紧配合时，可采用分离型轴承或内圈带锥孔、带紧定套和退卸套的轴承。

综上所述，影响滚动轴承配合的因素很多，通常难以用计算法确定，所以在实际生产中可采用类比法选择轴承的配合。采用类比法确定轴颈和外壳孔的公差带时，可参考表 7-6、表 7-7，按照表列条件进行选择。

表 7-6　安装向心轴承的轴颈（圆柱形）公差带

内圈工作条件		应用举例	深沟球轴承、调心球轴承和角接触球轴承	圆柱滚子轴承和圆锥滚子轴承	调心滚子轴承	公差带
运动状态	负荷类型		轴承公称内径/mm			
圆柱孔轴承						
内圈相对于负荷方向旋转或摆动	轻负荷	仪器仪表、精密机械、机床主轴、通风机传送带等	≤18 >18~100 >100~200 —	— ≤40 >40~140 >140~200	— ≤40 >40~100 >100~200	h5 j6① k6① m6①
	正常负荷	一般通用机械、电动机、涡轮机、泵、内燃机、变速箱、木工机械等	≤18 >18~100 >100~140 >140~200 >200~280 — —	— ≤40 >40~100 >100~140 >140~200 >200~400 —	— ≤40 >40~65 >65~100 >100~140 >140~280 >280~500	j5、js5 k5② m5② m6 n6 p6 r6
	重负荷	铁路机车车辆和电车的轴箱、牵引电动机、轧机、破碎机等重型机械	— — — —	>50~140 >140~20 >200 —	>50~100 >100~140 >140~200 >200	n6③ p6③ r6③ r7③

续表

内圈工作条件			应用举例	深沟球轴承、调心球轴承和角接触球轴承	圆柱滚子轴承和圆锥滚子轴承	调心滚子轴承	公差带
运动状态	负荷类型			轴承公称内径/mm			
内圈相对于负荷方向静止	各类负荷	内圈必须在轴向容易移动	静止轴上的各种轮子	所有尺寸			g6①
		内圈不需要在轴向移动	张紧滑轮、绳索轮	所有尺寸			h6①
纯轴向负荷			所有应用场合	所有尺寸			j6
圆锥孔轴承（带锥形套）							
所有负荷			火车和电车的轴箱	装在推卸套上的所有尺寸			h8（IT5）④
			一般机械或传动轴	装在紧定套上的所有尺寸			h9（IT7）⑤

注：①对精度有较高要求的场合，应选择 j5、k5…分别代替 j6、k6…

②单列圆锥滚子轴承和单列角接触球轴承的配合对内部游隙的影响不大，可用 k6、m6 分别代替 k5、m5。

③重负荷下轴承径向游隙应选用大于 0 组的组。

④凡有较高的精度或转速要求的场合，应选用 h7（轴颈形状公差 IT5）代替 h8（IT6）。

⑤尺寸≥500mm，轴颈形状公差为 IT7。

表 7－7　安装向心轴承的外壳孔公差带

外圈工作条件				应用举例	外壳孔公差带①	
运动状态	负荷类型	轴向位移的限度	其他情况			
外圈相对于负荷方向静止	轻负荷、正常负荷和重负荷	轴向容易移动	轴处于高温场合	烘干筒、有调心滚子轴承的大电动机	G7	
			剖分式外壳	一般机械、铁路车辆轴箱		
	冲击负荷	轴向能移动	整体式或剖分式外壳	铁路车辆轴箱轴承	H7	
外圈相对于负荷方向摆动	轻负荷和正常负荷			电动机、泵、曲轴主轴承	J7、JS7	
	正常负荷和重负荷	轴向不移动	整体式外壳	电动机、泵、曲轴主轴承	K7	
	重冲击负荷			牵引电动机	M7	
外圈相对于负荷方向旋转	轻负荷			张紧滑轮	J7	K7
	正常负荷和重负荷			装有球轴承的轮毂	K7、M7	M7、N7
	重冲击负荷		薄壁或整体式外壳	装有滚子轴承的轮毂	—	N7、P7

注：①并列公差带随尺寸的增大，从左至右选择；对旋转精度要求较高时，可相应地提高一个标准公差等级，并同时选用整体式外壳；若采用轻合金外壳，应选择比钢、铸铁外壳更紧的配合。

七、轴承的检测

1. 常见的检测方法

（1）外观检查：一般用目测，根据轴承的不同，查找国家标准等相关依据，确认轴承的外观状态。

（2）探伤：可运用超声波、电磁技术等手段进行内部检测。

（3）振动：运用振动检测技术，从细微处对轴承的几何尺寸进行检测。

2. 主要检测项目

（1）检测材料的硬度、金相。

（2）检测单件和成品的高度是否合格。

（3）检测内径和外径尺寸。

（4）检测成品的转速和回转是否灵敏。

（5）检测外观的粗糙度和磕碰伤情况。

任务 3　键的公差选用与检测

任务目标

键联接和花键联接广泛用作轴和轴上传动件，如齿轮、带轮、链轮、联轴器之间的联接，用以传递转矩。花键联接也可以作为轴上传动件的导向部分，如变速箱中变速齿轮花键孔与花键轴的联接。

键又称为单键，可分为平键、半圆键和楔形键等。其中平键又可分为普通平键和导向平键两种。花键分为矩形花键和渐开线花键两种。花键联接比单键联接强度高、承载能力强。

本任务只讨论平键和矩形花键的互换性。

知识学习

一、平键联接的几何参数

平键联接由键、轴和轮毂三部分组成，通过键的侧面与轴槽、轮毂槽的侧面相互接触来传递转矩，平键联接的几何尺寸如图 7－13 所示。

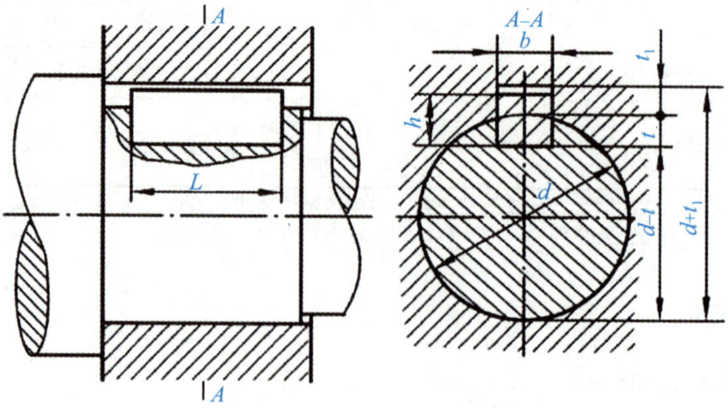

图 7－13　平键联接的几何尺寸

在平键联接中，键和轴槽、轮毂槽的宽度 b 是配合尺寸，应规定较严格的公差；而键的高度 h、长度 L 以及轴槽的深度 t_1 都是非配合尺寸，应规定较松的公差。

二、平键联接的公差与配合

1. 平键和键槽配合尺寸的公差及配合

平键联接中，键由型钢制成，是标准件，因此键与键槽宽度的配合采用基轴制。国家标准规定以轴径为基准确定键和键槽的尺寸。

对键的宽度规定一种公差带 h9，对轴槽和轮毂槽的宽度规定三种公差带，以满足各种用途的需要。键宽度公差带分别与三种键槽宽度公差带形成三组配合，如图 7－14 所示，它们的应用场合见表 7－8。

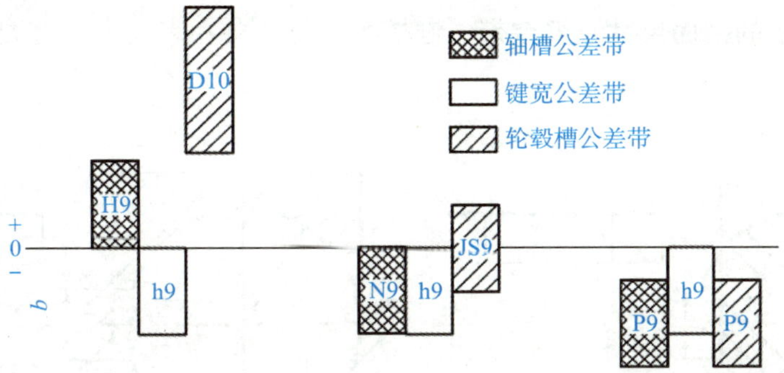

图 7－14　键宽度公差带与三种键槽宽度公差带形成配合的示意图

表 7－8　平键联接的配合及应用场合

配合种类	尺寸 b 的公差			配合性质及应用
	键	轴槽	轮毂槽	
较松联接	h9	H9	D10	键在轴上及轮毂中均能滑动，主要用于导向平键，轮毂可在轴上进行轴向移动
一般联接		N9	JS9	键在轴上及轮毂中均固定，用于载荷不大的场合
较紧联接		P9	P9	键在轴上及轮毂中均固定，且比一般联接配合更紧，主要用于载荷较大、载荷具有冲击性以及双向传递扭矩的场合

2. 平键和键槽非配合尺寸的公差带

平键高度 h 的公差带一般采用 h11；平键长度 L 的公差带采用 h14。轴槽长度的公差带采用 H14。轴槽深度 t 和轮毂槽深度 t_1 的极限偏差由国家标准专门规定。为了便于测量，在图纸上对轴槽深度和轮毂槽深度分别标注“$d-t$”和“$d+t_1$”（此处 d 为孔、轴的基本尺寸）。

3. 键槽的形位公差

键与键槽配合的松紧程度不仅取决于它们的配合尺寸公差带，还与它们的配合表面的形位误差有关，因此应分别规定轴槽宽度的中心平面对轴的基准轴线、轮毂槽宽度的中心平面对孔的基准轴线的对称度公差。该对称度公差与键槽宽度的尺寸公差及孔、轴尺寸公差的关系，可以采用独立原则或最大实体要求。键槽对称度公差采用独立原则时，应使用普通计量器具测量；键槽对称度公差采用最大实体要求时，应使用位置量规检验。

4. 平键和键槽的表面粗糙度要求

键和键槽的表面粗糙度参数 Ra 的上限值：一般配合表面取 1.6～6.3 μm，非配合表面取 12.5 μm。

5. 键槽尺寸和公差在图纸上的标注

轴槽和轮毂槽的剖面尺寸及公差带、键槽的形位公差和表面粗糙度要求在图纸上的标注如图 7－15 所示。

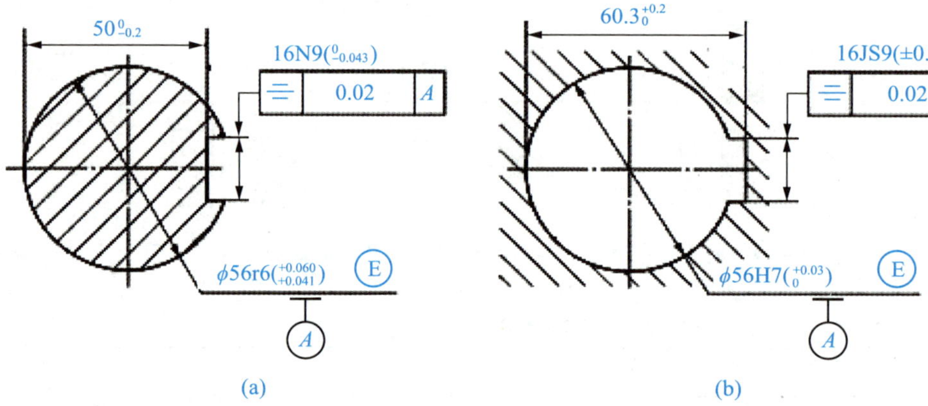

图 7－15　轴槽和轮毂槽在图纸上的标注

三、平键轴槽与轮毂槽的测量

键和键槽的尺寸可以用千分尺、游标卡尺等普通计量器具来测量。键槽宽度可以用量块或极限量规来检验。

如图 7－16（a）所示，轴槽对基准轴线的对称度公差采用独立原则，此时轴槽对称度误差可以按图 7－16（b）所示的方法来测量。

被测零件的基准部位放置在 V 形支承座上，平台作为测量基准，以 V 形支承座体现轴的基准轴线，它平行于平板。

以定位块（或量块）模拟体现轴槽中心平面。

将置于平台上的指示器的测头与定位块的顶面接触，沿定位块的一个横截面移动，并稍微转动被测零件来调整定位块的位置，使指示器沿定位块的横截面移动的过程中示值始终稳定，从而确定定位块的这个横截面内的素线平行于平台。

在图 7－17（a）中，轴槽对称度公差与轴槽宽度的尺寸公差的关系采用最大实体要求，而该对称度公差与轴径的尺寸公差的关系采用独立原则。

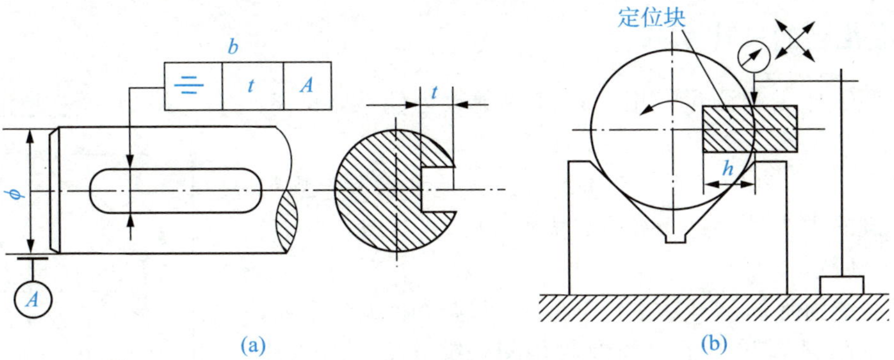

图 7-16　轴槽对称度检测

轴槽对称度误差可用图 7-17（b）所示的量规检验，该量规以其 V 形表面作为定心表面来体现基准轴线，以检验轴槽对称度误差，若 V 形表面与轴表面接触且量杆能够进入被测轴槽，则表示合格。

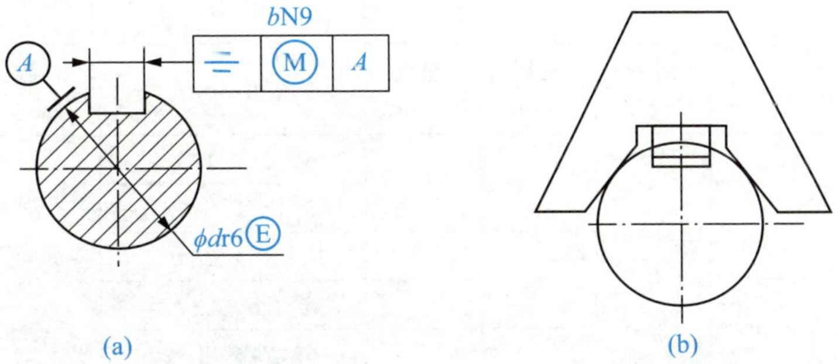

图 7-17　轴槽对称度量规

在图 7-18（a）中，轮毂槽对称度公差与轮毂槽宽度的尺寸公差、基准孔孔径的尺寸公差的关系都采用了最大实体要求。

轮毂槽对称度误差可用图 7-18（b）所示的轮毂槽对称度量规检验，该量规以圆柱面作为定位表面，模拟体现基准轴线，以检验轮毂槽对称度误差，若量规能够同时自由通过轮毂的基准孔和被测轮毂槽，则表示合格。

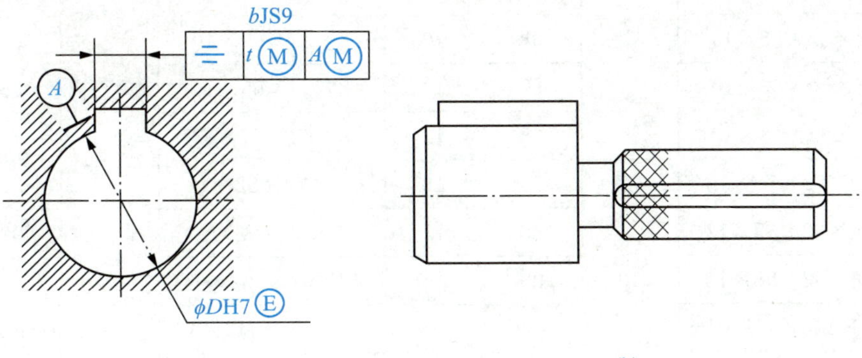

图 7-18　轮毂槽对称度量规

四、矩形花键的尺寸系列

为了便于加工和测量，矩形花键的键数为偶数，即 6、8、10 三种。

GB/T 1144—2001《矩形花键尺寸、公差和检验》规定了矩形花键的主要尺寸有小径 d、大径 D、键（槽）宽 B，如图 7－19 所示。

按承载能力强弱，对基本尺寸规定了轻、中两个系列，同一小径的轻系列和中系列的键数相同，键（槽）宽也相同，仅大径不相同。中系列的键高尺寸较大，承载能力强，轻系列的键高尺寸较小，承载能力相对弱。矩形花键的公称尺寸系列见表 7－9。

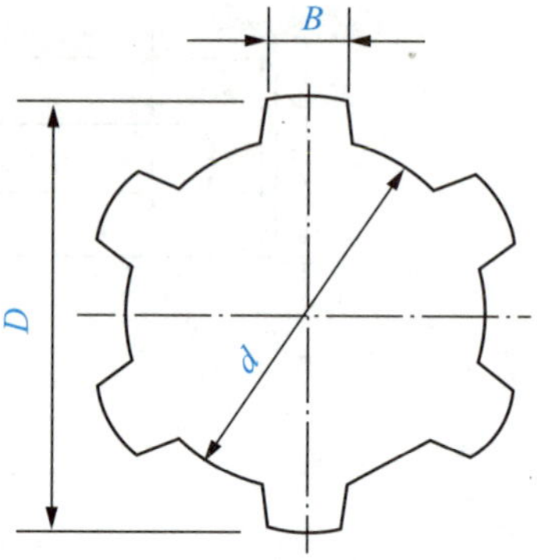

图 7－19　矩形花键的主要尺寸

表 7－9　矩形花键的公称尺寸系列

小径 d/mm	轻系列				中系列			
	规格/mm	键数 N/个	大径 D/mm	键宽 B/mm	规格/mm	键数 N/个	大径 D/mm	键宽 B/mm
11					6×11×14×3	6	14	3
13					6×13×16×3.5		16	3.5
16					6×16×20×4		20	4
18					6×18×22×5		22	5
21					6×21×25×5		25	5
23	6×23×26×6	6	26	6	6×23×28×6		28	6
26	6×26×30×6		30	6	6×26×32×6		32	6
28	6×28×32×7		32	7	6×28×34×7		34	7
32	8×32×36×6	8	36	6	8×32×38×6	8	38	6
36	8×36×40×7		40	7	8×36×42×7		42	7
42	8×42×46×8		46	8	8×42×48×8		48	8
46	8×46×50×9		50	9	8×46×54×9		54	9
52	8×52×58×10		58	10	8×52×60×10		60	10
56	8×56×62×10		62	10	8×56×65×10		65	10
62	8×62×68×12		68	12	8×62×72×12		72	12
72	10×72×78×12	10	78	12	10×72×82×12	10	82	12
82	10×82×88×12		88	12	10×82×92×12		92	12
92	10×92×98×14		98	14	10×92×102×14		102	14
102	10×102×108×16		108	16	10×102×112×16		112	16
112	10×112×120×18		120	18	10×112×125×18		125	18

五、矩形花键联接的定心方式

矩形花键联接有三种定心方式：小径定心、大径定心和齿侧定心，如图 7 - 20 所示。

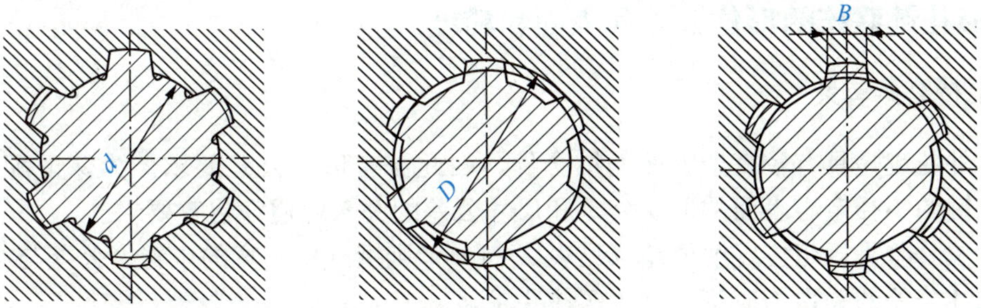

(a) 小径定心　(b) 大径定心　(c) 齿侧定心

图 7 - 20　矩形花键联接的定心方式

小径定心和大径定心的定心精度比齿侧定心的定心精度要高。而键和键槽的侧面无论是否作为定心表面，其宽度尺寸 B 都应具有足够的精度，因为它们要传递转矩或导向。此外，非定心直径表面之间应该有一定的间隙。

国家标准规定，矩形花键联接采用小径定心。

六、矩形花键联接的极限与配合

矩形花键联接的极限与配合分为两种情况：一种为一般用途的矩形花键联接，另一种为精密传动用矩形花键联接，矩形花键的尺寸公差带见表 7 - 10。

表 7 - 10　矩形花键的尺寸公差带

内花键				外花键			装配形式
小径 d	大径 D	键宽 B		小径 d	大径 D	键宽 B	
		拉削后不热处理	拉削后热处理				
一般用							
H7	H10	H9	H11	f7	a11	d10	滑动
				g7		f9	紧滑动
				h7		h10	固定
精密传动用							
H5	H10	H7、H9		f5	a11	d8	滑动
				g5		f7	紧滑动
				h5		h8	固定
H6				f6		d8	滑动
				g6		f7	紧滑动
				h6		h8	固定

矩形花键联接采用基孔制配合，主要是为了减少加工和检验内花键所用到的花键拉刀、花键量规的规格和数量。一般传动用内花键是拉削后再进行热处理，其键（槽）宽的变形不易修正，故公差要降低要求（由 H9 降为 H11）。

七、矩形花键联接的形位公差和表面粗糙度

1. 形位公差要求

内、外花键是具有较复杂表面的结合件，因此需有形位公差要求。为保证配合性质，内、外花键的小径定心表面的形状公差和尺寸公差的关系应遵守包容要求。

若形位公差是规定位置度公差（见表 7－11），则键（槽）宽的位置度公差与小径定心表面的尺寸公差的关系均应符合最大实体要求。

表 7－11　矩形花键的位置度公差

单位：mm

键槽宽或键宽 B		3	3.5～6	7～10	12～18
		位置度公差 t_1			
键槽宽		0.010	0.015	0.020	0.025
键宽	滑动、固定	0.010	0.015	0.020	0.025
	紧滑动	0.006	0.010	0.013	0.016

若形位公差是规定对称度公差（见表 7－12），则键（槽）宽的对称度公差与小径定心表面的尺寸公差的关系应遵守独立原则，矩形花键的对称度公差标注如图 7－21 所示。

表 7－12　矩形花键的对称度公差

单位：mm

键槽宽或键宽 B	3	3.5～6	7～10	12～18
	对称度公差 t_2			
一般用	0.010	0.012	0.015	0.018
精密传动用	0.006	0.008	0.009	0.011

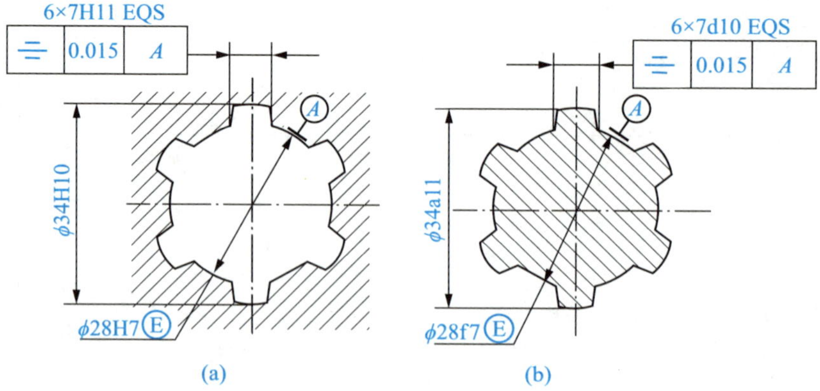

图 7－21　矩形花键的对称度公差标注

2. 表面粗糙度要求

矩形花键的表面粗糙度参数，一般应标注 Ra 的上限值要求。矩形花键的表面粗糙度参数及 Ra 的上限值通常这样选取：内花键的小径表面不大于 0.8 μm，键侧面不大于 3.2 μm，大径表面不大于 6.3 μm。外花键的小径表面不大于 0.8 μm，键侧面不大于 0.8 μm，大径表面不大于 3.2 μm。

八、矩形花键联接的标注代号

矩形花键的规格按顺序表示：键数 N×小径 d×大径 D×键宽(键槽宽)B。按此顺序在装配图上标注花键的配合代号、在零件图上标注花键的尺寸公差带代号。

例如，花键的键数 N 为 8，小径 d 的配合为 52H7/f7、大径 D 的配合为 58H10/a11、键槽宽与键宽 B 的配合为 10H11/d10，其标注方法如下。

在装配图上标注花键副配合代号为

$8\times 52\dfrac{\mathrm{H7}}{\mathrm{f7}}\times 58\dfrac{\mathrm{H10}}{\mathrm{a11}}\times 10\dfrac{\mathrm{H11}}{\mathrm{d10}}$　　GB/T 1144—2001

在零件图上标注内花键尺寸公差带代号为

8×52H7×58H10×10H11　　GB/T 1144—2001

在零件图上标注外花键尺寸公差带代号为

8×52f7×58a11×10d10　　GB/T 1144—2001

九、矩形花键的检测

矩形花键的位置量规如图 7－22 所示，花键小径定心表面使用包容要求，各键（键槽）的位置度公差与键宽（键槽宽）的尺寸公差的关系应该采用最大实体要求，且当位置度公差与小径定心表面尺寸公差的关系也采用最大实体要求时，验收内、外花键应该使用花键塞规和花键环规（全形通规）分别检验内、外花键的实际尺寸和形位误差的综合结果，若花键量规能自由通过被测花键，表示合格。

图 7－22（a）所示为花键塞规，其前端的圆柱面用以引导塞规进入内花键，其后端的花键则用以检验内花键的各部位。

图 7－22（b）所示为花键环规，其前端的圆孔用以引导环规进入外花键，其后端的花键则用以检验外花键的各部位。

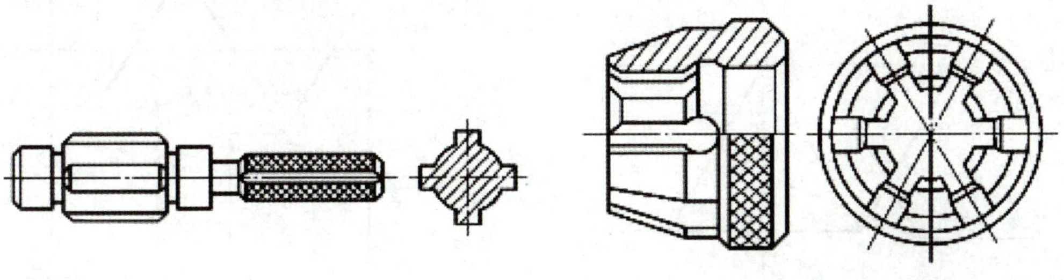

(a)　(b)

图 7－22　矩形花键的位置量规

任务 4　螺纹的公差选用与检测

任务目标

螺纹的质量标准和检测要素。

知识学习

一、螺纹的用途

螺纹结合按用途可以分为三类。

1. 紧固螺纹

用于联接和紧固各种机械零件，如用螺钉将轴承端盖固定在箱体上。对这类螺纹的使用要求是良好的旋合性和足够的联接强度。

2. 传动螺纹

用于螺旋传动，如普通车床进给机构中的丝杠螺母副和滚动螺旋传动的滚珠丝杠副。对滑动螺旋传动螺纹的使用要求：传递动力可靠、传递位移准确、具有一定的间隙。对滚动螺旋传动螺纹的使用要求：具有较高的行程精度、误差波动幅度小，直线度好、精度保持稳定。

3. 紧密螺纹

用于使两个零件联接而无泄漏的结合，如管螺纹。对这类螺纹的要求主要是密封性。

二、螺纹基本牙型及其几何参数

圆柱螺纹的牙型是指在通过螺纹轴线的剖面上螺纹的轮廓形状，可以看作由原始三角形形成的，该三角形的底边平行于螺纹轴线，如图 7－23（a）所示。圆柱螺纹的基本牙型是按规定的高度平行于螺纹轴线，削去原始三角形顶部和底部后形成的，如图 7－23（b）所示。

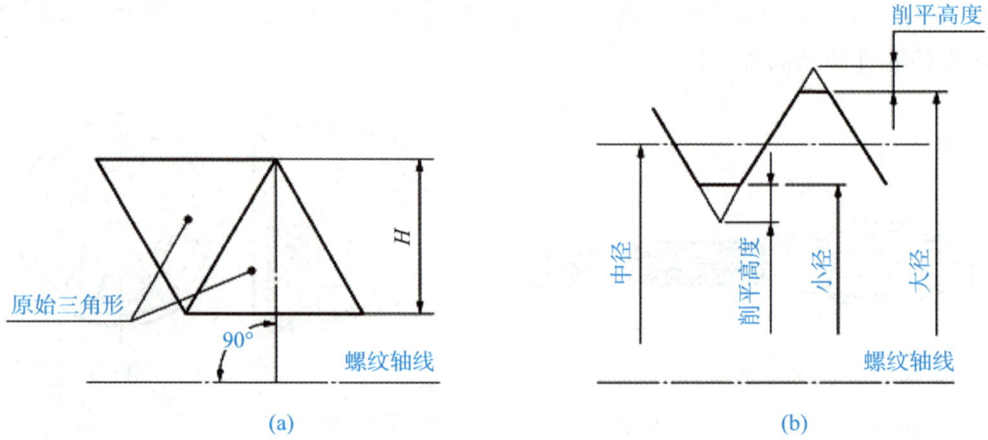

图 7－23　圆柱螺纹牙型形成

圆柱螺纹的几何参数是在过螺纹轴线的剖面上沿径向或轴向计值的，普通螺纹的基本牙型如图 7－24 所示。

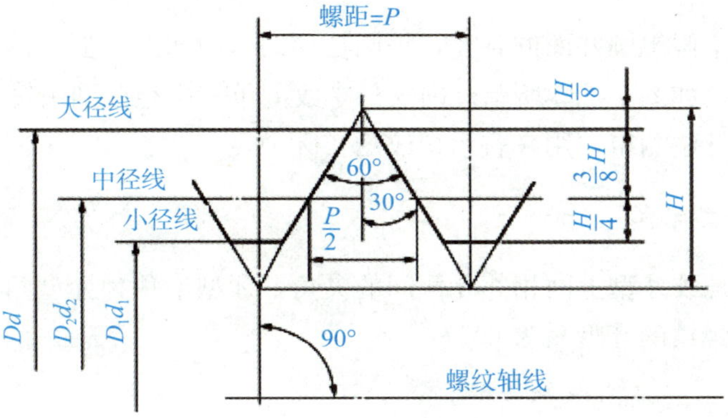

图 7－24　普通螺纹的基本牙型

主要参数如下。

1. 大径

大径是指与外螺纹牙顶或内螺纹牙底相切的假想圆柱的直径。内、外螺纹大径的基本尺寸分别用符号 D 和 d 表示，且应 $D=d$。普通螺纹的公称直径即为螺纹大径的基本尺寸。

2. 小径

小径是指与外螺纹牙底或内螺纹牙顶相切的假想圆柱的直径。内、外螺纹小径的基本尺寸分别用 D_1 和 d_1 表示，且应 $D_1=d_1$。外螺纹的大径和内螺纹的小径统称为顶径，外螺纹的小径和内螺纹的大径统称为底径。

3. 中径

中径是一个假想圆柱面的直径，该圆柱面的母线位于牙体和牙槽宽度相等的地方，如图 7－25 所示。内、外螺纹中径的基本尺寸分别用符号 D_2 和 d_2 表示，且应 $D_2=d_2$。

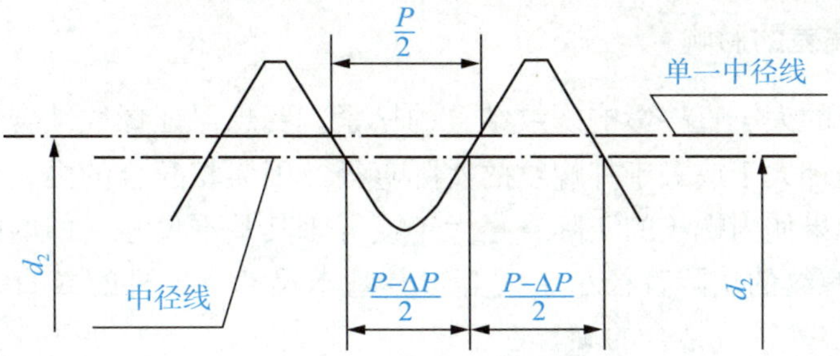

图 7－25　中径和单一中径

4. 螺距和导程

螺距是指螺纹相邻两牙在中径线上对应两点间的轴向距离。螺距的基本值用符号 P

表示。导程是指同一条螺旋线上的相邻两牙在中径线上对应两点间的轴向距离。

5. 单一中径

单一中径是一个假想圆柱面的直径，该圆柱面的母线通过牙型上沟槽宽度等于螺距基本值的 1/2 的地方，如图 7－25 所示。内、外螺纹的单一中径分别用符号 D_{2s} 和 d_{2s} 表示。单一中径可以用三针法测得，用来表示螺纹的实际中径。

6. 牙型角和牙型半角

牙型角是指在螺纹牙型上两相邻牙侧间的夹角，牙型半角为牙型角的一半。牙型角用符号 α 表示。普通螺纹的牙型角为 60°。

7. 牙侧角

牙侧角是指在螺纹牙型上牙侧与螺纹轴线的垂线间的夹角。左、右牙侧角分别用符号 α_1 和 α_2 表示。牙侧角基本值与牙型半角相等，普通螺纹的牙侧角基本值为 30°。

8. 螺纹接触高度

螺纹接触高度是指两个相互配合的螺纹的牙型，它们的牙侧重合部分在垂直于螺纹轴线方向上的距离。普通螺纹接触高度的基本值等于 $5H/8$。

9. 螺纹旋合长度

螺纹旋合长度是指两个相互配合的螺纹沿螺纹轴线方向相互旋合部分的长度。

三、螺纹几何参数对互换性的影响

要想实现普通螺纹的互换性，首先要保证良好的旋合性和足够的联接强度。旋合性是指公称直径和螺距基本值分别相等的内、外螺纹能够自由旋合并获得所要求的配合性质。足够的联接强度是指内、外螺纹的牙侧能够均匀接触，且具有足够的承载能力。

影响螺纹互换性的几何参数有螺纹的大径、中径、小径、螺距和牙型半角。

1. 螺纹直径偏差的影响

螺纹实际直径的大小直接影响螺纹结合的松紧。要想保证螺纹结合的旋合性，就必须使内螺纹的实际直径大于或等于外螺纹的实际直径。因为相配合的内、外螺纹直径的基本尺寸相同，所以如果使内螺纹的实际直径大于或等于其基本尺寸（即内螺纹直径的实际偏差为正值），而外螺纹的实际直径小于或等于其基本尺寸（即外螺纹直径的实际偏差为负值），就能保证内、外螺纹结合的旋合性了。

但是，内螺纹的实际小径过大，外螺纹的实际大径过小，都会使螺纹接触高度减小，进而导致螺纹联接强度不足。若内螺纹的实际中径过大，外螺纹的实际中径过小，则会削弱螺纹联接强度，所以，必须限制螺纹直径的实际尺寸，使之不过大，也不过小。在螺纹的三个直径参数中，中径对实际尺寸的影响是最重要的，它直接决定了螺纹结合的配合性质。

2. 螺距误差的影响

螺距误差分为螺距偏差和螺距累积误差。

螺距偏差是指螺距的实际值与其基本值 P 之差。螺距累积误差是指在规定的螺纹长度内，任意两同名牙侧与中径线交点间的实际轴向距离与其基本值之差的最大绝对值。螺距累积误差对螺纹互换性的影响更为明显。

如图 7－26 所示，假设内螺纹具有理想牙型，与之相配合的外螺纹只存在螺距误差，并且它的螺距 $P_{外}$ 比螺纹的螺距 $P_{内}$ 大，则在 n 个螺纹牙的螺纹长度（$L_{外}$、$L_{内}$）内，螺距累积误差 $\Delta P_{\sum}=|nP_{外}-nP_{内}|$。螺距累积误差的存在，使内、外螺纹牙侧产生干涉而不能旋合。

若要使具有螺距累积误差的外螺纹能够旋入理想的内螺纹，只需将外螺纹牙侧上的 B 点移至与内螺纹牙侧上的 C 点接触，也就是需要将外螺纹的中径减小一数值 f_{P}。同理，在 n 个螺纹牙的螺纹长度内，内螺纹存在螺距累积误差 $\Delta P_{\sum}$ 时，为了保证旋合性，就必须将内螺纹的中径增大一数值 F_{P}。f_{P} 和 F_{P} 称为螺距误差的中径当量。由图 7－26 中的 ΔABC 可得出 f_{P} 与 $\Delta P_{\sum}$ 的关系如下。

$$f_{P}(或\ F_{P})=1.732\Delta P_{\sum} \qquad (式\ 7-3)$$

由式 7－3 可知，若 $\Delta P_{\sum}$ 过大，内、外螺纹中径会分别增大、减小许多，虽然可以保证旋合性，却使螺纹实际接触的螺纹牙数目减少，载荷集中在螺纹牙接触面的接触部位，造成螺纹牙接触面的接触压力增加，从而降低螺纹联接强度。

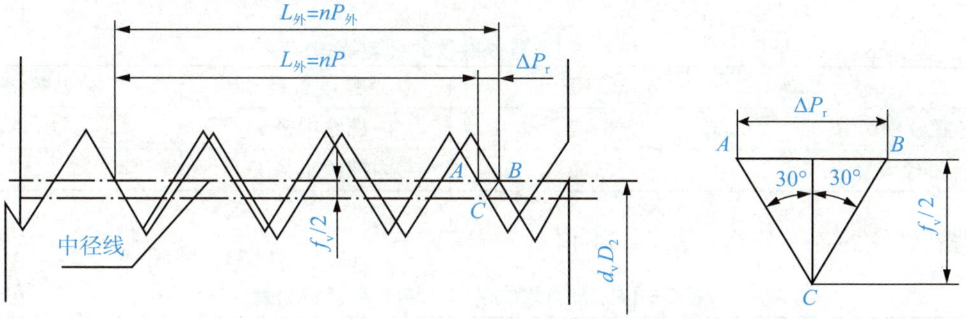

图 7－26　螺距累积误差对旋合性的影响

3. 牙侧角偏差的影响

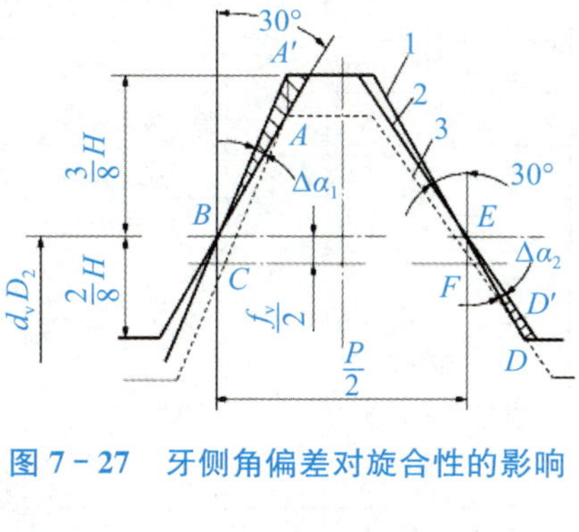

图 7－27　牙侧角偏差对旋合性的影响

牙侧角偏差是指牙侧角的实际值与其基本值之差，它包括螺纹牙侧的形状误差和螺纹牙侧相对于螺纹轴线的位置误差。

如图 7－27 所示，假设内螺纹 1 具有理想牙型（左、右牙侧角的大小均为基本值 30°），外螺纹 2 仅存在牙侧角偏差。图 7－27 中，外螺纹左牙侧角偏差 $\Delta\alpha_{1}<0$，右牙侧角偏差 $\Delta\alpha_{2}>0$，则会在内、外螺纹牙侧产生干涉而不能旋合。为了消除干涉，保证旋合性，就必须将外螺纹牙沿垂直于螺纹轴线的方向往螺纹轴线移动 $f_\alpha/2$，到达虚线 3 处，即需要将外螺纹中径减少一数值 F_α。f_α（或 F_α）称为牙侧角偏差的中径当量。

由图 7－27 可得出 f_α 与 α 的关系如下。

$$f_\alpha(F_\alpha)=0.073P(K_1|\Delta\alpha_1|+K_2|\Delta\alpha_2|)$$

对于外螺纹，当 $\Delta\alpha_1$（或 $\Delta\alpha_2$）为正时，在中径与小径之间的牙侧产生干涉，K_1（或 K_2）取 2；当 $\Delta\alpha_1$（或 $\Delta\alpha_2$）为负时，在中径与大径之间的牙侧产生干涉，K_1（或 K_2）取 3；对于内螺纹，当 $\Delta\alpha_1$（或 $\Delta\alpha_2$）为正时，在中径与大径之间的牙侧产生干涉，K_1（或 K_2）取 3；当 $\Delta\alpha_1$（或 $\Delta\alpha_2$）为负时，在中径与小径之间的牙侧产生干涉，K_1（或 K_2）取 2。

螺纹存在牙侧角偏差时，通过将外螺纹中径减小一数值 f_α、将内螺纹中径增大一数值 F_α，虽然可以保证旋合性，但内、外螺纹的牙侧角并不相等，会使牙侧接触面积减小，同样会使载荷相对集中到接触部位，造成接触压力增加，降低螺纹连接强度。

四、普通螺纹的公差带

普通螺纹的公差带与尺寸公差带一样，其位置由基本偏差决定，其大小由公差等级决定。国家标准 GB/T 197—2018 规定了普通螺纹的大、中、小径的公差带。

1. 普通螺纹公差带的大小和公差等级

普通螺纹的公差等级见表 7－13。其中 6 级是基本级；3 级的公差值最小，精度最高；9 级的精度最低。由于内螺纹的加工比较困难，同一公差等级的内螺纹中径公差比外螺纹中径公差大 32%左右。

表 7－13　普通螺纹的公差等级

螺纹直径	公差等级	螺纹直径	公差等级
外螺纹中径 d_2	3，4，5，6，7，8，9	内螺纹中径 D_2	4，5，6，7，8
外螺纹大径 d	4，6，8	内螺纹小径 D_1	4，5，6，7，8

普通螺纹的各级公差见表 7－14 和表 7－15。

表 7－14　普通螺纹的基本偏差和顶径公差

单位：μm

螺距 P/mm	内螺纹的基本偏差 EI		外螺纹的基本偏差 es				内螺纹小径公差 T_{D_1} 公差等级					外螺纹大径公差 T_d 公差等级		
	G	H	e	f	g	h	4	5	6	7	8	4	6	8
1	+26	0	−60	−40	−26	0	150	190	236	300	375	112	180	280
1.25	+28		−63	−42	−28		170	212	265	335	425	132	212	335
1.5	+32		−67	−45	−32		190	236	300	375	475	150	236	375
1.75	+34		−71	−48	−34		212	265	335	425	530	170	265	425
2	+38		−71	−52	−38		236	300	375	475	600	180	280	450
2.5	+42		−80	−58	−42		280	355	450	560	710	212	335	530
3	+48		−85	−63	−48		315	400	500	630	800	236	375	600
3.5	+53		−90	−70	−53		355	450	560	710	900	265	425	670
4	+60		−95	−75	−60		375	475	600	750	950	300	475	750

表 7-15 普通螺纹的中径公差

单位：μm

公称直径 D，d/mm		螺距 P/mm	内螺纹中径公差 T_{D_2}					外螺纹中径公差 T_{d_2}						
>	≤		公差等级					公差等级						
			4	5	6	7	8	3	4	5	6	7	8	9
5.6	11.2	0.5	71	90	112	140	—	42	53	67	85	106	—	—
		0.75	85	106	132	170	—	50	63	80	100	125	—	—
		1	95	118	150	190	236	56	71	90	112	140	180	224
		1.25	100	125	160	200	250	60	75	95	118	150	190	236
		1.5	112	140	180	224	280	67	85	106	132	170	212	265
11.2	22.4	0.5	75	95	118	150	—	45	56	71	90	112	—	—
		0.75	90	112	140	180	—	53	67	85	106	132	—	—
		1	100	125	160	200	250	60	75	95	118	150	190	236
		1.25	112	140	180	224	280	67	85	106	132	170	212	265
		1.5	118	150	190	236	300	71	90	112	140	180	224	280
		1.75	125	160	200	250	315	75	95	118	150	190	236	300
		2	132	170	212	265	335	80	100	125	160	200	250	315
		2.5	140	180	224	280	355	85	106	132	170	212	265	335
22.4	45	0.75	95	118	150	190	—	56	71	90	112	140	—	—
		1	106	132	170	212	—	63	80	100	125	160	200	250
		1.5	125	160	200	250	315	75	95	118	150	190	236	300
		2	140	180	224	280	355	85	106	132	170	212	265	335
		3	170	212	265	335	425	100	125	160	200	250	315	400
		3.5	180	224	280	355	450	106	132	170	212	265	335	425
		4	190	236	300	375	475	112	140	180	224	280	355	450
		4.5	200	250	315	400	500	118	150	190	236	300	375	475

由于外螺纹的小径 d_1 与中径 d_2、内螺纹的大径 D_1 和中径 D_2 是同时由刀具切出的，其尺寸在加工过程中自然形成，由刀具保证，所以国家标准没有对内螺纹的大径和外螺纹的小径规定具体的公差值，只规定内、外螺纹牙底实际轮廓的任何点均不能超过基本偏差所确定的最大实体牙型。

2. 螺纹公差带的位置和基本偏差

螺纹公差带是以基本牙型作为零线布置的，位置如图 7-28 所示。螺纹的基本牙型是计算螺纹偏差的基准。

国家标准对内螺纹只规定了两种基本偏差 G、H，基本偏差为下偏差 *EI*，如图 7－28（a）、图 7－28（b）所示；对外螺纹规定了四种基本偏差 e、f、g、h，基本偏差为上偏差 *es*，如图 7－28（c）、图 7－28（d）所示。H 和 h 的基本偏差为零，G 的基本偏差为正，e、f、g 的基本偏差为负，见表 7－14。

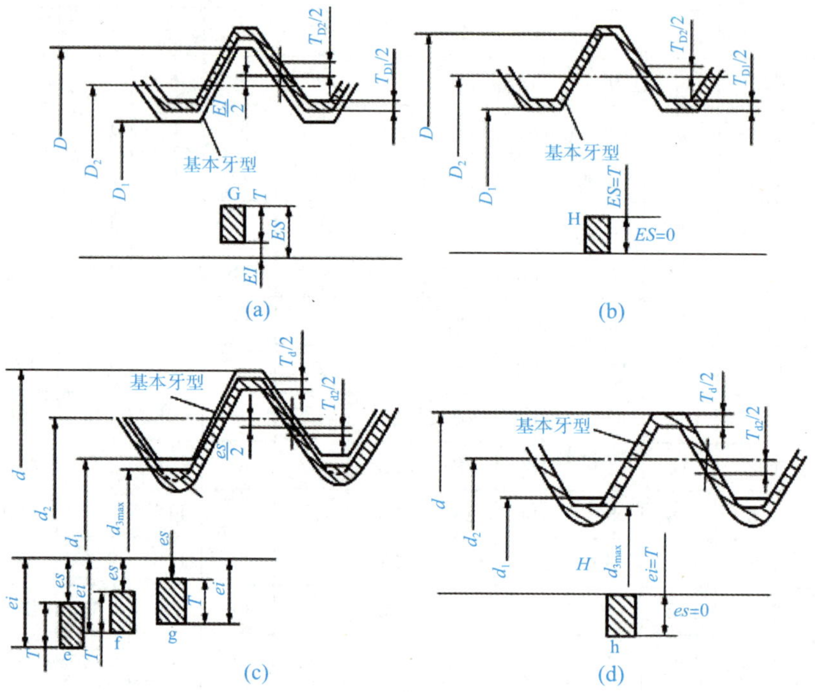

图 7－28　螺纹公差带的位置及内、外螺纹的基本偏差

根据螺纹的公差等级和基本偏差，可以组成很多种公差带。普通螺纹的公差带代号由表示公差等级的数字和表示基本偏差的字母组成，如 6h、5G 等，需要注意的是，与一般的尺寸公差带代号不同，其公差等级数字在前，基本偏差符号在后。

五、螺纹公差带的选用

公差带的组合非常多，为了在生产中减少刀具、量具的规格和种类，国家标准中规定了既能满足需要、数量又相对少的常用公差带，如表 7－16 所示，表 7－16 中规定了优先选用、其次选用和尽量不用的选用顺序。因此，除了特殊需要之外，一般不再选择标准规定以外的公差带。

表 7－16　普通螺纹的推荐公差带

旋合长度		内螺纹公差带			外螺纹公差带		
		S	N	L	S	N	L
配合精度	精密	4H —	5H —	6H —	(3h4h) —	4h* (4g)	(5h4h) (5g4g)

续表

旋合长度		内螺纹公差带			外螺纹公差带		
		S	N	L	S	N	L
配合精度	中等	5H* (5G)	6H* 6G*	7H* (7G)	(5h6h) (5g6g)	6e* 6f* 6g* 6h	(7e6e) (7h6h) (7g6g)
	粗糙	—	7H (7G)	8H (8G)	—	(8e) 8g	(9e8e) (9g8g)

注：带“*”的公差带优先选用，不带“*”的公差带其次选用，加括号的公差带尽量不用，大量生产的精制紧固件螺纹推荐采用带方框的公差带。

1. 配合精度的选用

国家标准规定螺纹的配合精度分精密、中等和粗糙三个等级。精密级主要用于要求配合性能稳定的螺纹；中等级多用于一般用途的螺纹；粗糙级多用于不重要或难以制造的螺纹，如长盲孔螺纹、热轧棒上的螺纹。一般以中等旋合长度下的公差等级 6 级为中等精度的基准。

2. 旋合长度的选用

一般来说，短件易加工和装配，长件较难加工和装配，所以螺纹旋合长度会影响螺纹联接件的配合精度和互换性。国家标准对螺纹联接规定了短、中等和长三种旋合长度，分别用 S、N、L 表示（见表 7－17），一般优先选用中等旋合长度。从表 7－17 中可以看出，在同一精度中，对于不同的旋合长度，螺纹中径所采用的公差等级也不相同。

表 7－17　螺纹旋合长度　　单位：mm

公称直径 D、d		螺距 P/mm	旋合长度			
			S	N		L
>	≤		≤	>	≤	>
5.6	11.2	0.75	2.4	2.4	7.1	7.1
		1	3	3	9	9
		1.25	4	4	12	12
		1.5	5	5	15	15
11.2	22.4	0.75	2.7	2.7	8.1	8.1
		1	3.8	3.8	11	11
		1.25	4.5	4.5	13	13
		1.5	5.6	5.6	16	16
		1.75	6	6	18	18
		2	8	8	24	24
		2.5	10	10	30	30

3. 公差等级和基本偏差的确定

根据配合精度和旋合长度，参考表 7－14 选定公差等级和基本偏差，具体数值见表 7－15 和表 7－17。

4. 配合的选用

内外螺纹配合的公差带可以组合成多种配合，在实际使用中，主要依据使用要求选用螺纹的配合。为保证螺母、螺栓旋合后同轴度较好、有足够的联接强度，可选用最小间隙为零的配合（H/h）；为了拆装方便和改善螺纹的疲劳强度，可选用小间隙配合（H/g 和 G/h）。

六、普通螺纹的标记

普通螺纹的完整标记（见图 7－29）由螺纹代号、螺纹公差带代号和旋合长度代号等组成。螺纹公差带代号包括中径公差带代号和顶径（外螺纹大径和内螺纹小径）公差带代号。公差带代号是由表示其大小的公差等级数字和表示其位置的基本偏差代号组成的。对于细牙螺纹，还需要标注螺距。在零件图上标记普通螺纹的示例如图 7－29 所示。

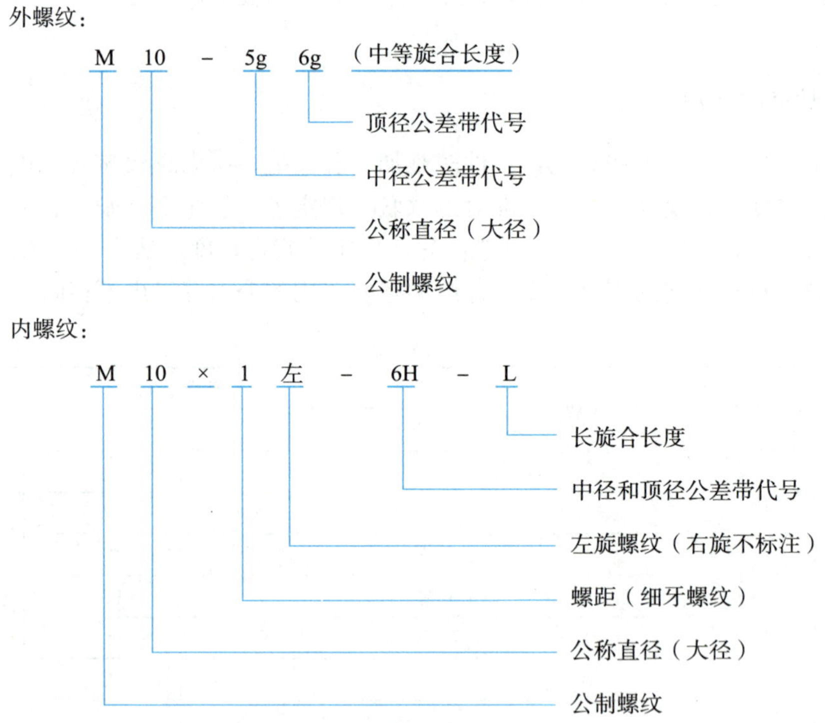

图 7－29 普通螺纹的完整标记

在装配图上，内、外螺纹公差带代号需要用斜线分开，内左外右。如 M10×2—6H/5g6g。

必要时，应在螺纹公差带代号之后加注旋合长度代号 S 或 L（中等旋合长度代号 N 不标注），如 M10—5g6g—S。

七、螺纹中径的检测

1. 用三针法测量螺纹中径

如图 7-30 所示，梯形螺纹 Tr48×12(P6) 的中径尺寸采用三针法配合公法线千分尺测量。

$$d_2=M-2AC=M-2(AD-CD)$$

$$AD=AB+BD=\frac{d_0}{2}+\frac{d_0}{2\sin\frac{\alpha}{2}}=\frac{d_0}{2}\left[1+\frac{1}{\sin\frac{\alpha}{2}}\right]$$

$$CD=\frac{P}{4}c\tan\frac{\alpha}{2}$$

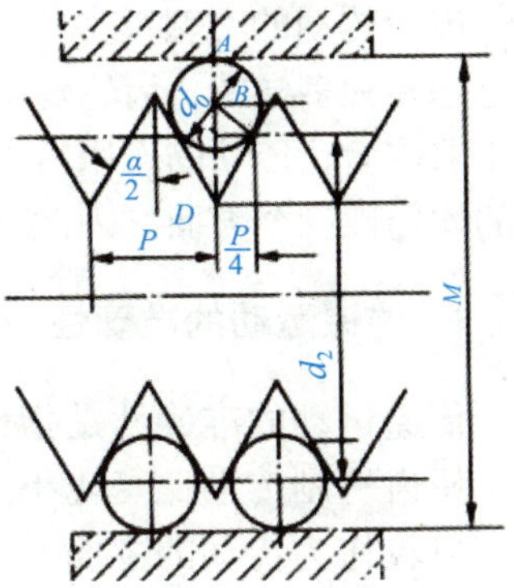

图 7-30　用三针法测量螺纹中径

代入得：$d_2=M-d_0\left[1+\frac{1}{\sin\frac{\alpha}{2}}\right]+\frac{P}{4}c\tan\frac{\alpha}{2}$

对于公制螺纹 $\alpha=60°$：$d_2=M-3d_0+0.866P$　　（式 7-4）

对于梯形螺纹 $\alpha=30°$：$d_2=M-4.863d_0+1.866P$　　（式 7-5）

式 7-4 和式 7-5 中，d_0 为三针直径，d_2 是螺纹单一中径。

测量图 7-30 中的梯形螺纹 Tr48×12(P6) 时，$d_0=3.106\text{mm}$，则 $M=48.912\text{mm}$

2. 用螺纹千分尺测量螺纹中径

测量普通精度的外螺纹时，可以用螺纹千分尺测量，如图 7-31 所示。使用螺纹千分尺测量可直接获得外螺纹中径的值。操作者只需正确使用测量工具，采集原始数据，并进行数据处理。

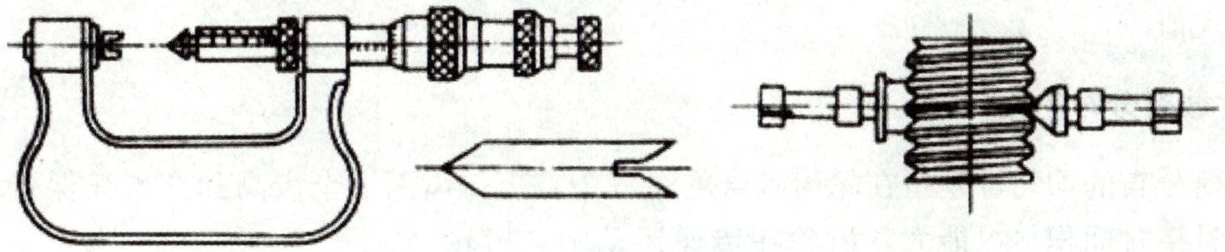

图 7-31　螺纹千分尺

任务 5　齿轮的公差选用与检测

任务目标

齿轮的公差选用、检测方法及要素。

知识学习

一、齿轮传动的应用要求

齿轮传动的类型很多，应用又极为广泛，对不同工况、不同用途的齿轮传动，其应用要求也是多种多样的。齿轮传动按照应用要求可分为传动精度和齿侧间隙两个方面，而传动精度要求按齿轮传动的作用特点，又可以分为传递运动的准确性、传递运动的平稳性和载荷分布的均匀性三个方面。因此，在一般情况下，齿轮传动的应用要求可分为以下四个方面。

1. 传递运动的准确性

传递运动的准确性是指齿轮在一转范围内，产生的最大转角误差要限制在一定的范围内，使齿轮副传动比变化小，以保证传递运动的准确性。

齿轮作为传动的主要元件之一，要能准确地传递运动，即保证主动轮转过一定转角时，从动轮按传动比转过一个相应的转角。理论上，传动比应保持不变。但由于齿轮加工误差和齿轮副的安装误差，从动轮的实际转角不同于理论转角，产生了转角误差 $\Delta\phi$，会使两轮间的传动比以一转为周期变化，即齿轮转过一转的范围内，从动轮产生的最大转角误差反映齿轮副传动比的变动量和齿轮传动的准确性。

2. 传动的平稳性

传动的平稳性指齿轮在转过一个齿距角的范围内，其最大转角误差应限制在一定的范围内，使齿轮副瞬时传动比变化小，进而保证传递运动的平稳性。

齿轮在传动过程中，受齿廓误差、齿距误差等的影响。齿轮在从一对轮齿过渡到另一对轮齿的齿距角的范围内，也存在着一定的转角误差。当齿轮在一个齿距角内瞬时传动比过大时，将引起冲击、噪声和振动，严重时会损坏齿轮。为了保证齿轮传动的平稳性，应从限制齿轮副瞬时传动比的变动量入手，即要限制齿轮在转过一个齿距角的范围内转角误差的最大值。

3. 载荷分布的均匀性

载荷分布的均匀性是指在轮齿啮合的过程中，工作齿面沿全齿高和全齿长保持均匀接触，并且接触面积尽可能大。齿轮在传递运动中，齿轮的工作齿面由于受各种误差的影响，不可能全部均匀接触。若载荷集中于局部齿面，会使齿面磨损加剧，甚至轮齿折断，严重影响齿轮的使用寿命。为保证载荷分布的均匀性，齿轮工作面应有足够的精度，使啮合能沿全齿面（齿高、齿长）均匀接触。

4. 齿轮副侧隙的合理性

齿轮副侧隙的合理性是指一对齿轮啮合时，在非工作齿面间应留有合理的间隙，否则会出现卡死或烧伤现象。齿轮副侧隙如图 7-32 所示。

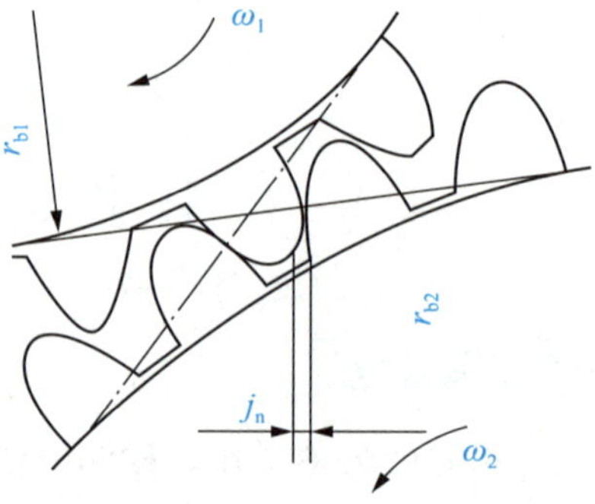

图 7-32 齿轮副侧隙

齿轮副侧隙对储存润滑油、补偿齿轮传动受力后的弹性变形和热变形，以及补偿齿轮及其传动装置的加工误差和安装误差而言是必要的。但对于需要反转的齿轮传动装置，侧隙不能太大，否则回程误差及冲击较大。为保证齿轮副侧隙的合理性，在几何要素方面，可以对齿厚和齿轮箱体孔中心距偏差加以控制。

二、齿轮加工误差的来源与分类

1. 齿轮加工误差的来源

齿轮的加工方法很多，按齿廓形成原理可分为展成法和仿形法。展成法：可用滚刀或插齿刀在滚齿机、插齿机上与齿轮坯作啮合滚切运动，加工出渐开线齿轮。仿形法：可用成形铣刀在铣床上铣齿。齿轮通常采用展成法加工。

在各种加工方法中，齿轮的加工误差都来源于组成工艺系统的机床、夹具、刀具、齿轮坯本身的误差，以及安装、调整等产生的误差。现以滚刀在滚齿机上加工齿轮为例，分析加工误差形成的主要原因。

（1）几何偏心 e_j。

如图 7-33 所示，在滚齿机上加工齿轮时，齿轮坯基准孔轴线与滚齿机工作台旋转轴线不重合而发生偏心，其偏心量为 e_j。几何偏心的存在使得齿轮在加工的过程中，齿轮坯相对于滚刀的距离发生一定的变化，切出的齿两侧不对称。当以齿轮基准孔定位并进行测量时，在齿轮一转内产生周期性的齿圈径向跳动误差，同时齿距和齿厚也发生周期性变化。

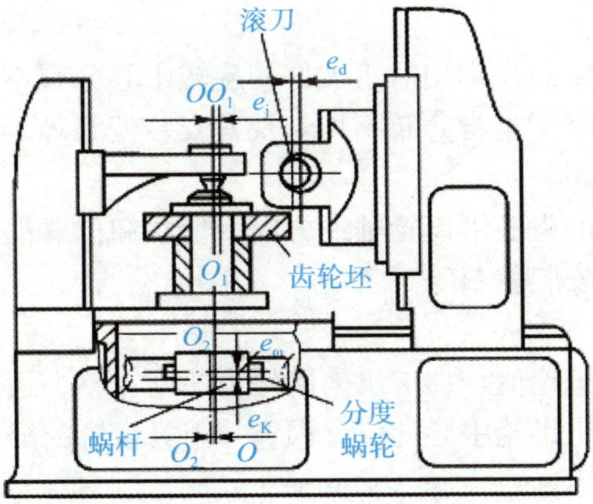

图 7-33 滚切齿轮

有几何偏心的齿轮装在传动机构中之后，就会引起以每转为周期的速比变化，时快时慢。对于齿轮坯基准孔较大的齿轮，为了消除因几何偏心带来的加工误差，工艺上可以采用液性塑料可胀心轴安装齿轮坯；设计上，为了避免由于几何偏心带来的径向误差，齿轮基准孔和轴的配合一般采用过渡配合或较松的过盈配合。

（2）运动偏心 e_y。

运动偏心是由于滚齿机分度蜗轮的加工误差、分度蜗轮轴线与工作台旋转轴线有安装偏

心 e_k 而引起的。运动偏心的存在使齿轮坯相对于滚刀的转速不均匀，忽快忽慢，破坏了齿轮坯与刀具之间的正常滚切运动，进而使被加工齿轮的齿廓在切线方向上产生了位置误差。这时，齿廓在径向位置上没有变化。这种偏心，一般称为运动偏心，又称为切向偏心。

(3) 机床传动链的高频误差。

加工直齿轮时，受分度传动链的传动误差的影响，齿轮坯在一转范围内转速发生多次变化，加工的齿轮产生齿距偏差、齿形误差。

(4) 滚刀的安装误差和加工误差。

滚刀的安装偏心 e_d 使被加工齿轮产生径向误差。滚刀刀架导轨或齿轮坯轴线相对工作台旋转轴线倾斜并沿轴向窜动，使滚刀的进刀方向与轮齿的理论方向不一致，直接造成齿面沿轴向歪斜，产生齿向误差。

滚刀的加工误差是指滚刀的径向跳动、轴向窜动和齿形角误差等，它们将使加工的齿轮产生基节偏差和齿形误差。

2. 齿轮加工误差的分类

(1) 齿轮误差按其表现特征，可分为以下 4 类。

1) 齿廓误差。

齿廓误差是指加工出来的齿廓不是理论上的渐开线，主要是因为刀具本身的切削刃轮廓误差及齿形角偏差、滚刀的轴向窜动和径向跳动、齿轮坯的径向跳动、在每转的一齿距角内转速不均等。

2) 齿距误差。

齿距误差是指加工出来的齿廓相对于工件的旋转中心分布不均匀，主要原因有齿轮坯安装偏心、机床分度蜗轮齿廓本身分布不均匀及其安装偏心等。

3) 齿向误差。

齿向误差是指加工后的齿面沿齿轮轴线方向的形状和位置误差，主要原因有刀具进给运动的方向偏斜、齿轮坯安装偏斜等。

4) 齿厚误差。

齿厚误差是指相对于理论值，加工出来的轮齿厚度在整个齿圈上不一致，主要原因有刀具的铲形面相对于被加工齿轮中心的位置误差、刀具齿廓的分布不均匀等。

(2) 齿轮误差按其方向特征，可分为以下 3 类。

1) 径向误差。

径向误差是指沿被加工齿轮直径方向（齿高方向）的误差，由切齿刀具与被加工齿轮之间径向距离的变化引起。

2) 切向误差。

切向误差是指沿被加工齿轮圆周方向（齿厚方向）的误差，由切齿刀具与被加工齿轮之间的分齿滚切运动误差引起。

3) 轴向误差。

轴向误差是指沿被加工齿轮轴线方向的误差，由切齿刀具沿被加工齿轮轴线移动的误差引起。

三、传递运动准确性的检测项目

1. 切向综合总偏差 F_i'

切向综合总偏差 F_i' 指被测齿轮与测量齿轮单面啮合时，被测齿轮在一转内，齿轮分度圆上实际圆周位移与理论圆周位移的最大差值，如图 7－34 所示，其反映齿轮在一转中的转角误差，证明齿轮运动具有不均匀性，在一转的过程中，齿轮的转速忽快忽慢，周期性变化。

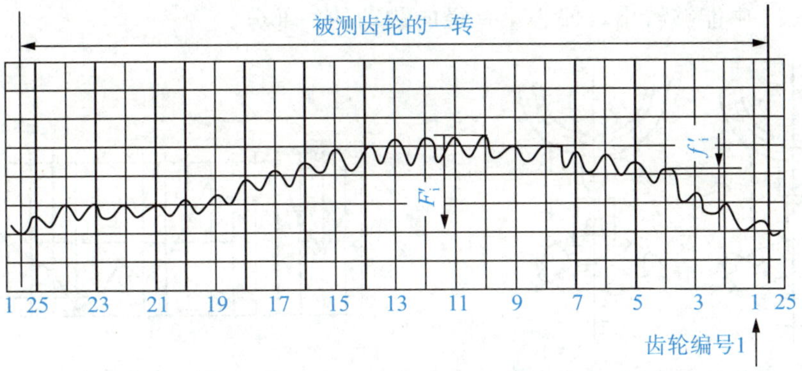

图 7－34　切向综合总偏差

切向综合总偏差既能反映切向误差，又能反映径向误差，是评定齿轮运动准确性的综合性指标。当切向综合总偏差小于或等于所规定的允许值时，表示齿轮可以满足传递运动准确性的使用要求。

2. 齿距累积总偏差 F_p

齿距偏差 F_{pk} 指在端平面上，接近齿高中部的与齿轮轴线同心的圆上，任意 k 个齿距的实际弧长与理论弧长的代数差，如图 7－35 所示，理论上，齿距累积偏差等于这 k 个齿距的齿距偏差的代数和。

齿距累积总偏差 F_p 是指齿轮同侧齿面任一弧段（$K=1 \sim Z$）内的最大齿距累积偏差，它表现为齿距累积偏差曲线的总幅值，如图 7－36 所示。

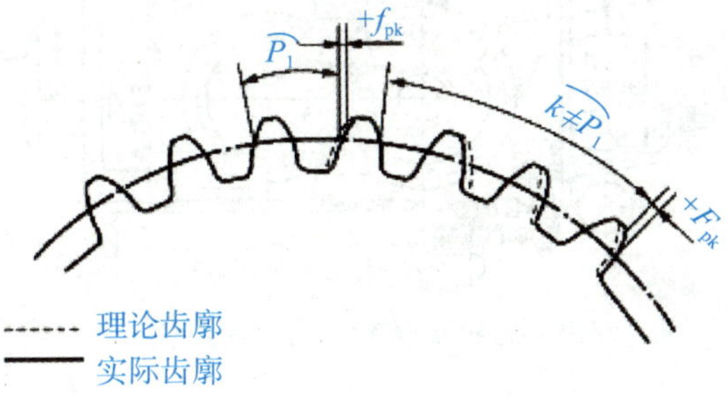

图 7－35　齿距偏差与齿距累积偏差

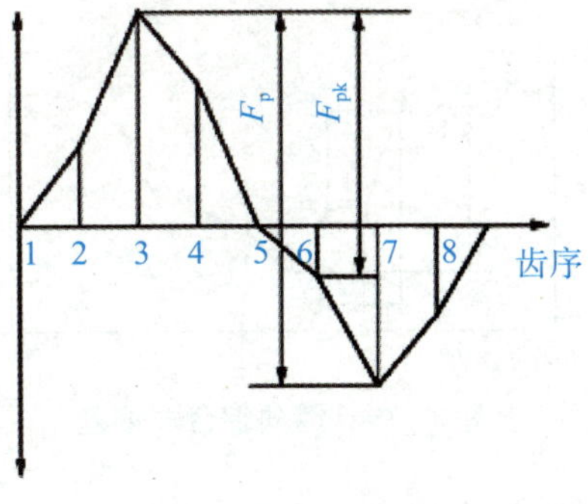

图 7－36　齿距累积总偏差

3. 径向跳动 F_r

径向跳动 F_r 是指侧头相继置于被测齿轮的每个齿槽内时，从它到齿轮轴线的最大和最小径向距离之差。

径向跳动可用齿圈径向跳动测量仪测量，测头做成球形或圆锥形，插入齿槽中，测头也可做成V形，卡在轮齿上，如图 7－37 所示，测头与齿高中部双面接触，被测齿轮在一转内所测得的相对于轴线径向距离的总变动幅度值，为齿轮的径向跳动，如图 7－38 所示。从图 7－38 中能够看出，偏心量是径向跳动的一部分。

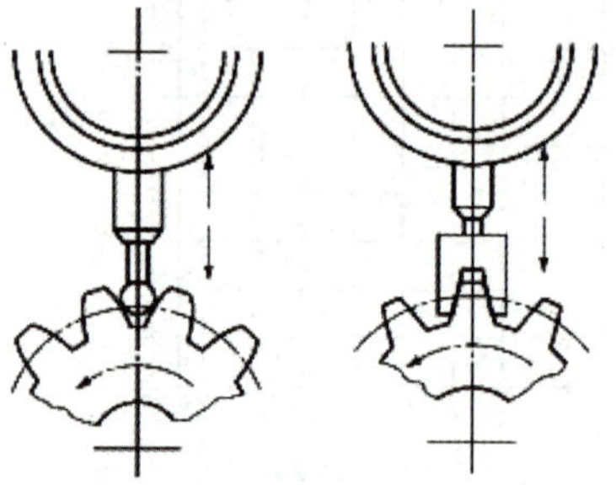

图 7－37　齿圈径向跳动测量仪测量

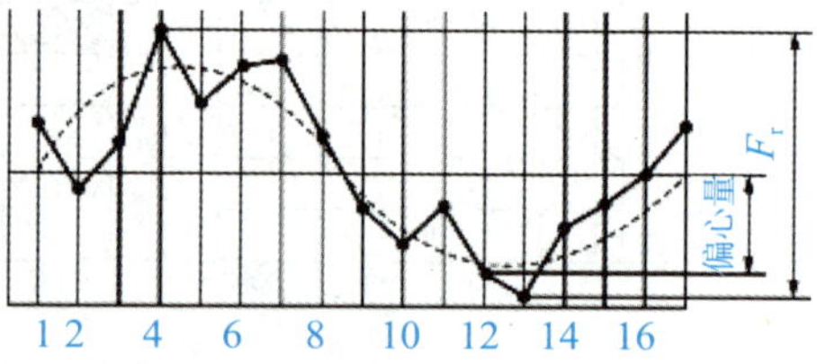

图 7－38　齿轮的径向跳动

径向跳动的测量是以齿轮孔的轴线为基准的，所以只能反映径向误差，齿轮在一转中，最大误差只出现一次，是长周期误差，它仅作为影响传递运动准确性的属于径向性质的单项性指标。要想采用这一指标，就必须与能揭示切向误差的单项性指标组合，才能评定传递运动的准确性。

4. 径向综合总偏差 F_i''

径向综合总偏差 F_i''是指在双面径向综合检验时，被测齿轮的左右齿面同时与测量齿轮接触，并转过一整圈时出现的中心距最大值和最小值之差，如图 7－39 所示。径向综合总偏差是在齿轮双面啮合综合检查仪上进行测量的，该仪器如图 7－40 所示。

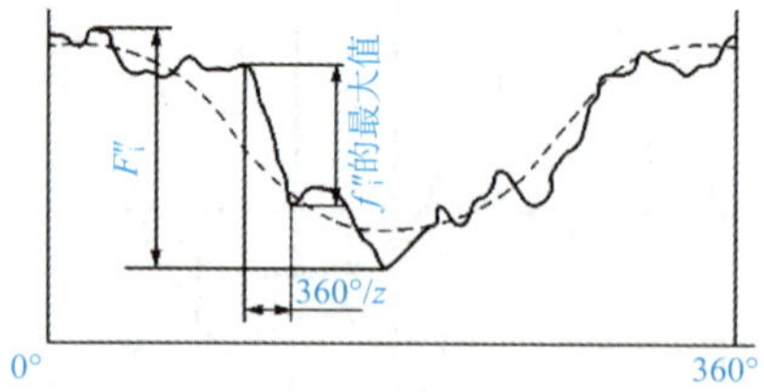

图 7－39　径向综合总偏差

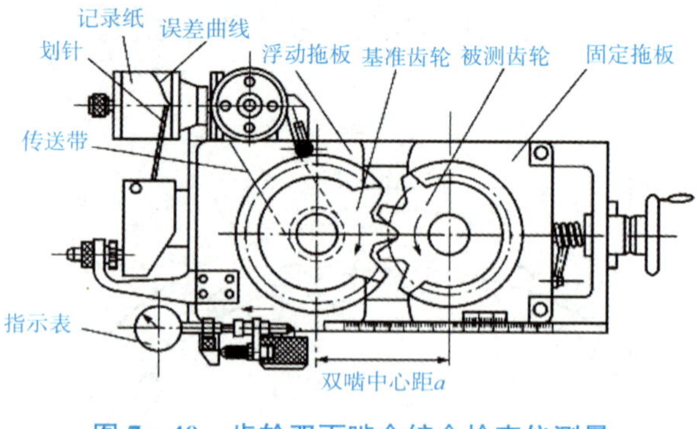

图 7－40　齿轮双面啮合综合检查仪测量

将被测齿轮与基准齿轮分别安装在齿轮双面啮合综合检查仪的两平行心轴上，两齿轮在弹簧的作用下，紧密无侧隙地双面啮合。让被测齿轮回转一周，在被测齿轮一转中指示表的最大读数差值即为被测齿轮的径向综合总偏差 F_i''。径向综合总偏差 F_i''主要反映径向误差，可以代替径向跳动 F_r，还可以综合反映齿形、齿厚均匀性等误差在径向的影响。所以径向综合总偏差 F_i''也可作为影响传递运动准确性的指标中属于径向性质的单项性指标。

四、传动工作平稳性的检测项目

1. 一齿切向综合偏差 f_i'

一齿切向综合偏差是指齿轮在一个齿距角内的切向综合总偏差，即在切向综合总偏差记录曲线上小波纹的最大幅度值。

2. 一齿径向综合偏差 f_i''

一齿径向综合偏差是指当被测齿轮与测量齿轮啮合一整圈时，对应一个齿距（360°/z）的径向综合偏差。

3. 齿廓偏差

齿廓偏差是指实际齿廓对设计齿廓的偏离量，它在端平面内且垂直于渐开线齿廓的方向计值。

4. 基圆齿距偏差 f_{pb}

基圆齿距偏差是指实际基节与公称基节的代数差，如图 7－41 所示。

齿轮副正确啮合的基本条件之一是两齿轮的基圆齿距必须相等。基圆齿距偏差的存在会引起传动比的瞬时变化，即从上一对轮齿换到下一对轮齿啮合的瞬间发生碰撞、冲击，影响传动的平稳性，如图 7－42 所示。

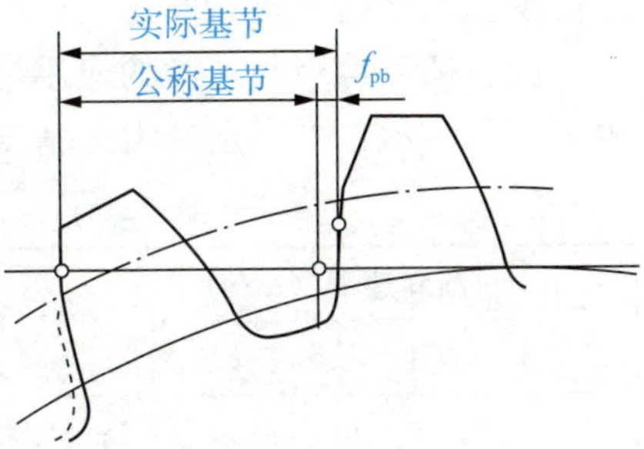

图 7－41　基圆齿距偏差

5. 单个齿距偏差 f_{pt}

单个齿距偏差是指端平面上，在接近齿高中部的一个与齿轮轴线同心的圆上，实际齿距与理论齿距的代数差，如图 7－43 所示。

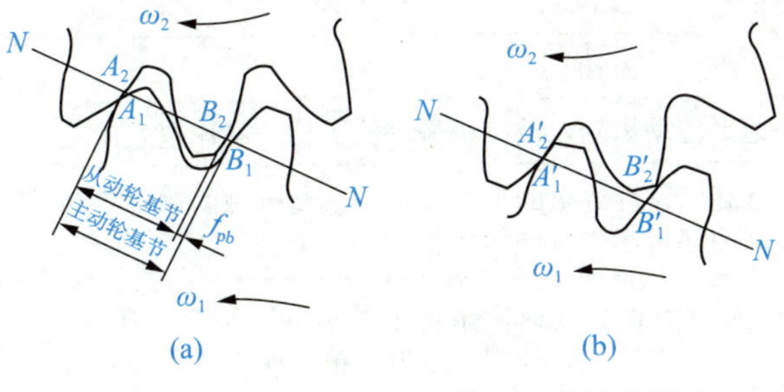

图 7－42　基圆齿距偏差对传动平稳性的影响

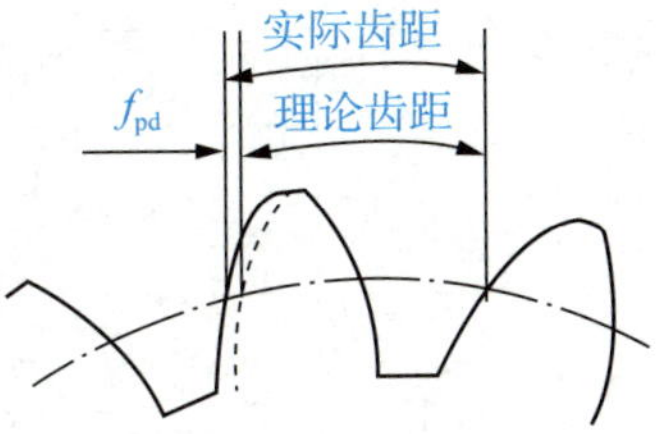

图 7－43　单个齿距偏差

单个齿距偏差在某种程度上反映了基圆齿距偏差 f_{pb} 或齿廓形状偏差 f_{fa} 对齿轮传动平稳性的影响，故单个齿距偏差 f_{pt} 可作为齿轮传动平稳性中的单项性指标。

五、齿轮精度等级和等级确定

1. 精度等级

国家标准对单个齿轮规定了 13 个精度等级（对于 F''_i和 f''_i，规定了 4～12 共 9 个精度等级），依次用数字 0、1、2、3、…、12 表示，其中 0 级精度最高，12 级精度最低。

2. 精度等级的选择

齿轮的精度等级选择的主要依据是齿轮传动的用途、使用条件及对齿轮的技术要求，不仅要考虑传递运动的精度、齿轮的圆周速度、传递的功率、工作持续时间、振动与噪声、润滑条件、使用寿命及生产成本等，还应该考虑工艺的可行性和经济性。

齿轮精度等级的选择方法有计算法和类比法两种。

计算法是根据运动精度要求，按误差传递规律计算出齿轮在一转中允许的最大转角误差，再根据工作条件、圆周速度、噪声强度要求确定齿轮的精度等级。

类比法是根据以往的产品设计、性能试验、使用过程中积累的成熟经验，以及长期使用中已证实了可靠性的各种齿轮精度等级选择的技术资料，与所设计的齿轮在用途、工作条件及技术性能上进行对比后，确定齿轮的精度等级。在实际工作中多采用类比法。

齿轮精度等级与速度的应用情况如表 7－18 所示，部分机械采用的齿轮的精度等级如表 7－19 所示，可供选择齿轮精度等级时参考。

表 7－18　齿轮精度等级与速度的应用情况

工作条件	圆周速度/(m/s)		应用情况	精度等级
	直齿	斜齿		
机床	>30	>50	高精度和精密的分度链端的齿轮	4
	>15～30	>30～50	一般精度的分度链末端齿轮、高精度和精密的中间齿轮	5
	>10～15	>15～30	Ⅴ级机床的主传动齿轮，一般精度的中间齿轮，Ⅲ级和Ⅲ级以上精度机床的进给齿轮、油泵齿轮	6
	>6～10	>8～15	Ⅳ级和Ⅳ级以上精度机床的进给齿轮	7
	<6	<8	一般精度机床的齿轮	8
动力传动		>70	用于很高速度的透平传动齿轮	4
		>30	用于很高速度的透平传动齿轮，重型机械进给机构的高速重载齿轮	5
		<30	高速传动齿轮、有高可靠性要求的工业齿轮、重型机械的功率传动齿轮、作业率很高的起重运输机械的齿轮	6
	<15	<25	高速和适度功率/大功率和适度速度条件下的齿轮，冶金、矿业、林业、石油、轻工、工程机械和小型工业齿轮箱（通用减速器）中有可靠性要求的齿轮	7

续表

工作条件	圆周速度/(m/s)		应用情况	精度等级
	直齿	斜齿		
	<	10	中等速度、较平稳传动的齿轮，冶金、矿业、林业、石油、轻工、工程机械和小型工业齿轮箱（通用减速器）中的齿轮	8
	≤4	≤6	一般性工作和对噪声要求不高的齿轮、受载低于计算载荷的齿轮、速度大于 1m/s 的开式齿轮传动和转盘的齿轮	9
航空、船舶和车辆	>35	>70	需要很高的平稳性、低噪声的航空和船用齿轮	4
	>20	>35	需要高平稳性、低噪声的航空和船用齿轮	5
	≤20	≤35	高速传动且有平稳性、低噪声要求的机车、航空、船舶和轿车的齿轮	6
	≤15	≤25	有平稳性和噪声要求的航空、船舶和轿车齿轮	7
	≤10	≤15	中等速度、较平稳传动的载重汽车和拖拉机的齿轮	8
	≤4	≤6	较低速和对噪声要求不高的载重汽车的第一挡与倒挡、拖拉机和联合收割机的齿轮	9
其他			检验 7 级精度齿轮的测量齿轮	4
			检验 8、9 级精度齿轮的测量齿轮、印刷机的印刷辊子用的齿轮	5
			读数装置中精密传动的齿轮	6
			读数装置用齿轮、印刷机传动齿轮	7
			普通印刷机的传动齿轮	8
单级传动效率			不低于 0.99（包括轴承不低于 0.985）	4～6
			不低于 0.98（包括轴承不低于 0.975）	7
			不低于 0.97（包括轴承不低于 0.965）	8
			不低于 0.96（包括轴承不低于 0.95）	9

表 7-19　部分机械采用的齿轮的精度等级

应用范围	精度等级	应用范围	精度等级
测量齿轮	2～5	拖拉机	6～9
汽轮机减速器	3～6	一般用途的减速器	6～9
精密切削机床	3～7	轧钢设备	6～10
一般金属切削机床	5～8	起重机械	7～10
航空发动机	4～8	矿用绞车	8～10
轻型汽车	5～8	农用机械	8～11
重型汽车	6～9		

六、齿轮精度的标注代号

关于齿轮精度等级的标注，建议如下。

若齿轮的检验项目同为某一精度等级时，可标注精度等级和标准号。如齿轮检验项目同为7级，则标注为7GB/T 10095.1—2022或7GB/T 10095.2—2023。

若齿轮检验项目的精度等级不同，如齿廓总偏差 F_a 为6级，而齿距累积总偏差 F_p 为7级时，则标注为6(F_a)、7(F_p) GB/T 10095.1—2022。

七、齿轮公法线长度变动量和公法线平均长度偏差

1. 仪器

通常使用公法线千分尺测量公法线长度。公法线千分尺的外形如图7-44所示。公法线千分尺的结构、使用方法和读数方法同普通千分尺一样，不同之处是量砧制成碟形，以使量砧能够伸进齿间进行测量。

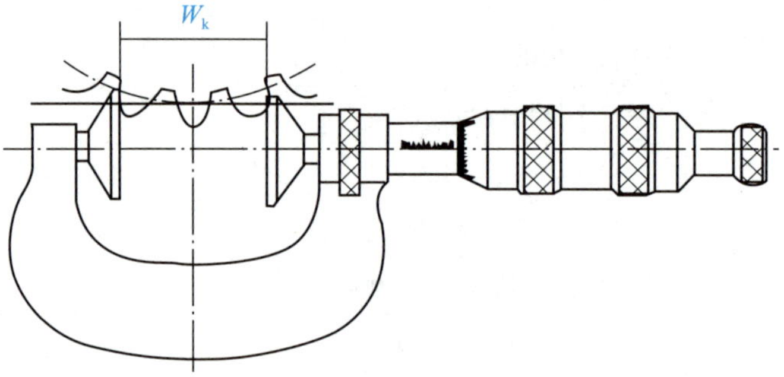

图7-44　公法线千分尺的外形

2. 检测原理

公法线长度变动 ΔF_w 是指在被测齿轮的一转范围内，实际公法线长度的最大值与最小值之差。公法线平均长度偏差 ΔE_{bn} 是指在被测齿轮的一转范围内，所有实际公法线长度的平均值与公法线长度的公称值之差。

测量标准直齿圆柱齿轮的公法线长度时，跨齿数 n 按式7-6计算

$$n = z\frac{\alpha}{180^\circ} + 0.5 \qquad (式7-6)$$

式7-6中：z——齿轮的齿数；

α——齿轮的基本齿廓角。

n 的计算值通常不为整数，而在计算公法线长度公称值和测量齿轮时，n 必须是整数，应将 n 的计算值化整为最接近计算值的整数。

公法线长度公称值 W 按式7-7计算

$$W_k = m\cos\alpha[\pi(n-0.5) + z\,\mathrm{inv}\alpha] \qquad (式7-7)$$

式7-7中：inv——渐开线函数，$\mathrm{inv}20^\circ = 0.014$。

对于变位直齿圆柱齿轮，跨齿数 n 按式 7-8 计算

$$n=z\frac{\alpha_n}{180^\circ}+0.5 \qquad (式 7-8)$$

式 7-8 中，$\alpha_n=\arccos\frac{d_b}{d+2xm}$，$m$、$x$、$d$ 和 d_b 分别为模数、变位系数、分度圆直径和基圆直径。

公法线长度公称值 W_k 按式 7-9 计算

$$W_k=m\cos\alpha[\pi(n-0.5)+z\mathrm{inv}\alpha]+2xm\sin\alpha \qquad (式 7-9)$$

为了使用方便，对于 $\alpha=20^\circ$、$m=1\text{mm}$ 的标准直齿圆柱齿轮，按以上有关公式计算跨齿数 n 的化整值和公法线长度公称值 W_k。

知识巩固

7-1：光滑极限量规有何特点？

7-2：试述光滑极限量规的分类及用途。

7-3：光滑极限量规的设计原则是什么？

7-4：孔、轴用工作量规公差带的布置有何特点？

7-5：试设计 ϕ25H7/n6 配合的孔、轴用工作量规的极限偏差，并画出尺寸公差带图。

7-6：滚动轴承精度的划分依据是什么？共有几级？代号是什么？

7-7：滚动轴承的内、外径公差带有何特点？其公差配合与一般圆柱体的公差配合有何不同？

7-8：滚动轴承内圈与轴、外圈与外壳孔的配合分别采用何种基准？有什么特点？

7-9：滚动轴承精度等级的高低主要是由哪几方面的因素决定的？

7-10：滚动轴承承受载荷的类型与选择配合有什么关系？

7-11：选用滚动轴承公差等级时需要考虑哪些因素？公差等级是否越高越好？

7-12：单键联接采用何种配合制度？

7-13：单键联接的主要几何参数有哪些？

7-14：单键联接有几种配合类型？它们各应用在什么场合？

7-15：矩形花键联接的结合面有哪些？通常用哪个结合面作为定心表面？

7-16：矩形花键联接各结合面的配合采用何种配合制度？有几种装配形式？

7-17：影响螺纹互换性的因素主要有哪些？

7-18：以内螺纹为例，试说明螺纹中径、单一中径和作用中径的联系与区别。

7-19：丝杠螺纹和普通螺纹的精度要求有什么不同？

7-20：试选择螺纹联接 M20×2 的公差与基本偏差。螺纹的工作条件要求旋合性好、联接强度高，螺纹的生产条件是大批量生产。

7-21：齿轮常用的单项检测项目有哪些？

7－22：对于齿轮工作平稳性，规定了哪些检测项目？

7－23：传递运动准确性的检测项目主要有哪些？

7－24：精度等级的选择主要有哪些方法？简述其内容。

参考文献

［1］徐茂功. 公差配合与技术测量［M］. 4 版. 北京：机械工业出版社，2021.

［2］王颖. 公差选用与零件测量［M］. 3 版. 北京：高等教育出版社，2024.

［3］万春芬，雷黎明，邹桦. 公差配合与机械测量［M］. 2 版. 北京：高等教育出版社，2020.

［4］唐灿宝，徐宗刚，王翠芳. 极限配合与技术测量［M］. 上海：同济大学出版社，2018.

［5］陈德林. 公差配合与测量技术［M］. 3 版. 北京：北京理工大学出版社，2019.

［6］张静，张朋，方春慧. 公差配合与技术测量［M］. 北京：北京理工大学出版社，2020.

［7］徐秀娟. 公差配合与测量技术［M］. 北京：北京理工大学出版社，2018.

［8］彭琪波，崔璨. 公差配合与技术测量［M］. 2 版. 南京：南京大学出版社，2019.

［9］杨光龙，金文中，陈佳彬. 公差配合与测量技术［M］. 北京：电子工业出版社，2020.

图书在版编目（CIP）数据

公差配合与测量技术/董征莲，王真，吴明清主编.
北京：中国人民大学出版社，2025.4.--（新编 21 世纪
高等职业教育精品教材）.-- ISBN 978-7-300-33974-0
Ⅰ.TG801
中国国家版本馆 CIP 数据核字第 2025C9B157 号

新编 21 世纪高等职业教育精品教材·装备制造类
公差配合与测量技术
主　审　李振明
主　编　董征莲　王　真　吴明清
Gongcha Peihe yu Celiang Jishu

出版发行　中国人民大学出版社
社　　址　北京中关村大街 31 号　　　**邮政编码**　100080
电　　话　010－62511242（总编室）　　010－62511770（质管部）
　　　　　010－82501766（邮购部）　　010－62514148（门市部）
　　　　　010－62511173（发行公司）　010－62515275（盗版举报）
网　　址　http://www.crup.com.cn
经　　销　新华书店
印　　刷　北京溢漾印刷有限公司
开　　本　787 mm×1092 mm　1/16　　**版　　次**　2025 年 4 月第 1 版
印　　张　12.5　　　　　　　　　　**印　　次**　2025 年 4 月第 1 次印刷
字　　数　290 000　　　　　　　　　**定　　价**　45.00 元
